遥感与地理信息基础系列教程

空间数据分析方法实战教程

实战教程

陈逸敏　齐志新　刘小平　编著

Spatial Data Analysis Tutorial

中山大学出版社

· 广州 ·

图书在版编目（CIP）数据

空间数据分析方法实战教程/陈逸敏，齐志新，刘小平编著.—广州：中山大学出版社，2023.10
遥感与地理信息基础系列教程
ISBN 978 - 7 - 306 - 07934 - 3

Ⅰ. ①空…　Ⅱ. ①陈…　②齐…　③刘…　Ⅲ. ①空间信息系统—数据处理—教材
Ⅳ. ①P208

中国国家版本馆 CIP 数据核字（2023）第 209556 号

KONGJIAN SHUJU FENXI FANGFA SHIZHAN JIAOCHENG

出　版　人：王天琪
策划编辑：嵇春霞　王旭红
责任编辑：王旭红
封面设计：曾　斌
责任校对：林　峥
责任技编：靳晓虹
出版发行：中山大学出版社
电　　话：编辑部 020 - 84110283，84113349，84111997，84110779，84110776
　　　　　发行部 020 - 84111998，84111981，84111160
地　　址：广州市新港西路 135 号
邮　　编：510275　传　　真：020 - 84036565
网　　址：http://www.zsup.com.cn　E-mail：zdcbs@ mail. sysu. edu. cn
印　刷　者：佛山市浩文彩色印刷有限公司
规　　格：787mm × 1092mm　1/16　21.5 印张　578 千字
版次印次：2023 年 10 月第 1 版　2023 年 10 月第 1 次印刷
定　　价：76.00 元

作 者 简 介

陈逸敏，博士、副教授、博士生导师，广东省自然科学基金杰出青年基金获得者。主要从事城市大数据分析与信息提取、城市演化模拟、城市化环境影响情景建模、城市可持续发展等方面的研究。主持了国家自然科学基金项目、广东省自然科学基金项目等。成果获广东省科技进步二等奖。

齐志新，博士、副教授、博士生导师。主要从事城市遥感、土地利用变化监测、雷达遥感应用等方面的研究。主持了国家自然科学基金项目、广东省自然科学基金项目、广州市重点研发计划项目等。长期在科研单位从事 GIS 教学与科研工作，对国内外 GIS 软件的应用和行业发展有较深入的了解。

刘小平，博士、教授、博士生导师，国家杰出青年科学基金获得者。主要从事地理模拟、空间智能及优化决策方面的研究。广东省城市化与地理环境空间模拟重点实验室主任，中国地理信息系统协会理论与方法专业委员会委员，国际华人地理信息科学协会（Chinese Professionals in Geographic Information Sciences，CPGIS）委员。主持了国家重点研发计划课题、国家自然科学基金项目等。

内 容 简 介

　　本书以理论与案例相结合的形式，详细介绍了常用的空间数据类型、获取途径及针对不同应用问题的空间数据分析方法。全书共分为7章，主要内容包括绪论、空间数据获取、空间格局分析与模式识别、空间统计分析、可达性分析与网络分析、空间属性推断与信息提取、地形分析。本书在介绍空间数据分析方法时，在解释其原理的基础上，详述其实现环境和操作步骤，有助于读者快速掌握该方法的应用。

　　本书强调系统性和实用性，注重空间分析方法原理与技术实践的充分结合，既可作为高等院校地理信息科学、测绘科学、地理科学等相关专业学生的教材，也可以作为科学研究、规划设计与管理等部门的科技人员的参考书目。

前　言

空间数据分析是地理信息系统最核心的功能，空间数据分析方法也一直是地理信息科学研究的重要方向。空间数据分析方法已在地理科学、环境科学、社会科学、生态学等领域发挥着巨大的作用。作为地理信息科学专业的学生或从事相关专业研究、技术开发的研究者和工程师等，熟练掌握空间数据分析方法是进行创新实践的必备能力。这一能力体现为在理解空间数据分析方法基本原理的前提下，针对特定的问题和需求，选择合适的软件、编程环境，快速、准确地推进方法的技术实现，并通过实践经验的积累形成较为成熟的空间思维。本书的编写目的便是通过一系列实验案例来支持读者进行空间数据分析能力和空间思维的训练。

作者所在团队长期从事空间数据分析方法的教学和科研，已出版了多本具有重要影响力的专著。目前已有的地理信息科学相关教材较为侧重对空间数据分析方法原理的介绍，缺少较为系统、全面的空间数据分析方法实践教材，因此有必要编写一本这样的教材，以促进读者快速掌握空间数据分析的实践方法并应用于相关的科学研究与工程开发。

本书共分为 7 章。第 1 章介绍空间数据的定义、内涵、类型等，并归纳了常见的空间数据分析工具；第 2 章介绍基础地理信息、遥感影像、社交媒体数据、科学数据产品等空间数据来源及其获取途径；第 3～7 章是本书的核心内容，分别介绍空间格局分析与模式识别方法、空间统计分析方法、可达性分析与网络分析方法、空间属性推断与信息提取方法、地形分析方法的基本原理及实现方式，每种方法均通过案例实验的形式来阐述其实践流程以及相应的软件操作步骤或代码编写。

本书的架构由中山大学的陈逸敏、齐志新、刘小平三位老师多次讨论确定。陈逸敏、齐志新两位老师负责全书的总体组织、审校工作，由刘小平老师进行最后的统稿和定稿。参与本书编写的还有中山大学遥感与地理信息工程系研究生蔡季宏、曹书浩、冯明薇、罗淼、陈菁、吕茜雯、林素雅、黄迪、赵帅等，在此一并表示衷心的感谢。由于作者水平所限，书中难免存在不妥之处，敬请读者批评指正。

陈逸敏　齐志新　刘小平

2022 年 11 月 24 日于广州中山大学

目　　录

第 1 章　　绪　　论

1.1　空间数据

1.1.1　空间数据内涵

地理学中的空间一般指地理空间,地理空间通常指上至大气电离层、下至地壳与地幔交界的莫霍界面之间的空间区域,该区域是地球自然地理过程及人类活动发生最频繁的场所。数据是信息的载体,是人类在认识世界和改造世界的过程中,定性或定量地对事物和环境进行描述的直接或间接原始记录,是一种未经加工的原始资料,是客观事物的表示。空间数据是一种用来表达和记录地理空间实体的资料。不同的应用目的和应用场景催生了多种多样的数据具体形式和类型,数据可以以多种形态存在,有多种存储介质。在当前的地理信息系统(geographic information system, GIS)学科背景下,空间分析技术依赖于计算机技术,空间分析技术的作用对象一般为数字化后存储在电脑磁盘中的空间数据。在计算机世界中,GIS 不能直接识别和处理以图形形式表达的地理空间中的实体,因此需要对地理空间实体进行数据表达。空间数据通常描述以下 4 个部分的信息。

(1)空间信息(定位数据):表示地理空间实体的空间位置或现在所处的地理位置。准确测定和表达地理实体的空间位置需要采用空间定位框架来实现。地理空间定位框架即大地测量控制系统,可以此建立地球的几何模型来精确测量和表达任意地理实体的位置,包括平面位置和高程。大地测量控制系统由平面控制网和高程控制网组成,为建立地理空间数据的坐标位置提供了通用参照系统。常用的平面控制网包括中国的北京 1954 坐标系统、西安1980 坐标系统、CGCS2000 国家大地坐标系统和美国的 WGS84 坐标系统等。目前提供使用的 1985 国家高程控制网共有水准点成果 114041 个,水准路线长度为 416619.1 公里。

(2)属性信息(非定位数据):是与空间实体相联系的、表征空间实体本身性质的数据,包括空间实体的类型、质量、数量、性质和名称等,如应用空间数据对一块林地进行描述时,数据中通常会包含优势树种、土壤类型、林下植被类型、区域内平均树高和平均胸径等信息。

(3)时间信息(时间尺度):是指地理空间中的实体随时间的变化情况。空间实体的位置和属性相对于时间会存在同时变化的情况,如在城市的城市化进程中,一般会存在地表覆盖类型从农田、林地、草地或裸地变化为不透水的情况;也存在属性和空间位置独立变化的情况,即地理空间实体的位置不变,但其属性发生变化,如土地使用权发生变化;或者空间实体的属性不变而其位置发生变化,如河流随时间不断改道。

(4)空间关系信息:在地理空间中,地理实体通常不是单独存在的,相互之间往往有着紧密的联系。空间关系包括拓扑关系、顺序关系和度量关系。

1.1.2　空间数据类型

空间数据是 GIS 技术的血液。因为 GIS 技术的应用对象是空间数据,对空间数据的获取

1

和处理是 GIS 技术的核心功能。为了应对空间数据的不同应用场景，生成了多种类型的空间数据；针对空间数据的不同特点，制定了不同的分类标准，不同的分类标准对应不同的空间数据分类方式和类型。

1. 按照数据来源分类

（1）地图数据：来源于各种类型的专题地图和普通地图。地图上空间要素间的空间关系直观，要素的属性或类别清晰。实测地图的定位精度较高。

（2）影像数据：来源于各种监测卫星和航空遥感，包括多平台、多时相、多传感器、多角度、多光谱及多分辨率的遥感影像数据。

（3）文本数据：文本数据包括各种实地测量数据、文献资料、各类调查报告、解译信息等。

2. 按照数据结构分类

（1）矢量数据：矢量数据使用点、线和多边形来表达具有清晰空间位置和边界的空间要素，如污水井、道路、农田等，每个要素被赋予一个唯一值，以此与其属性相关联。

（2）栅格数据：栅格数据将地理空间被切割成有规律的格网，格网元胞表达空间要素，单个元胞代表点要素，一系列空间位置相邻的元胞表达线要素，连续成片的元胞集合代表多边形要素。空间要素的属性值由对应位置的元胞值来表示。连续的地理要素多用栅格数据模型来表示，如降水量、温度、海拔等。

3. 按照数据特征分类

（1）空间定位数据：空间定位数据是指地理空间实体的空间位置或现在所处的地理位置信息。准确测定和表达地理实体的空间位置需要采用空间定位框架来实现。

（2）非空间属性数据：非空间属性数据是指与空间实体相联系的、表征空间实体本身性质的数据，包括空间实体的类型、质量、数量、性质和名称等。

4. 按照数据几何特征分类

（1）点：点是对零维地理空间要素的抽象描述，如信号塔、污水井等。

（2）线：线是对一维线性地理空间要素的抽象描述，如道路、河流等。

（3）面：面是对二维平面的地理空间要素的抽象描述，如湖泊、行政区等。

（4）曲面：曲面是对呈面状连续分布的地理空间要素的抽象描述，如温度、降水、地形等。

（5）体：体是对三维的地理空间要素的抽象描述，如地质构造、矿产等。

5. 按照数据发布形式分类

（1）数字线画图（digital line graphic，DLG）数据：DLG 数据是应用基本的点、线、面、注记及符号对地理空间实体进行描述的地图，保留了各实体间的空间关系和相关的属性信息，可全面直观地描述地表目标，包含地形、地貌、植被、土壤等自然要素，以及居民聚居点、交通线路、行政区划边界等社会经济要素。

（2）数字栅格图（digital raster graphic，DRG）数据：DRG 数据是现有纸质地图经计算机数字化得到的栅格数据文件，一般由 DLG 进行格式转化得到。

（3）数字高程模型（digital elevation model，DEM）数据：DEM 数据是通过有限的地面高程数据对地面地形进行数字化模拟，用一组有规律的数值表达地形起伏的地面模型。

（4）数字正射影像（digital ortho map，DOM）数据：DOM 数据是基于 DEM 对卫星影像或航空影像进行逐像元投影差改正、影像镶嵌，最后按国家基本比例尺地形图图幅范围裁剪生成的数字正射投影影像数据。

1.2　空间数据分析工具概述

在地理信息科学领域，由于研究对象与数据往往同时具有属性信息和空间信息，常常需要借助相关软件对其进行空间分析。本节主要介绍几种通用空间数据分析软件和专业化空间数据分析软件，以便初学者有一个总体了解，便于后续章节的学习。

1.2.1　通用空间数据分析软件

对于地理信息科学领域的科研人员，常用的通用空间数据分析软件有 ArcGIS、GeoScene、QGIS 与 Streamlit Geospatial，本节对这 4 种软件做简要介绍。

1. ArcGIS

ArcGIS 软件由美国环境系统研究所（Environmental Systems Research Institute，ESRI）开发，是一个集成了数据管理、分析模拟、设计规划、制图与可视化、决策辅助等功能的商用地理空间软件（如图 1.1）；其在地图、数据、应用程序和使用人员之间构建了联系，以此帮助政府、科研机构和企业做出更加明智且快速的决策。ArcGIS 软件由以下 4 个子软件组成。

图 1.1　ArcGIS 软件的界面

（图片来源：Esri 官网，https://www.esri.com/en-us/arcgis/products/arcgis-desktop/overview）

（1）ArcMap 是 ArcGIS 软件的核心。通过该软件，用户可以创建地图，编辑并分析数据；其主要数据格式为"MXD"。

（2）ArcCatalog 主要用于组织和管理地理空间数据；此外，其还能用于记录和编辑元数据。

（3）ArcScene 主要用于局部区域的三维分析，其数据格式为"SXD"。

（4）ArcGlobe 主要用于大尺度区域的三维应用，其数据格式为"3DD"。

2. GeoScene

GeoScene 是由易智瑞信息技术有限公司研究开发的新一代国产商用地理信息系统（如图 1.2），其以云计算为核心，并融合了各类最新 IT 技术，具有强大的地图制作、空间数据管理、大数据与人工智能挖掘分析、空间信息可视化以及整合、发布与共享的能力；其具备 GIS 技术前沿性、强大性与稳定性等特点，并面向国内用户，在国产软硬件兼容适配、安全可控、用户交互体验等方面具有得天独厚的优势。

GeoScene 具有多种平台产品，包括公有云产品 GeoScene Online、服务器产品 GeoScene Enterprise、桌面产品 GeoScene Pro，以及多种 App 产品与开发产品；此外，其全面对接主流数据源，支持国内外主流航空、航天、地面传感器数据以及无人机数据。

图 1.2　GeoScene 软件的界面

（图片来源：GeoScene 官网，https://www.geosceneonline.cn/geoscene/webapps/home）

3. QGIS

QGIS 是一个用户友好型的免费开源地理信息系统，其归属于开源空间信息基金会（Open Source Geospatial Foundation，OSGeo），如图 1.3 所示；其可以在 Linux、Unix、Mac OSX、Windows 和 Android 等多个操作系统上运行，并支持矢量、栅格和数据库等多种格式数据及相应的处理操作。QGIS软件由以下 4 个子软件组成。

（1）QGIS Desktop 主要用于创建、编辑、可视化、分析和发布地理空间信息；其适用于 Windows、Mac、Linux、BSD 和 Android 等操作系统。

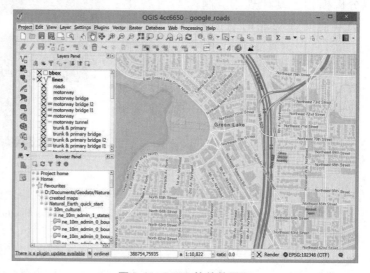

图 1.3　QGIS 软件的界面

（图片来源：QGIS 官网，https://www.qgis.org/en/site/about/index.html）

（2）QGIS Server 主要用于以 OGC 兼容的 WMS、WMTS、WFS 和 WCS 服务发布 QGIS 项目和图层。

（3）QGIS Web Client 主要用于以网络形式发布 QGIS 项目。

（4）QGIS on mobiles and tablets 提供了多种第三方触控优化的应用程序。

4. Streamlit Geospatial

Streamlit Geospatial 软件是田纳西大学地理系副教授吴秋生基于 Streamlit（交互式网页程序开发包）和 geemap（使用 GEE、ipyleaflet 和 ipywidgets 进行交互式绘图的 Python 软件包）开发的免费开源软件（如图 1.4）；其能够在 60 秒内生成全球任意区域的卫星影像时空变迁图，且对用户没有编程基础的要求。该软件被广泛应用于城市扩张、填海造地、河流动态变化、植被动态变化、海岸侵蚀，以及火山爆发监测的研究。

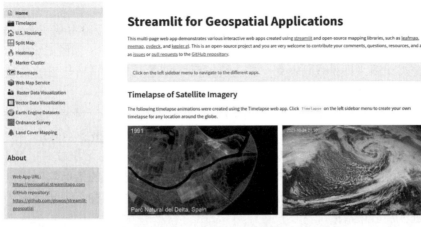

图 1.4　Streamlit Geospatial 软件的界面

（图片来源：Streamlit Geospatial 官方说明网站，https://streamlit.gishub.org）

Streamlit Geospatial 软件内含了 10 种以上子软件，包括用于三维可视化美国房地产数据的软件和用于绘制飓风路径图的软件等。

1.2.2　专业化空间数据分析软件

对于地理信息科学领域的科研人员，常用的专业化空间数据分析软件有 GeoDA、Fragstats、GeoDetector、GeoSOS、GEE 和 geemap，本节对这 5 种软件做简要介绍。

1. GeoDA

GeoDA 是由 Luc Anselin 博士和其团队开发的免费开源空间数据分析软件（如图 1.5）；其提供了友好的用户界面以及丰富的空间数据分析功能，如空间自相关统计（spatial autocorrelation statistics）和基础空间回归分析（spatial regression analysis）；其可以在 Windows、MacOSX、Linux（Ubuntu）等多个操作系统上运行。自 2003 年 2 月发布第一个版本以来，GeoDA 的用户数量成倍增长，截至 2019 年 1 月已超过了 28 万。

图 1.5　GeoDA 软件

（图片来源：GeoDA 官网，http://geodacenter.github.io）

目前，最新的 GeoDA 版本为 1.22，其包含了单/多变量的局部 Geary 聚类分析功能，集成了经典的（非空间）聚类分析方法（PCA、K-means[①]、Hierarchical 聚类等），并支持多种空间数据格式和时空数据。

---

① K 均值聚类算法（K-means clustering algorithm，K-means）。

2. Fragstats

Fragstats 软件是由马萨诸塞大学阿默斯特分校景观生态学实验室的 Kevin McGarigal、Samual A. Cushman、Eduard Ene 等人合作开发的空间模式分析程序，如图 1.6 所示。该软件主要用于对分类地图（即景观马赛克）或连续表面（即景观梯度）所代表的景观的空间异质性进行量化；并且其基本实现了自动化，对用户无技术要求。

Fragstats 软件有两个独立的版本：一个用于矢量图像，一个用于栅格图像。矢量版本是一个 Arc/Info AML 语言程序，可以接受 Arc/Info 多边形覆盖；栅格版本则是一个 C 语言程序，接受 ASCII 图像文件、8 位或 16 位二进制图像文件、Arc/Info SVF 文件、Erdas 图像文件和 IDRISI 图像文件。此两个版本的 Fragstats 软件都生成了相同的指标阵列，包括各种面积指标、斑块密度、大小和变异性指标、边缘指标、形状指标、核心区域指标、多样性指标，以及蔓延度和散布指标。

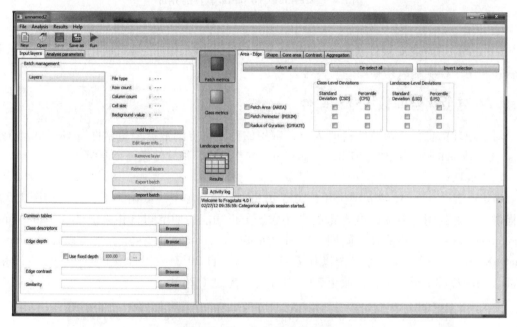

图 1.6　Fragstats 软件的界面

（图片来源：FRAGSTATS 官网，https：//fragstats. org/index. php/running – via – the – graphical – user – interface/step – 2 – creating – a – model）

3. GeoDetector

GeoDetector 是由中国科学院王劲峰研究员提出的基于 Excel 编制的地理探测器软件，如图 1.7 所示。该软件通过量化空间分层异质性（spatial stratified heterogeneity，SSH）揭示其背后的驱动因子。其使用步骤如下。

（1）数据的收集与整理：这些数据包括因变量数据 Y 和自变量数据 X。自变量应为类型量；如果自变量为数值量，则需要进行离散化处理。离散可以基于专家知识，也可以直接等分或使用分类算法如 K-means 等。

（2）将样本（Y，X）读入地理探测器软件，然后运行软件，输出结果主要包括 4 个部分：比较两区域因变量均值是否有显著差异，自变量 X 对因变量的解释力，不同自变量对因变量的影响是否有显著的差异，以及这些自变量对因变量影响的交互作用。

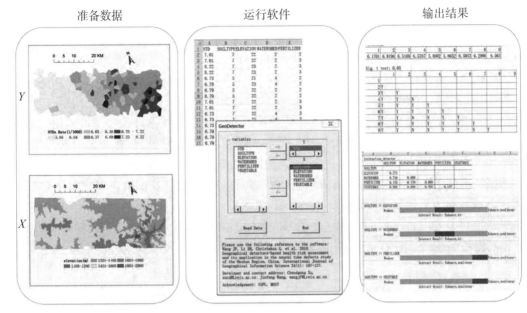

图 1.7　GeoDetetor 软件的界面

（图片来源：软件作者的相关论文——王劲峰、徐成东：《地理探测器：原理与展望》，
载《地理学报》2017 年第 1 期）

4. GeoSOS

GeoSOS（Geographical Simulation and Optimization System）软件是由黎夏教授提出并由其团队开发的专业化空间数据分析软件，如图 1.8 所示。该软件集成了元胞自动机（cellular automata，CA）、智能体模型（agent-based models，ABMs）以及群智能体模型（swarm intelligence models，SIMs），被广泛用于模拟、预测和优化各种地理现象，如土地利用变化、城市增长、自然保护区的划分和设施配置。截至 2021 年 1 月 15 日，GeoSOS 已经被来自全世界 61 个国家/地区的用户下载了 5700 多次。

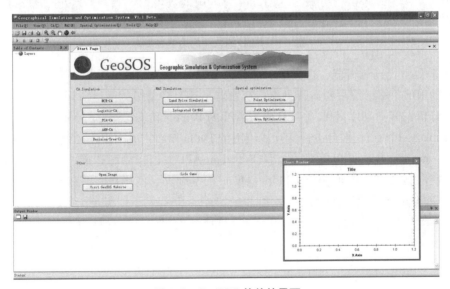

图 1.8　GeoSOS 软件的界面

（图片来源：GeoSOS 官网，https://www.geosimulation.cn/snapshot.html）

GeoSOS 软件主要包括两部分，分别为单机版 GeoSOS 软件和 GeoSOS for ArcGIS。单机版 GeoSOS 软件采用面向对象编程（object-oriented programming，OOP）模式设计，并通过使用微软 .NET 框架 2.0 版和 C#实现。而 GeoSOS for ArcGIS 是一个在 ArcGIS for Desktop 10. X 平台上运行的 ArcMap 插件软件。

5. GEE 和 geemap

GEE（Google earth engine）是由谷歌公司推出的地理信息数据处理以及可视化的综合平台，如图 1.9 所示。该平台将 PB 级卫星图像和地理空间数据集与行星尺度分析功能相结合，可轻松地进行全球层面的分析与出图。由于该平台面向的对象为科研人员，操作相对简单，仅需掌握基本的 JavaScript 编程语言及内置 API 即可。此外，GEE 还提供了大量免费数据的接口，可获取的数据包括整个 EROS（USGS①/NASA②）的 Landsat 系列数据、大量的 MODIS 数据集、哨兵 1 号（Sentinel-1）数据、NAIP 数据、降水数据、海面温度数据、CHIRPS 气候数据和海拔数据等。

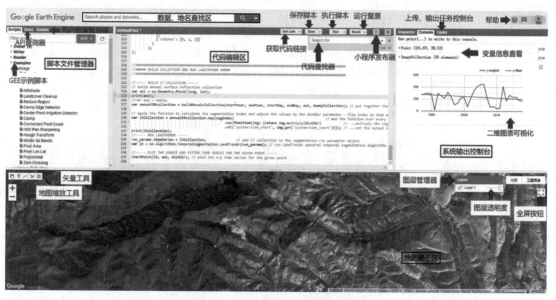

图 1.9 GEE 的软件的功能模块

GEE 平台由代码编辑器、探索器和客户端库 3 个部分组成。其中，代码编辑器是一个网络形式的 IDE，用于编写和运行脚本；探索器是一个轻量级的网络应用程序，用于对数据进行简单分析；客户端库提供了 GEE 内置 API 的 Python 和 JavaScript 封装函数。

geemap 是一个 GEE 平台进行交互式绘图的 Python 软件包，图 1.10 为 geemap 的图形化用户界面。geemap Python 包填补了因 GEE Python API 文档较少而造成的交互式可视化功能有限这一空白，其建立在 ipyleaflet 和 ipywidgets 的基础上，使用户能够在基于 Jupyter 的环境中对 GEE 数据集进行交互分析和可视化。

---

① 美国地质勘探局（United States Geological Survey，USGS）。

② 美国国家航空航天局（National Aeronautics and Space Administration，NASA）。

图 1.10   geemap 的图形化用户界面

第 2 章　空间数据获取

2.1　基础地理信息

2.1.1　行政区划数据获取

全国行政区划数据，是结合野外实测资料和有关地理图件，采用人机交互方式开展行政区划地图矢量化工作，最终获取的全国行政区划边界数据，主要包括省、市、区县、乡镇街道矢量边界。目前，中国省、市、县三级行政区划数据可在地理空间数据云下载获取。

（1）打开数据下载网址（https：//www.gscloud.cn/sources/index？pid = 3&rootid = 3），根据需要来选择下载（如图 2.1）。

图 2.1　行政区划数据下载

（2）下载示例（如图 2.2）。

图 2.2　数据下载示例

2.1.2　地形数据获取

1. ASTER GDEM

基于"先进星载热发射和反射辐射仪"（advanced spaceborne thermal emission and reflection radiometer，ASTER）数据计算而生成 ASTER 全球数字高程模型（ASTER Global digital elevation model，ASTER GDEM）。它由日本经济产业省（Ministry of Economy，Trade and Industry，METI）与美国国家航空航天局（NASA）联合研制并向公众开放，其数据产品采用带有经纬度地理坐标的地理标签图像文件格式（GeoTIFF）。ASTER GDEM 数据以 1984 年世界大地测量系统（WGS84）或 1996 年地球引力模型（EGM96）大地水准面为参照，空间分辨率为 30 米，覆盖范围为 83°N—83°S，涵盖了地球 99% 的陆地面积。

自 2009 年 6 月 29 日数据发布至今，ASTER GDEM 数据不断进行改进更新，现共发布了 3 个版本的数据，具体见表 2.1。

表 2.1　ASTER GDEM 数据介绍

项目	ASTER GDEM V_1	ASTER GDEM V_2	ASTER GDEM V_3
发布机构		METI 和 NASA	
数据获取时间		2000—2009	
产品发布时间	2009/06/28	2011/10/17	2019/08/05
参考椭球		WGS84	
大地水准面		EGM96	
覆盖范围		83°N—83°S	
空间分辨率		30 m	
数据格式		GeoTIFF	
分幅大小		1°×1°	
分幅数量	22603	22603	22912
相较于前一版本改进	—	减小了处理窗口大小，从而提高了数据的空间分辨率精度和高程精度，并对 V_1 版存在的个别区域数据异常进行了校正	增加了 ASTER 立体相对影像数据，减少了高程值空白区域、水域数值异常。此外，新增了 ASTER 水体数据集（ASTWBD）产品

ASTER GDEM 的 V_1、V_2、V_3 数据产品均可以通过地理空间数据云下载使用。

（1）打开地理空间数据云网站（https://www.gscloud.cn/），注册或登录账号（如图 2.3）。

图 2.3　进入地理空间数据云网站

（2）点击【数据资源】→【公开数据】→【DEM 数字高程数据】→选择 ASTER GDEM $V_1/V_2/V_3$ 数据产品（如图 2.4、图 2.5）。

图 2.4　进入"数据资源 – 公开数据"页面

图 2.5　ASTER GDEM $V_1/V_2/V_3$ 数据产品

（3）以 ASTER GDEM V_1 数据为例，输入条带号、行列号或经纬度查询数据，并下载（如图 2.6）。

图 2.6 根据条带号、行列号或经纬度进行数据检索

（4）也可以通过"高级检索"下载 ASTER GDEM 数据产品（如图 2.7），具体步骤为选择相应数据集（如图 2.8）、绘制目标区域（如图 2.9）、检索、下载（如图 2.10）。

图 2.7 进入"高级检索"页面

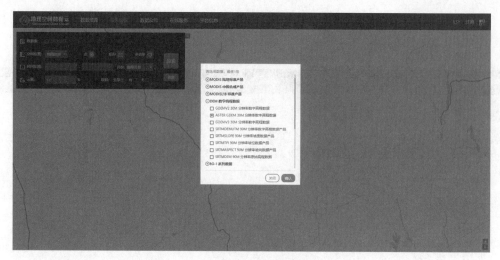

图 2.8　选择数据集

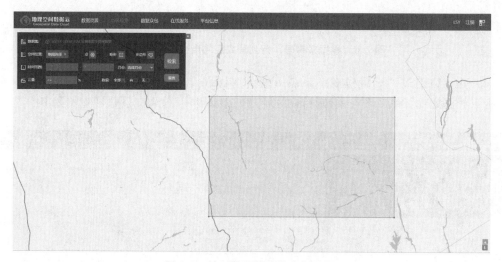

图 2.9　绘制数据检索的空间位置

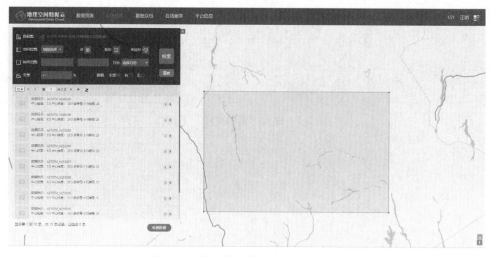

图 2.10　根据检索结果选择下载数据

另外，也可以通过 NASA EARTHDATA SEARCH 下载 ASTER GDEM V₃ 数据。

（1）打开 NASA EARTHDATA SEARCH（https：//search. earthdata. nasa. gov/），注册或登录账号（如图 2.11）。

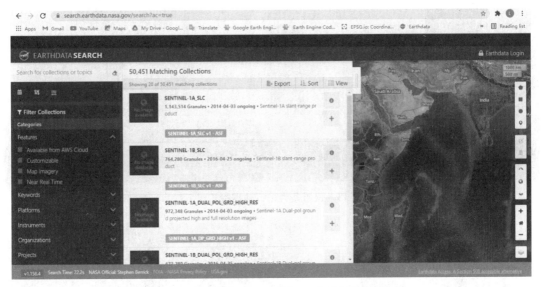

图 2.11 进入 NASA EARTHDATA SEARCH 网站

（2）选择 "ASTER Global Digital Elevation Model V003"，进入数据库（如图 2.12）。

图 2.12 选择 ASTER GDEM V₃ 数据库

（3）通过绘制目标区域与检索，下载相应数据（如图 2.13）。

图 2.13　设置条件进行数据检索和下载

（4）下载示例（如图 2.14）。

2. TanDEM-X

TanDEM-X（TerraSAR-X add-on for
digital elevation measurements）是德国
航空航天中心（Deutsches Zentrum für
Luft- und Raumfahrt，DLR）的一项地
球观测雷达任务（Earth observation ra-
dar mission），其主要构成为由两颗几
乎完全相同且飞行紧密的卫星组成的
合成孔径雷达（synthetic aperture ra-
dar，SAR）干涉仪。两颗卫星的空间
距离保持在 120 米至 500 米之间，由
此生成了全球 DEM。TanDEM-X 的任
务旨在为地球陆地表面生成一个精确
的三维地图，并对结果的均质性和精
度都提出了严格的要求。该任务于
2015 年 1 月完成了数据获取工作，并

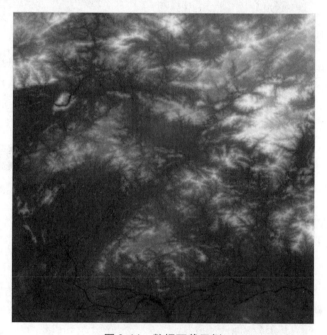

图 2.14　数据下载示例

于 2016 年 9 月完成了全球 DEM 产品制作工作，该结果的绝对高度误差约为 1 米。

目前，面向公众开放的 TanDEM-X 90 m 数据是全球 DEM 结果的衍生产品，其空间分辨
率为 90 米，覆盖范围为从北极到南极的 1.5 亿平方千米地球陆地。该数据可以通过德国航
空航天中心官方网站下载使用。

（1）打开德国航空航天中心官方网站（https://sso. eoc. dlr. de/tdm90/selfservice/login）
注册或登录账号（如图 2.15）。

图 2.15 登录进入德国航空航天中心官方网站

（2）打开 TanDEM-X 90 m 数据的地图交互下载页面（https://download. geoservice. dlr. de/TDM90）（如图 2.16）。

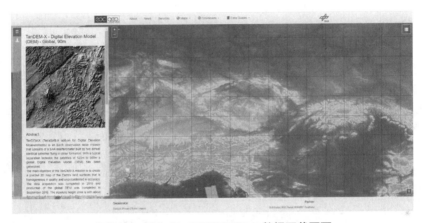

图 2.16 进入 TanDEM-X 90 m 数据下载页面

（3）点击地图选择目标区域，下载相应的 TanDEM-X 90 m 数据（如图 2.17），除此以外该网站还提供了 TDM 90 高度误差地图、TDM 90 最小振幅等数据产品（如图 2.18）。

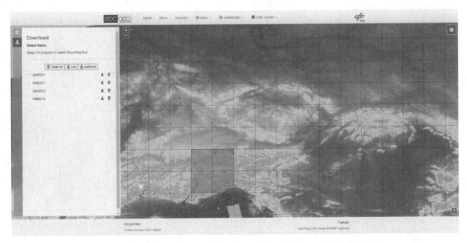

图 2.17 选择目标区域的 TanDEM-X 90 m 数据并下载

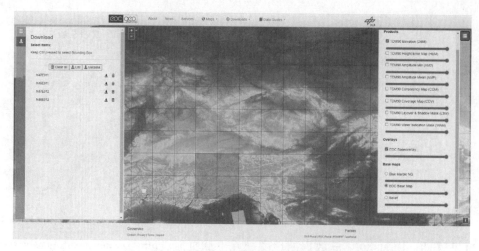

图 2.18　网站提供的高度误差地图等数据产品

（4）下载示例（如图 2.19）。

3. SRTM

SRTM（The Shuttle Radar Topography Mission）由美国国家航空航天局（NASA）与美国国家地理空间情报局（National Geospatial-Intelligence Agency, NGA）联合参与测量。2000 年 2 月 11—22 日，美国发射的"奋进号"航天飞机搭载着 SRTM 系统，每日绕行地球 16 圈，完成了 176 个轨道的飞行任务，成功地收集了60°N 至 56°S 之间全球 80%陆地表面的雷达数据。上述雷达数据经过缺失数据区域填补等一系列数据处理，

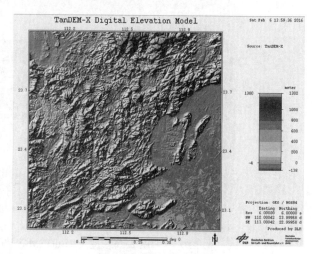

图 2.19　数据下载示例

生成了数字地形高程模型（DEM），即 SRTM 地形产品数据。

目前，可获取的 SRTM 地形数据按精度分为 $SRTM_1$ 和 $SRTM_3$，其对应的空间分辨率分别为 30 米和 90 米，具体见表 2.2。

表 2.2　SRTM 地形数据介绍

项目	$SRTM_1$	$SRTM_3$
发布机构	NASA 和 NGA	
参考椭球	WGS84	
大地水准面	EGM96	
空间分辨率	30 m	90 m
分幅大小	5°×5°	5°×5°或 30°×30°

$SRTM_1$ 数据产品可以通过 USGS 地球探险者（EarthExplorer）下载使用。

（1）打开 USGS 地球探险者网站（https：//earthexplorer.usgs.gov/），注册或登录账号

（如图 2.20）。

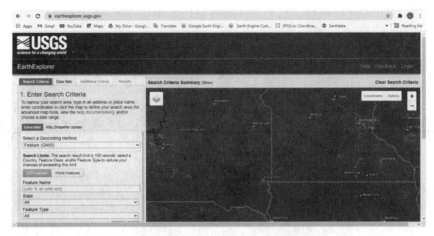

图 2.20　进入 EarthExplorer 网站

（2）在"Search Criteria"标签页通过"Circle"确定中心点位置（如图 2.21）和半径大小（如图 2.22）。

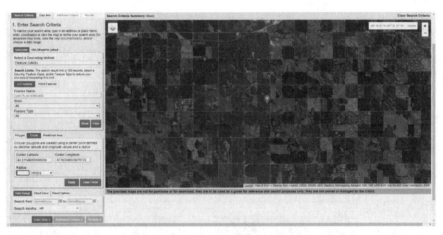

图 2.21　设置目标区域中心点位置

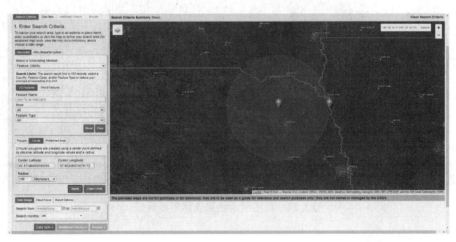

图 2.22　设置目标区域半径大小

（3）在"Data Sets"标签页通过【Digital Elevation】→【SRTM】→【SRTM 1 Arc-Second Global】选择 $SRTM_1$ 数据集，并单击【Results】按钮，检索目标区域的相应 $SRTM_1$ 数据（如图 2.23）。

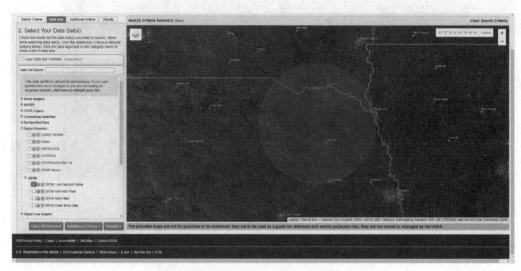

图 2.23　选择 $SRTM_1$ 数据集

（4）在"Results"标签页下展示了目标区域的相应 $SRTM_1$ 数据，可以通过数据旁一系列按钮进一步筛选下载（如图 2.24）。

a. 单击 按钮，则在右侧地图上显示该数据的位置范围。

b. 单击 按钮，则在右侧地图上显示该数据的缩略图。

c. 单击 按钮，则弹窗显示该数据的元数据和缩略图。

d. 单击 按钮，则弹窗显示该数据的下载选项。

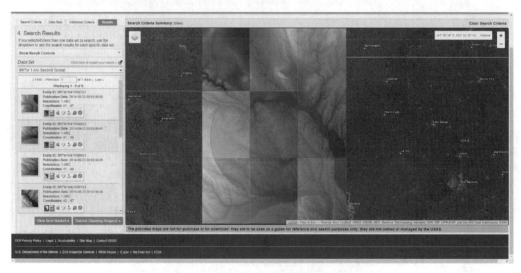

图 2.24　根据检索结果选择下载数据

（5）下载示例（如图 2.25）。

$SRTM_3$ 数据产品可以通过 CGIAR CSI 下载使用。

（1）打开 CGIAR CSI 网站（https：//srtm. csi. cgiar. org/srtmdata/）（如图 2.26）。

图 2.25 数据下载示例

图 2.26 进入 CGIAR CSI 网站

（2）在地图上单击选择目标区域，选择【Tile Size】和【Format】设置，检索数据（如图 2.27）。

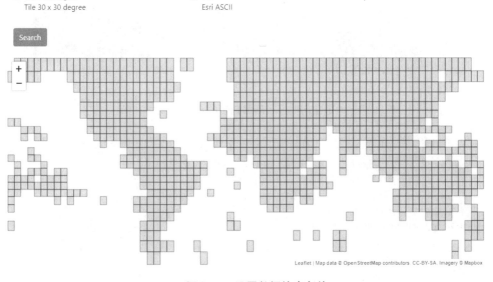

图 2.27 设置数据检索条件

（3）检索页面对数据进行了简要描述，点击【Download SRTM】进行数据下载（如图 2.28）。

（4）下载示例（如图 2.29）。

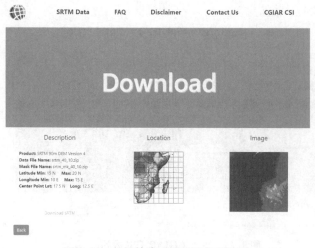

图 2.28　根据检索结果进行数据下载

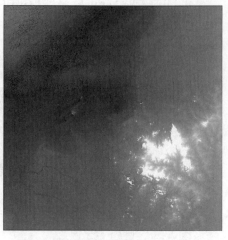

图 2.29　数据下载示例

另外，$SRTM_3$ 数据产品也可以通过地理空间数据云下载使用，具体下载步骤与前述 AS-TER GDEM 数据的一致（如图 2.30）。

图 2.30　地理空间数据云网站提供的 $SRTM_3$ 数据产品

此外，CGIAR CSI 还提供了重采样后空间分辨率为 250 米的 SRTM 数据（https://srtm. csi. cgiar. org/wp-content/uploads/files/250m/）（如图 2.31）。

图 2.31　CGIAR CSI 提供的 250 米分辨率 SRTM 数据

4. GTOPO 30

GTOPO 30（USGS EROS Archive-Digital Elevation-Global 30 Arc-Second Elevation）是在美国地质勘探局地球资源观测和科学中心（U. S. Geological Survey's Center for Earth Resources Observation and Science，EROS）领导下的多国合作项目。GTOPO 30 数据产品由基于多个栅格格式和矢量格式的地理信息数据源计算生成，是一个全球 DEM，空间分辨率约为 1 千米。

GTOPO 30 数据产品可以通过 USGS EarthExplorer 下载使用（具体步骤与 $SRTM_1$ 相似）。

（1）打开 EarthExplorer 网站（https://earthexplorer.usgs.gov/），注册或登录账号。

（2）在"Search Criteria"标签页通过【Circle】确定中心点位置和半径大小。

（3）在"Data Sets"标签页通过【Digital Elevation】→【GTOPO 30】选择 GTOPO 30 数据集，并单击【Results】按钮，检索目标区域的相应 GTOPO 30 数据（如图 2.32）。

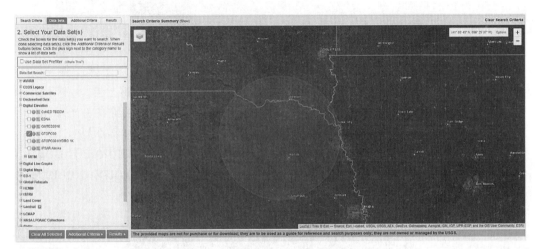

图 2.32　选择 GTOPO 30 数据集

（4）在"Results"标签页下展示着目标区域的相应 GTOPO 30 数据，由于 GTOPO 30 数据的空间分辨率约为 1 千米，单幅数据在经度上跨度为 40°，在纬度上跨度为 50°，图幅较大（如图 2.33）。

图 2.33　根据检索结果进行数据下载

（5）下载示例（如图 2.34）。

5. GMTED2010DEM

GMTED2010DEM（The Global Multi-resolution Terrain Elevation Data 2010）是由美国地质勘探局（USGS）和美国国家地理空间情报局（NGA）合作开发的一个显著增强全球高程模型，其取代了 GTOPO 30 成为当下全球和大陆规模应用的首选高程数据集。GMTED2010DEM 数据产品集包含了 7 个栅格格式的高程产品，且每个产品均有空间分辨率为 30 角秒（约为赤道 1 千米）、15 角秒（约为赤道 500 米）和 7.5 角秒（约为赤道 250 米）的高程数据。大部分产品覆盖了 84°N 至 56°S 之间全球所有陆地面积，部分产品的覆盖范围甚至为 84°N 至 90°S。

图 2.34　数据下载示例

GMTED2010DEM 数据产品可以通过 USGS EarthExplorer 下载使用（具体步骤与 GTOPO 30 相似）。

（1）打开 EarthExplorer 网站（https://earthexplorer.usgs.gov/），注册或登录账号。

（2）在"Search Criteria"标签页通过【Circle】确定中心点位置和半径大小。

（3）在"Data Sets"标签页通过【Digital Elevation】→【GMTED2010】选择 GMTED2010DEM 数据集，并单击【Results】按钮，检索目标区域的相应 GMTED2010DEM 数据（如图 2.35）。

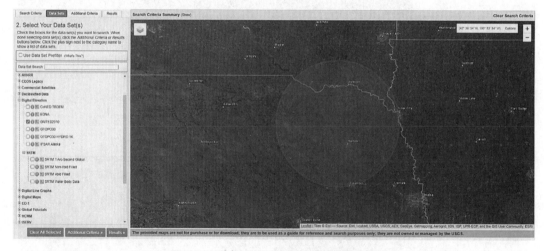

图 2.35　选择 GMTED2010DEM 数据集

（4）在"Results"标签页下展示着目标区域的相应 GMTED2010DEM 数据，由于 GMTED2010DEM 数据空间分辨率较高，单幅数据在经度上跨度为 30°，在纬度上跨度为 20°，图幅较大（如图 2.36）。

（5）下载示例（如图 2.37）。

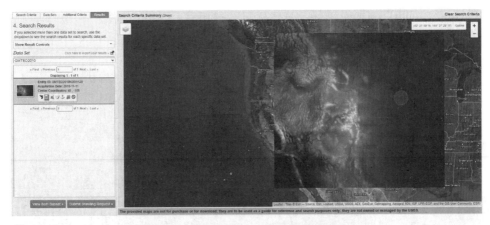

图 2.36 根据检索结果进行数据下载

6. GLS2005 DEM

美国地质勘探局（USGS）与美国国家航空航天局
（NASA）从 2009 年至 2011 年合作创建了全球土地调
查（global land surveys，GLS）数据集。该数据集由当
时主要使用的 Landsat 传感器拍摄生成，符合严格的质
量要求和云量标准。

GLS2005 是收集于 2005—2006 年的覆盖全球的
TM 和 ETM + 数据集，由 Landsat5 和 Landsat7 数据镶
嵌而成。在 GLS2005 数据产品中，Landsat5 数据包内

图 2.37 数据下载示例

有一份空间分辨率为 30 米的 DEM 数据，该数据可以媲美 ASTER GDEM 数据，具有一定的
应用价值。

GLS2005 DEM 数据产品可以通过 USGS EarthExplorer 下载使用（具体步骤与 GTOPO 30
相似）。

（1）打开 EarthExplorer 网站（https://earthexplorer. usgs. gov/），注册或登录账号。

（2）在"Search Criteria"标签页通过【Circle】确定中心点位置和半径大小。

（3）在"Data Sets"标签页通过【Landsat】→【Landsat Legacy】→【Global Land Survey】
选择 GLS 数据集，并单击【Results】按钮，检索目标区域的相应 GLS2005 数据（如图 2.38）。

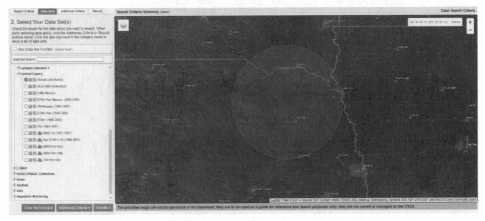

图 2.38 选择 GLS2005 数据集

25

（4）在"Results"标签页下展示着目标区域的相应 GLS2005 数据，可进一步筛选下载（如图 2.39）。

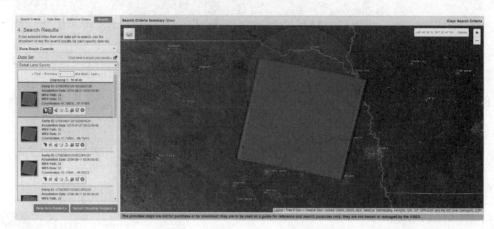

图 2.39　根据检索结果进行数据下载

（5）下载示例（如图 2.40）。

7. ALOS World 3D-30 m

ALOS World 3D 是日本宇宙航空研究开发机构（Japan Aerospace Exploration Agency，JAXA）对先进陆地观测卫星"DAICHI"（ALOS）获取的约 300 万张影像数据进行处理后得到的精确全球数字三维地图。该数据产品的空间分辨率为 30 米，高程精度为 5 米，在测绘、自然灾害损害预测、水资源研究等领域具有重要的应用价值。

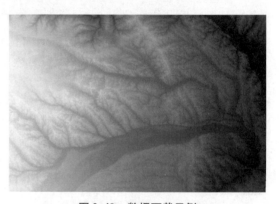

图 2.40　数据下载示例

ALOS World 3D-30 m 数据产品可以通过 ALOS 官网下载使用。

（1）打开 ALOS 网站（https://www. eorc. jaxa. jp/ALOS/en/aw3d30/registration. htm），进行账号注册（如图 2.41）。

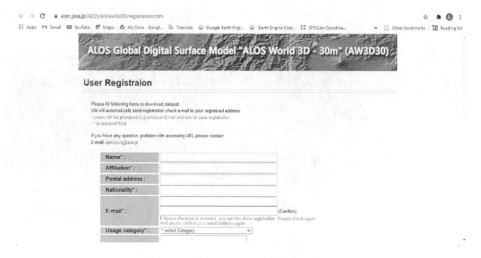

图 2.41　进入 ALOS 网站并注册账号

（2）打开 ALOS World 3D-30 m 数据下载网站（https：//www. eorc. jaxa. jp/ALOS/en/aw3d30/data/index. htm）（如图 2.42）。

图 2.42 登录进入 ALOS World 3D-30 m 数据下载网站

（3）通过点击地图上的网格（如图 2.43），检索目标区域相应的数据，可以下载 5°×5°和 1°×1°分幅大小的数据。

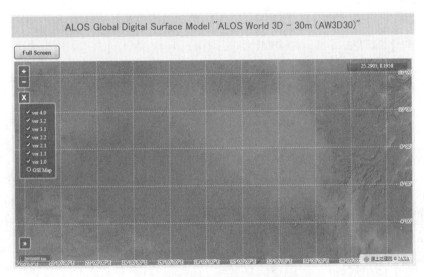

图 2.43 选择目标区域（每格 30°）

（4）下载示例（如图 2.44）。

8. NASADEM

由美国国家航空航天局（NASA）发布的 NASADEM 是对 SRTM 数据的再处理结果，通过使用改进算法并结合原始 SRTM 数据发布时没有的数据（如 ASTER GDEM、Geoscience Laser Altimeter 等），进一步提高了数据产品的高程精度并填补了缺失数据。NASADEM 数据产品的空间分辨率为 30 米，其覆盖范围为 60°N至 56°S，即覆盖了 80%全球陆地面积。

NASADEM 数据产品可以通过 NASA EARTHDATA SEARCH 下载使用。

（1）打开 NASA EARTHDATA SEARCH 网站（https：//search. earthdata. nasa. gov/）并登

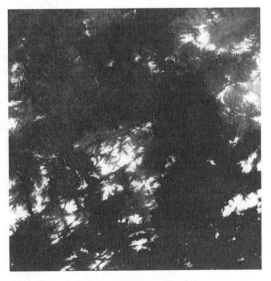

图 2.44 数据下载示例

录（如图 2.45）。

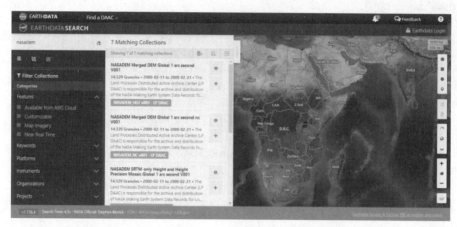

图 2.45 进入 NASA EARTHDATA SEARCH 网站

（2）点击【NASADEM Merged DEM Global 1 arc second V001】，进入数据库（如图 2.46）。

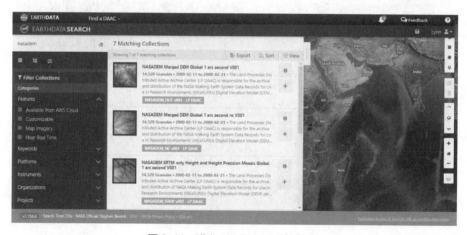

图 2.46 进入 NASADEM 数据库

（3）通过绘制目标区域与检索，下载相应数据（如图 2.47）。

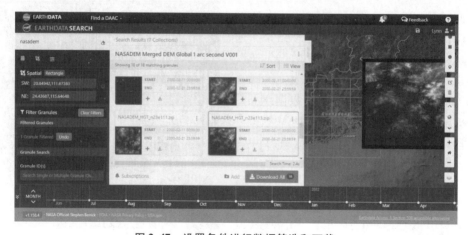

图 2.47 设置条件进行数据筛选和下载

（4）下载示例（如图2.48）。

9. 全国 DEM 1 km、500 m 和 250 m 数据（以 SRTM 90 m 为基准）

中国海拔高度（DEM）空间分布数据来源于 SRTM 数据，该数据集是基于最新的 SRTM V4.1 数据经重采样生成的，包括 1 km、500 m 和 250 m 这 3 种精度的全国一张图数据。数据采用 WGS84 椭球投影。

全国 DEM 数据产品可以通过中国科学院资源环境科学与数据中心下载使用。

（1）打开中国科学院资源环境科学与数据中心网站（https://www.resdc.cn/Default.aspx），注册或登录账号（如图2.49）。

图 2.48　数据下载示例

图 2.49　进入中国科学院资源环境科学与数据中心网站

（2）打开全国 DEM 数据下载网页（https://www.resdc.cn/data.aspx？DATAID = 123）（如图2.50）。

图 2.50　进入全国 DEM 数据下载网页

（3）根据研究需要，选择相应分辨率的数据进行下载（如图2.51）。

图 2.51　进行数据下载

（4）下载示例（如图 2.52）。

10. 中国 100 万地貌类型空间分布数据

中国 1∶100 万地貌类型空间分布数据来源于《中华人民共和国地貌图集（1∶100 万）》。该图集由中国科学院地理科学与资源研究所联合全国相关科研院校和制图单位编制完成，并由科学出版社于 2009 年出版。该图集全面反映了我国地形地貌的宏观规律，揭示了其在空间区域上的差异变化。

中国 100 万地貌类型空间分布数据产品可以通过中国科学院资源环境科学与数据中心下载使用。

（1）打开中国科学院资源环境科学与数据中心网页（https：//www. resdc. cn/Default. aspx），注册或登录账号，具体步骤与下载全国 DEM 数据产品相似。

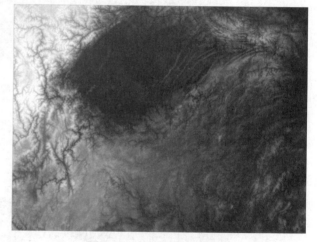

图 2.52　数据下载局部示例

（2）打开中国 100 万地貌类型空间分布数据下载网页（https：//www. resdc. cn/data. aspx？DATAID＝124），进行数据下载（如图 2.53）。

图 2.53 进入中国 100 万地貌类型空间分布数据下载网页

（3）下载示例（如图 2.54）。

图 2.54 数据下载局部示例

2.1.3 社会经济统计数据获取

1. 中国公里网格 GDP 空间分布数据集

国内生产总值（gross domestic product，GDP）是社会经济发展、区域规划和资源环境保护的重要指标之一，通常以行政区为基本统计单元。但是以行政区为基本单元获得的社会经济数据，有空间定位不稳定、不精确及不统一等特点。GDP 空间化即是以一定尺寸的地理网格单元代替行政单元，便于与土地利用、生态环境背景数据等自然要素数据进行分析整合，为促进多领域之间的数据共享、实现空间统计的综合分析提供极有力的支持。

中国公里网格 GDP 空间分布数据集是在全国分县 GDP 统计数据的基础上，综合考虑了与人类经济活动密切相关的土地利用类型、夜间灯光亮度、居民点密度等多因素，获得空间化的 GDP 数据。该数据集实现了我国 GDP 数据的空间定量模拟，建立了统一空间坐标参数、统一数据格式、统一数据和元数据标准的全国 1 km 网格 GDP 空间分布数据集。

中国公里网格 GDP 空间分布数据集的下载途径有 3 种，分别可以通过中国科学院资源环境科学与数据中心、全球变化科学研究数据出版系统和国家地球系统科学数据中心下载使用。

（1）通过中国科学院资源环境科学与数据中心下载数据。

a. 打开中国科学院资源环境科学与数据中心网站（https：//www. resdc. cn/ Default. aspx），注册或登录账号。

b. 打开中国公里网格 GDP 空间分布数据集下载网页（https：//www. resdc. cn/DOI/ doi. aspx？DOIid＝33），进行数据下载（如图 2.55）。

图 2.55　进入中国公里网格 GDP 空间分布数据集下载网页

c. 下载示例（如图 2.56）。

图 2.56　数据下载局部示例

（2）通过全球变化科学研究数据出版系统下载数据。

a. 打开中国公里网格 GDP 空间分布数据集下载网页（http：//www. geodoi. ac. cn/Web-Cn/doi. aspx？Id＝125）（如图 2.57）。

图 2.57　进入中国公里网格 GDP 空间分布数据集下载网页

b. 根据研究需要，选择 2005 年或 2010 年的中国公里网格 GDP 空间分布数据集进行下载（如图 2.58）。

图 2.58　进行数据下载

c. 下载示例（如图 2.59）。

图 2.59　数据下载局部示例

（3）通过国家地球系统科学数据中心下载数据。

a. 打开国家地球系统科学数据中心网页（http://www.geodata.cn/），登录或注册账号

（如图 2.60）。

图 2.60　进入国家地球系统科学数据中心网页

b. 点击【查找数据】，输入关键词"GDP"进行数据检索，分别可以下载 2001 年、2004 年、2010 年、2014 年、2015 年的中国公里网格 GDP 空间分布数据（如图 2.61）。

图 2.61　进行数据检索

c. 根据研究需要选择相应数据（该网站数据获取需提交申请进行审核）。

2. 全球 1°网格 GDP 数据集

第 4 版全球网格化地理经济数据（the global gridded geographically based economic data，G-Econ）包含了 1990 年、1995 年、2000 年和 2005 年的全球 1°网格 GDP 数据。该数据是基于市场汇率（market exchange rate，MER）和购买力平价（purchasing power parity，PPP）计算得到的，对社会经济、环境、气候和其他相关研究具有较大的应用价值。

全球 1°网格 GDP 数据集可以通过美国社会经济数据和应用中心（SocioEconomic Data And Applications Center，SEDAC）下载使用。

（1）打开全球 1°网格 GDP 数据集网页（https://sedac.ciesin.columbia.edu/data/set/spatialecon-gecon-v4）（如图2.62）。

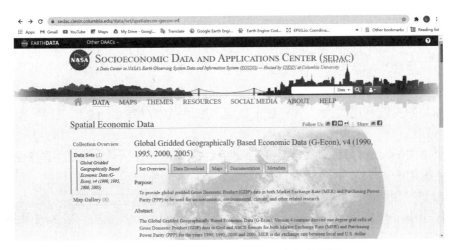

图 2.62　进入全球 1°网格 GDP 数据集网页

（2）点击【Data Download】进入数据下载页面，再点击【Esri Grid（. adf）】下载 Grid 数据（如图2.63）。

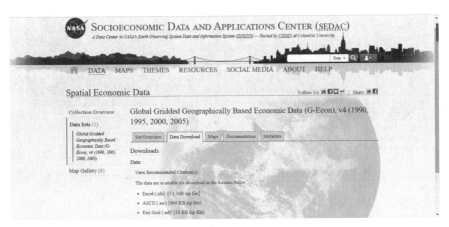

图 2.63　进行数据下载

（3）下载示例（如图2.64、图2.65）。

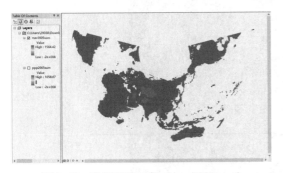 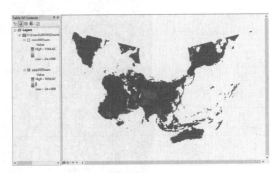

图 2.64　数据下载示例（mer2005sum）　　　**图 2.65　数据下载示例（ppp2005sum）**

3. 中国公里网格人口空间分布数据集

传统的人口数据来源于全国人口普查数据，是以行政区为基本单元的统计型数据，空间分辨率低，无法充分揭示人口数据的空间差异，并且无法与以格网为基础地理单元的数据共享与整合。人口空间化是以空间统计单元代替传统的行政统计单元，为多领域之间的数据共享、进行空间统计分析带来极大便利。

中国公里网格人口空间分布数据集是在全国分县人口统计数据的基础上，综合考虑了与人口密切相关的土地利用类型、夜间灯光亮度、居民点密度等多因素，获得空间化的人口数据。

中国公里网格人口空间分布数据集的下载途径有 2 种，分别可以通过中国科学院资源环境科学与数据中心、全球变化科学研究数据出版系统下载使用。

（1）通过中国科学院资源环境科学与数据中心下载数据。

a. 打开中国科学院资源环境科学与数据中心网站（https://www. resdc. cn/Default. aspx），注册或登录账号。

b. 打开中国公里网格人口空间分布数据集下载网页（https://www. resdc. cn/DOI/DOI. aspx？DOIid = 32），进行数据下载（如图 2.66）。

图 2.66 进入中国公里网格人口空间分布数据集下载网页

c. 下载示例（如图 2.67）。

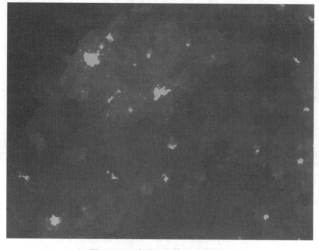

图 2.67 数据下载局部示例

（2）通过全球变化科学研究数据出版系统下载数据。

a. 打开中国公里网格人口空间分布数据集下载网页（http://www.geodoi.ac.cn/Web-Cn/doi.aspx? Id=131）（如图2.68）。

图2.68　进入中国公里网格人口空间分布数据集下载网页

b. 根据研究需要，选择2005年或2010年的中国公里网格人口空间分布数据集进行下载（如图2.69）。

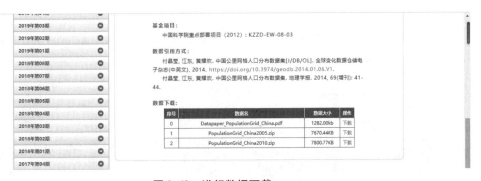

图2.69　进行数据下载

c. 下载示例（如图2.70）。

4. LandScan人口密度数据集

LandScan人口密度数据集是由美国橡树岭国家实验室（Oak Ridge National Laboratory，ORNL）利用现有的最佳人口数据、地理数据、遥感影像和图像分析技术计算得到的，其数据产品的空间分辨率约为1千米（30弧秒）。该数据库每年更新一次，目前最新的版本为Land-Scan Global 2022。由于缺乏一个可以充分考虑到空间数据可用性、质量、规模和准确性差异以及不同文化居住习俗的统一人口分布模型，LandScan人口密度

图2.70　数据下载局部示例

数据集是一个不同区域适应性模型的组合产物。

LandScan 人口密度数据集可以通过美国橡树岭国家实验室官方网站下载使用。

（1）打开美国橡树岭国家实验室官方网站（https://landscan.ornl.gov/user/login），注册或登录账号（如图 2.71）。

图 2.71　登录进入美国橡树岭国家实验室官方网站

（2）打开 LandScan 人口密度数据集下载网页（https://landscan.ornl.gov/landscan-datasets），进行数据下载（如图 2.72）。

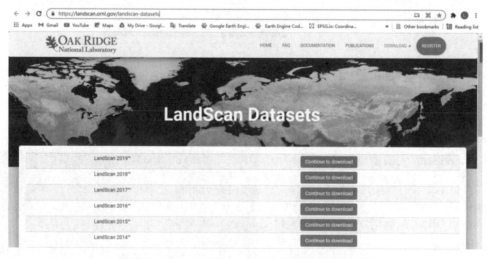

图 2.72　进入 LandScan 人口密度数据集下载网页

5. WorldPOP 人口统计数据集

WorldPOP 项目于 2013 年 10 月启动，其将 AfriPOP、AsiaPOP、AmeriPOP 人口测绘项目结合在一起，旨在为美洲中南部、非洲和亚洲的发展提供空间多样性数据支持。WorldPOP 提供了多种类型的网格人口统计数据集，包括针对单个具体国家的 100 m 空间分辨率网格数据和全球 1 km 空间分辨率网格数据等。

WorldPOP 人口统计数据集可以通过 WorldPOP 官方网站下载使用。

（1）打开 WorldPOP 人口统计数据集下载网站（https：//www. worldpop. org/project/cate-gories？ id＝3）（如图 2.73）。

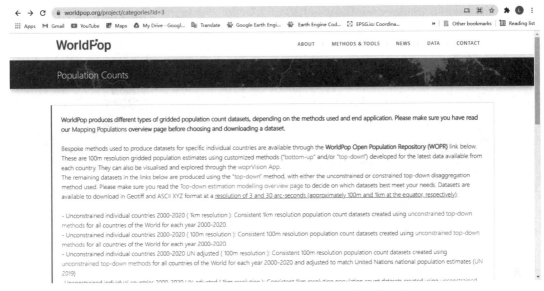

图 2.73　进入 WorldPOP 人口统计数据集下载网站

（2）根据研究需要选择目标类型数据集（以 Unconstrained global mosaic 2000—2020 1 km resolution 为例）（如图 2.74）。

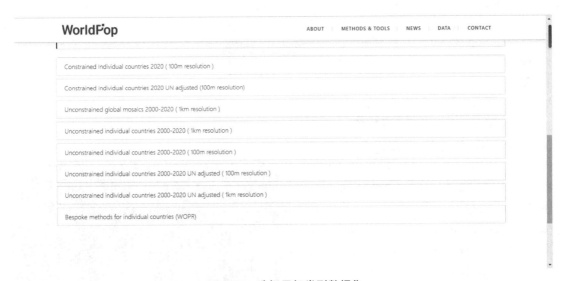

图 2.74　选择目标类型数据集

（3）根据研究需要选择所需年份的数据（如图 2.75）进行下载（以 2020 年数据为例）（如图 2.76）。

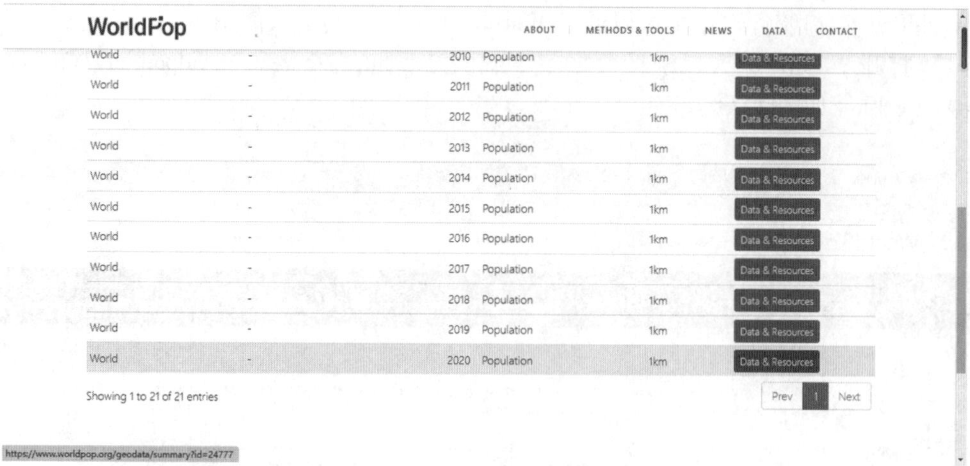

图 2.75　选择所需年份数据

图 2.76　进行数据下载

（4）下载示例（如图 2.77）。

6. GHS-POP 人口密度数据集

GHS-POP 人口密度数据集是基于 CIESIN GPW v4.10 提供的 1975 年、1990 年、2000 年和 2015 年这 4 个目标年份的住宅人口数据，以及全球人类住区层（global human settlement layer，GHSL）中每个相应年代的建筑分布和密度等数据计算得到的。该数据集以网格为单元，描述了全球人口分布情况。

GHS-POP 人口密度数据集可以通过 GHSL 官方网站下载使用。

（1）打开 GHSL 数据集产品网站（https：//ghsl.jrc.ec.europa.eu/datasets.php）（如图 2.78）。

图 2.77　数据下载局部示例

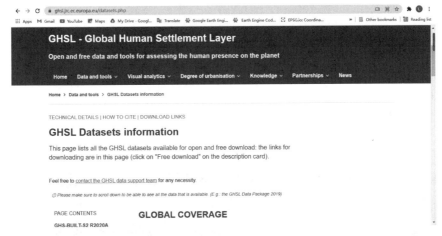

图 2.78 进入 GHSL 数据集产品网站

（2）点击【GHS-POP】数据栏（如图 2.79），进入数据简介页面。

图 2.79 选择 GHS-POP 数据集

（3）点击【Download the GHS-POP dataset】，进入数据下载页面，GHS-POP 提供了分幅下载和全球数据整幅下载两种方式，并且可以通过左侧参数栏的选择，设置下载数据的时间、空间分辨率和坐标系统（如图 2.80）。

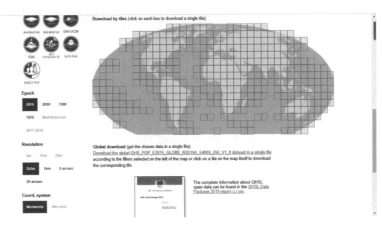

图 2.80 设置数据检索条件并下载

（4）下载数据。

7. SEDAC 全球人口密度数据

美国社会经济数据和应用中心（SEDAC）提供了多种全球人口密度数据，可通过以下方式下载。

（1）打开 SEDAC 官方网站（https://sedac.ciesin.columbia.edu/），再点击【DATA SETS】（如图 2.81）。

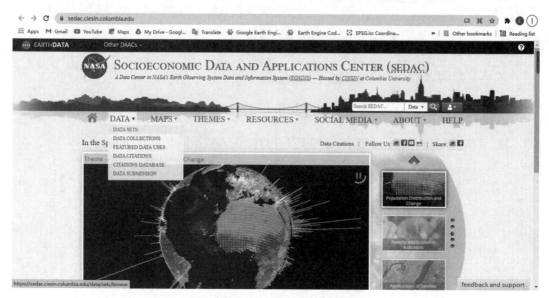

图 2.81　进入 SEDAC 官方网站

（2）以"population"作为标题关键字进行数据检索（如图 2.82）。

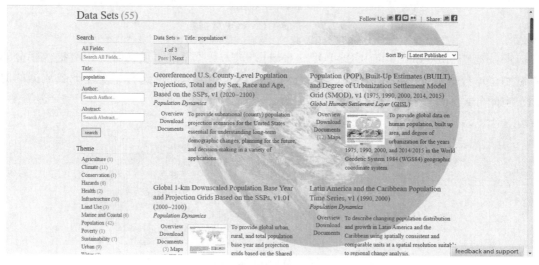

图 2.82　进行数据检索

（3）根据研究需要选择所需数据（如图 2.83）进行下载［以 Population Density，v4.11（2000 年、2005 年、2010 年、2015 年、2020 年）的数据为例］，可以设置下载数据的时间、格式和空间分辨率等参数（如图 2.84）。

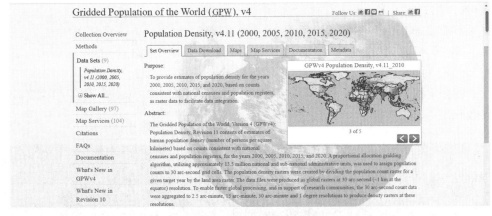

图 2.83 选择所需下载的数据

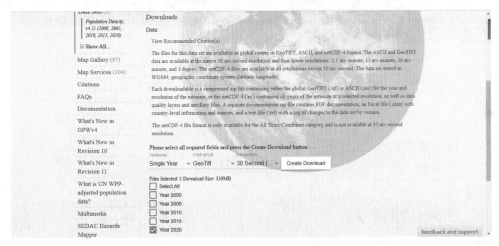

图 2.84 设置下载数据的参数

（4）下载示例（如图 2.85）。

8. 中国 POI 数据集

POI（point of interest），通常称作兴趣点，泛指互联网电子地图中的点类数据，主要包含名称、类别、经度、纬度这 4 个属性信息，源于基础测绘成果 DLG 产品中的点类地图要素矢量数据集，而在 GIS 中指可以抽象成点进行管理、分析和计算的对象。

中国 POI 数据集包括餐饮服务、道路附属设施、地名地址信息、风景名胜、公共设施、公司企业、购物服务、交通设施服务、金融保险服务、科教文化服

图 2.85 数据下载局部示例

务、摩托车服务、汽车服务、汽车维修、汽车销售、商务住宅、生活服务、事件活动、室内设施、体育休闲服务、通行设施、医疗保健服务、政府机构及社会团体、住宿服务等 POI 数据，共分为 22 个一级类、262 个二级类和 831 个三级类，全国数据分省分类别存放，数据

为 shape 文件格式。

中国 POI 数据集可以通过中国科学院资源环境科学与数据中心下载使用。

（1）打开中国科学院资源环境科学与数据中心网站（https://www.resdc.cn/Default.aspx），注册或登录账号。

（2）打开中国 POI 数据集下载网页（https://www.resdc.cn/data.aspx？DATAID=341），进行数据下载（如图 2.86）。

图 2.86　进入中国 POI 数据集下载网页

2.2　遥感影像

2.2.1　光学遥感影像获取

光学传感器是被动传感器，它接收一部分来自地球物体反射的太阳光照明。这些传感器覆盖了电磁波谱的紫外线、可见光和红外部分。按传感器采用的成像波段分类，光学影像通常是指可见光和部分红外波段传感器获取的影像数据。在成像模式方面，光学影像通常采用中心投影面域成像或推帚式扫描获取数据。

目前常用的光学影像数据有 WorldView 系列、MODIS、GeoEye、ikonos、quickbird、Landsat 系列、SPOT 系列、资源三号系列、高分系列、Planet 数据、高景卫星、哨兵 2 号（Sentinel-2）数据等。不同遥感数据的获取方式各不相同。本节主要针对不同的传感器介绍光学遥感数据的检索、下载等具体步骤。

1. WorldView 系列卫星、GeoEye、ikonos、quickbird 数据

WorldView 卫星是 DigitalGlobe（DG）公司的下一代商业成像卫星系统。该系列卫星已成功发射 4 颗，具备现代化的地理定位精度能力和极佳的响应能力，能够快速瞄准要拍摄的目标并有效地进行同轨立体成像。目前由 DG 公司运营的卫星数据包括 WorldView1、WorldView2、WorldView3、WorldView4、GeoEye、ikonos、quickbird。本节主要介绍如何使用网站进行自助查询。

（1）查询前的准备：登录查询网站（https://discover.digitalglobe.com/）并注册（如图 2.87）。

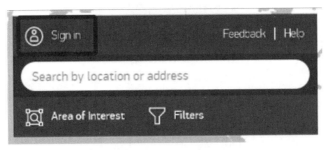

图 2.87 注册账号

（2）设置查询参数（过滤条件）（如图 2.88）。查询数据范围有两种方法导入，一种是输入坐标确定范围，另一种是导入 SHP 文件确定范围。

图 2.88 设置查询参数

（3）确定查询范围。要进行影像查询，需要知道要查询的空间范围，可以在查询界面上手动输入查询坐标范围，也可以手绘查询区域，如图 2.89 所示。当然最精确的还是自己提供 Shapefile 文件。这里需要注意的是，Shapefile 文件必须满足以下几点要求。

a. Shapefile 文件必须以 .zip 压缩包的方式提供，并且压缩包解压后就是 .shp 文件，而不能先是文件夹，里面再是 .shp 文件。

b. Shapefile 文件中只能包含单个多边形，并且该多边形是简单多边形，不能是组合多边形，也不能包含洞或环等情况。

c. 多边形的顶点个数，应当小于 1000 个，否则查询过程很漫长并且最终会失败。

图 2.89　绘制查询范围

（4）查询结果显示。确定好范围并设置查询的条件后，点击右侧的【MODIFY FILTER】按钮，即可显示查询结果（如图 2.90）。可对查询结果进行排序，点击产品右侧的加号即可显示产品的基本参数信息（如图 2.91）。

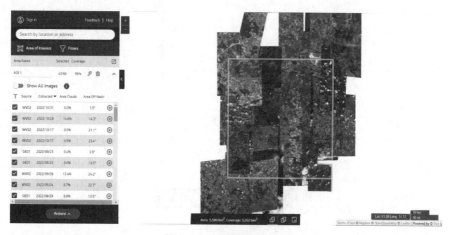

图 2.90　查询结果显示

图 2.91　查询结果参数显示

如果需要数据的 ID 号就可以点击"View",这是查询普通数据。如果需要查询立体像对,可点击设置查询条件。

2. Pleiades 及 SPOT1-7 系列卫星数据

Pleiades 高分辨率卫星星座由两颗一模一样的卫星 Pleiades1 和 Pleiades2 构成。Pleiades1 于 2011 年 12 月 17 日成功发射并开始接收获取卫星数据,Pleiades2 于 2012 年 12 月 1 日成功发射并已成功获取影像。双星配合可实现全球任意地区的每日重访,可最快速地满足客户对任何地区的超高分辨率数据的获取需求。

(1) 查询前的准备:登录查询网站(https://www.intelligence-airbusds.com/en/4871-geostore-ordering) 并注册(如图 2.92)。

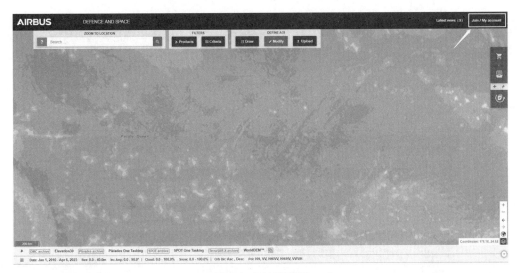

图 2.92 注册账号

(2) 查询条件筛选(如图 2.93),通过界面上方的框示区域可以点击筛选产品类型、查询区域。

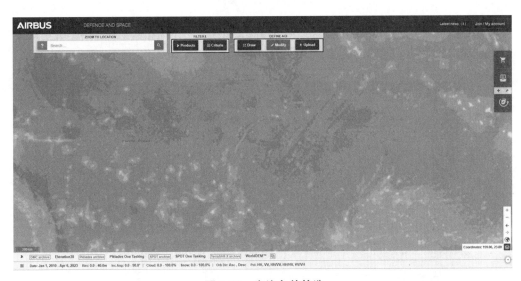

图 2.93 查询条件筛选

（3）选择产品类型（如图 2.94），点击【Products】可筛选传感器类型。

图 2.94　选择产品类型

（4）设置查询时间、分辨率、云量等（如图 2.95），筛选好传感器类型后可设置对应产品的具体参数。

图 2.95　设置参数

（5）确定查询区域。可以自己上传 Shapefile 文件确定查询范围，也可以手绘查询区域。如图 2.96 所示为手动在地图上绘制多边形确定查询范围。

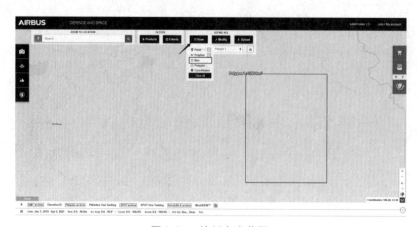

图 2.96　绘制查询范围

（6）显示查询结果。在点击图片、显示图标时，即可在右侧将查询到的遥感影像可视化，点击🛒图标即可将选定的影像产品加入购物车，单击列表即可显示对应遥感影像的具体参数。如图 2.97 的箭头所指，可将查询结果在地图上可视化。如图 2.98 所示，可将符合筛选条件的影像加入购物车。

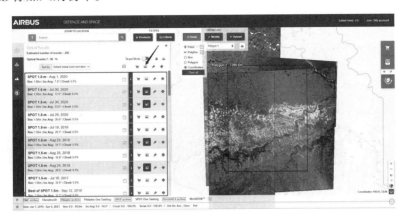

图 2.97 查询结果可视化

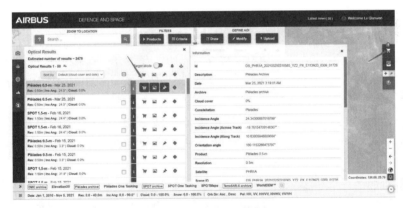

图 2.98 将产品加入购物车

（7）产品订购。点击界面右侧的🛒图标可进入采购界面，并能看到产品价格。如图 2.99 的框线所示，可直接获取产品订购信息。如图 2.100 所示，可显示订购产品的具体参数，点击【Proceed】按钮即可进行购买。

图 2.99 产品订购

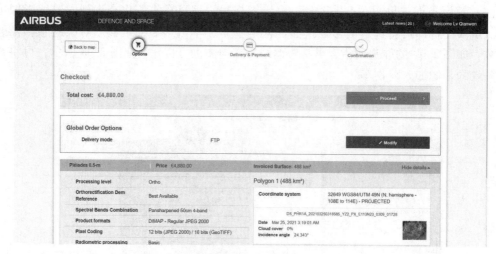

图 2.100　订购参数

3. 资源三号系列、高分系列数据

资源三号是我国第一颗民用高分辨率光学立体测图卫星，发射于 2012 年 1 月 9 日。该卫星具有 5.8 米多光谱、2.1 米全色、3.5 米后视，可提供较高精度的光学单片影像及立体像对数据。高分一号卫星是中国高分辨率对地观测系统的首发星，于 2013 年 4 月 26 日由长征二号丁运载火箭在酒泉卫星发射基地成功发射入轨。高分系列卫星覆盖了从全色、多光谱到高光谱，从光学到雷达，从太阳同步轨道到地球同步轨道等多种类型，构成了一个具有高空间分辨率、高时间分辨率和高光谱分辨率能力的对地观测系统。

目前，高分系列卫星和资源系列卫星可通过自然资源卫星遥感云服务平台（http://www.sasclouds.com/chinese/normal）、陆地观测卫星数据服务平台（http://data.cresda.cn/#/home）查询。

（1）自然资源卫星遥感云服务平台查询步骤。

a. 打开网站（http://www.sasclouds.com/chinese/normal）并注册登录（如图 2.101）。

图 2.101　注册账号

b. 筛选查询时间、传感器等参数（如图 2.102）。

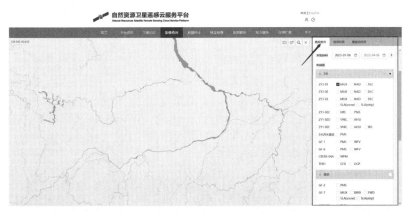

图 2.102　查询参数筛选

c. 查询结果显示（如图 2.103）。

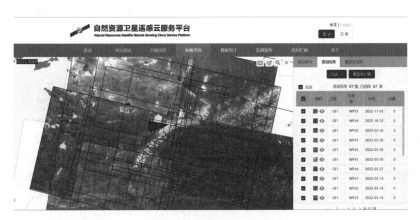

图 2.103　显示查询结果

（2）陆地观测卫星数据服务平台查询步骤。

a. 打开网站（https://data.cresda.cn/#/home）并注册账号（如图 2.104）。该网站注册账号时，不建议用 google 浏览器，建议用 360 浏览器或者 qq 浏览器。

图 2.104　注册账号

b. 筛选区域、时间、传感器类型、云量、分辨率等参数（如图 2.105、图 2.106）。

图 2.105 查询参数设置

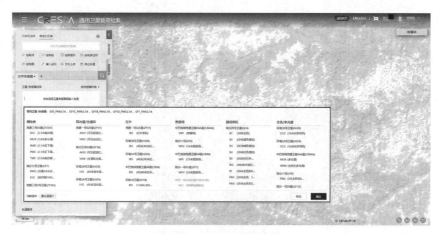

图 2.106 筛选传感器类型

c. 显示查询结果。在查询影像部分，若出现打不开数据查询界面的情况，重新下载 flash 并安装即可解决。如图 2.107 的箭头所指，可将查询结果在左侧地图上进行显示。

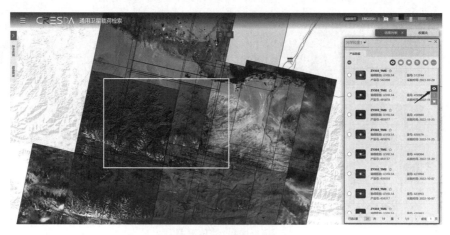

图 2.107 查询结果可视化

d. 订购。点击进入 🛒 即可看到要订购的数据，点击生成订单，并提交订单，之后会在订单管理界面看到订购的数据信息，如图 2.108 所示。在订单管理界面中看到处理过程的状态为通过审核（一般审核需要持续十几分钟）并给出两个下载链接之后，即可通过该链接下载所订购的数据。

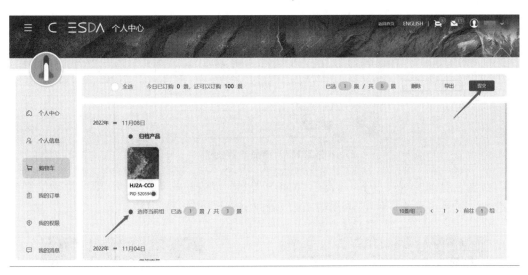

图 2.108 产品订购

4. 高景卫星数据

高景一号（SuperView-1）卫星于 2016 年 12 月 28 日发射。该卫星全色分辨率为 0.5 米，多光谱分辨率为 2 米，轨道高度为 530 千米，幅宽为 12 千米，过境时间为北京时间上午 10：30；是国内首个具备高敏捷、多模式成像能力的商业卫星星座，不仅可以获取多点、多条带拼接等影像数据，还可以进行立体采集。

（1）进入查询网站（http://catalog. chinasuperview. com：6677/SYYG/product. do），筛选查询条件并设置参数（如图 2.109、图 2.110）。

图 2.109 筛选查询条件

图 2.110　产品参数设置

（2）确定查询区域。点击 □ 图标（如图 2.111 左侧的箭头所指），即可手动绘制多边形确定查询区域。服务平台将显示选中区域的查询结果（如图 2.112）。

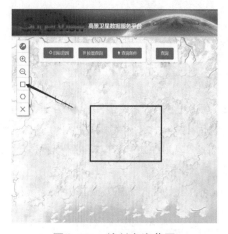

图 2.111　绘制查询范围

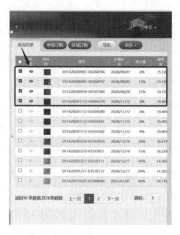

图 2.112　显示查询结果

5. Landsat 系列、MODIS 等数据下载

USGS（United States Geological Survey）是美国内政部所属的科学研究机构，其主要负责自然灾害、地质、资源、地理、环境、生物信息等方面的科学研究、监测、收集、分析、解释和传播；对自然资源进行全国范围内的长期监测和评估；为决策部门和公众提供广泛、高质量、及时的科学信息，为内政部及其他各局提供所需的数据和信息，也为国家层面乃至全世界提供服务。

该机构提供了包括 Landsat 系列、MODIS 系列和哨兵系列在内的众多遥感影像产品。常用的 USGS 网站为 GloVis（https://glovis.usgs.gov/）和 Earth Explorer（https://earthexplorer.usgs.gov/），二者是 USGS 中不同的职能机构。虽然两个网站均提供 Landsat 系列影像，但后者的影像集更加丰富，因此推荐通过 Earth Explorer 下载。

（1）打开网页，注册账号。建议使用 Gmail 或学校邮箱进行注册（如图 2.113），注册成功率更高。注册成功后，可登录（如图 2.114）。

图 2.113　注册账号的入口

图 2.114　登录账号

（2）在界面的左侧标签栏点击【Search Criteria】，选择合适的影像范围和时间（如图 2.115 所示）。可以通过搜索地点或输入坐标来选择范围，如图 2.116 的示例为通过添加 4 个控制点确定查询区域。

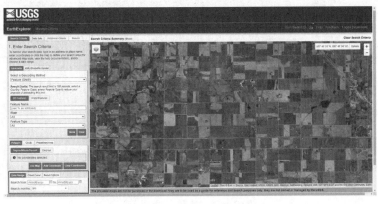

图 2.115　确定查询时间

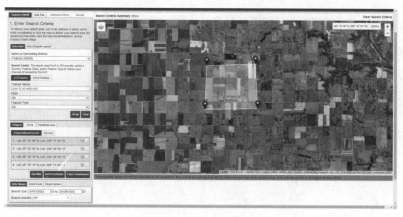

图 2.116　绘制查询范围

（3）影像时间和范围确定后，点击【Data Sets】进入数据集选择菜单。界面会出现产品类型，可根据需求选择相应传感器（如图 2.117）。

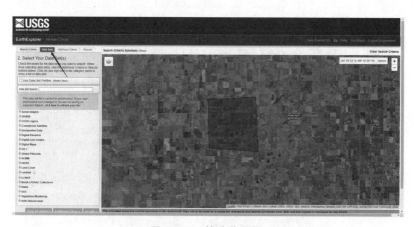

图 2.117　筛选传感器

（4）以 Landsat8 数据为例，查询结果如图 2.118 所示。界面左侧栏目中，在每幅图像下点击🛒图标即可将该图像加入订单，也可以直接点击每幅图像下面的下载按钮进行下载。若对查询结果不满意，可以点击左上侧的标签栏返回至【Search Criteria】（修改查询条件）。

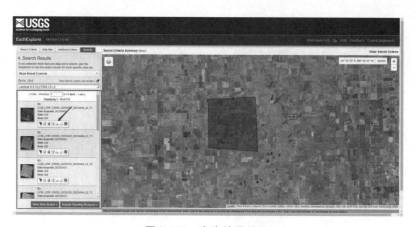

图 2.118　查询结果显示

（5）随后依次点击【View Item Basket】 → 【Proceed To Checkout】 → 【Submit Order】，即可完成提交，最后点击下载即可（如图 2. 119）。

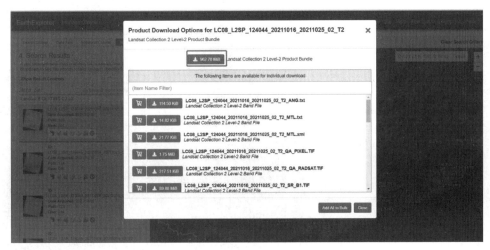

图 2. 119 数据下载

6. Planet 数据

Planet（曾命名为 Planet Lab），是由数以百计的 Dove（10 cm ×10 cm ×30 cm）卫星组成的全球最大的微小卫星群。Planet 部署在两种轨道上：52°倾角、约 420 km 高度的国际空间站轨道（ISS）和 98°倾角、约 475 km 高度的太阳同步轨道。在持续的监控模式下，Planet 保持在最低点并不断拍摄地球表面有阳光照射部分的影像。Planet 已经开发了自己的地面站网络，以保证卫星的高效运行和影像的成功下行。

（1）打开网站（https：//www. planet. com/explorer/），注册账号（如图 2. 120 的方框所示为注册入口）。

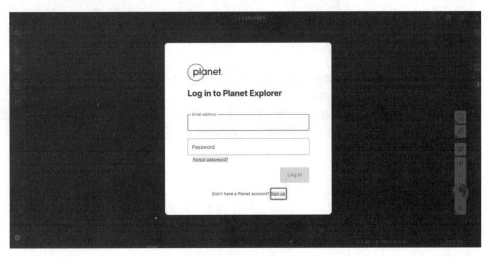

图 2. 120 注册账号

（2）确定查询区域。如图 2.121 所示，可在地图上手动绘制查询区域。

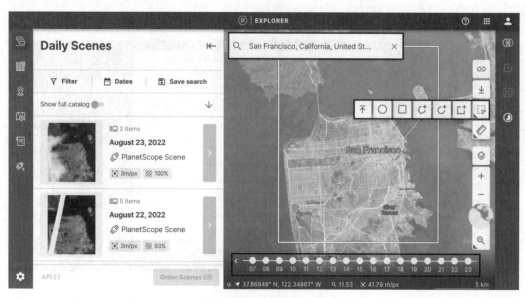

图 2.121　数据查询界面

（3）显示查询结果（如图 2.122）。

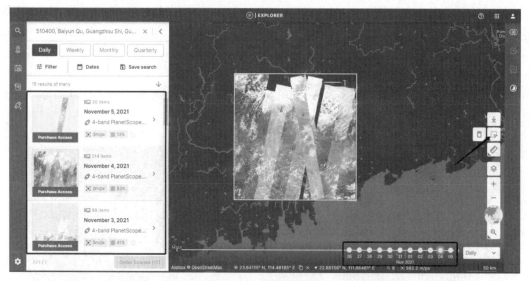

图 2.122　显示查询结果

7. Sentinel-2 数据

目前，哨兵 2 号（Sentinel-2）的数据下载包括 ESA[①] 官网、USGS、Remote pixel、地理空间数据云、遥感集市等 5 种方式。本节主要介绍从 ESA 官网下载数据的步骤。

（1）进入网站（https://scihub. copernicus. eu/dhus/#/home），先点击右上角的注册图标（如图 2.123 的方框所示为注册账号的入口）。

---

① 欧洲航天局（European Space Agency，ESA），简称"欧空局"。

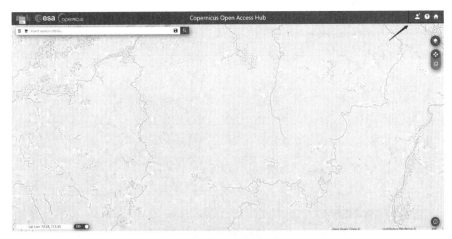

图 2.123　注册账号

（2）确定各查询参数。确定查询起止时间，可设置筛选影像的前后时间段（如图 2.124）。确定传感器类型、产品类型、设置云量，其中云量的设置范围为 0～10（如图 2.125）。手动确定查询区域，可在地图上手动绘制矩形区域来确定影像覆盖范围（如图 2.126）。

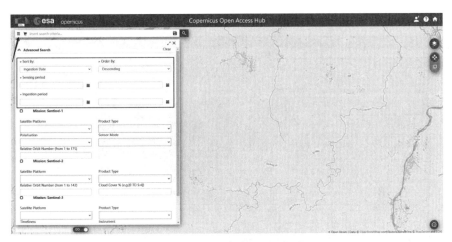

图 2.124　设置查询时间范围

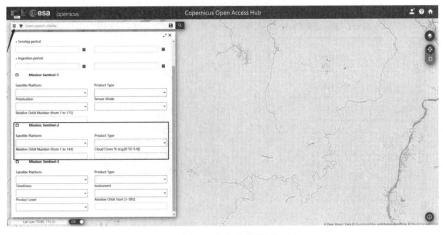

图 2.125　确定传感器类型

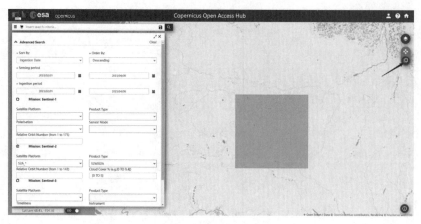

图 2.126　绘制查询范围

（3）参数确定后，点击搜索，即可出现结果。点击下载即可免费下载对应影像数据（如图 2.127）。注意，L2A 级别的影像，是已经处理过的，不需要再进行大气校正；而下载 L1C 级别的影像，则需要自己进行大气校正处理（如图 2.128）。在下载过程中，如果影像提示 Offline，则会自动保存在购物车中；过 1～4 小时，等 Offline 标识消失，则可以重新开始下载。

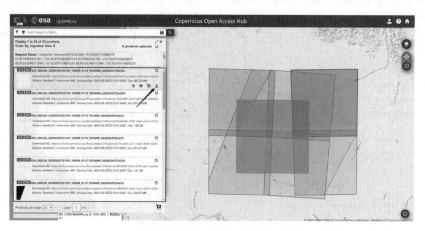

图 2.127　产品下载

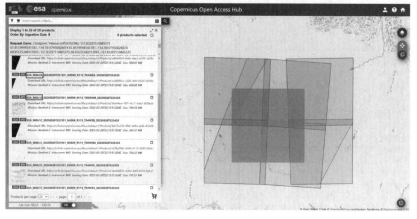

图 2.128　产品级别区分

2.2.2 雷达遥感影像获取

合成孔径雷达是一种有源微波传感器，由于波长较长，其辐射可以穿透云层、雾霾、灰尘等。雷达视场下的区域被微波辐射以与传感器平台运动成直角的斜角照射，天线接收到来自不同物体的部分后向散射能量。来自不同物体的背散射能量取决于不同物体的表面粗糙度、水分含量和介电特性。它主要表征表面上各种物体的结构特性，从而能够根据物体的表面特性对图像中的不同物体进行识别，进而得到具有更丰富空间信息的 SAR 图像。

目前，国内外 SAR 系统主要有 RADARSAT-2、RISAT-1、Sentinel-1、GF-3、ALOS-2、SAOCOM、TerraSAR-X、Cosmo-Skymed、TanDEM-X、Kompsat-5。本节针对不同的传感器主要介绍雷达遥感数据的检索、下载等具体步骤。

1. TerraSAR 雷达卫星数据

TerraSAR-X 卫星为德国研制的一颗高分辨率雷达卫星，携带了高频率的 X 波段合成孔径雷达传感器，可以聚束式、条带式和推扫式 3 种模式成像，并拥有多种极化方式；可全天时、全天候地获取用户要求的任一成像区域的高分辨率影像。TanDEM-X 于 2010 年 6 月 21 日成功发射。这两颗卫星在 3 年内将反复扫描整个地球表面，最终绘制出高精度的 3D 地球数字模型。

（1）登录网页（https://terrasar-x-archive.terrasar.com/），筛选时间、查询区域等（如图 2.129、图 2.130）。

图 2.129 初始界面

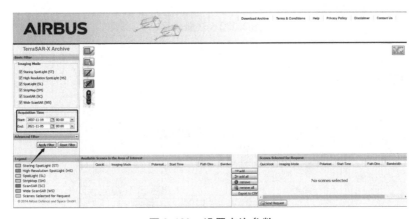

图 2.130 设置查询参数

61

（2）显示查询结果，可对查询结果进行排序（如图 2.131）。

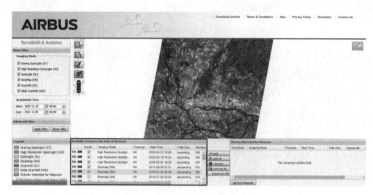

图 2.131　显示查询结果

2. ALOS-2 数据

ALOS-2 于 2014 年 5 月 24 日发射成功。ALOS-2 有 1 米、3 米、6 米（全极化）、10 米（双极化）及 100 米等多种拍摄模式。除了全球推扫式的自主采集存档数据，还可针对客户的需求灵活地接受编程拍摄。因有 1~3 米的高分辨率，其在地球观测卫星上的 L 波段合成孔径雷达领域中位居世界第一。

（1）访问 AUIG 网址（https：//auig2.jaxa.jp/openam/UI/Login？goto = http%3A%2F%2Fal2mwb01%3A80%2Fips%），如果没有特定的用户名可以用 Guest 账号登录，ID 和密码在登录窗口的下边（如图 2.132）。

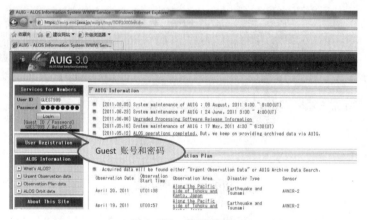

图 2.132　注册账号

（2）登录后，在左边的 "Services for Members" 栏，点击【Order and Obs Request】。

注意，如果是在 Windows 7 系统中，会弹出如下对话框（如图 2.133）。请选择【否】，否则无法显示地图索引。

图 2.133　安全警告

（3）在界面右侧的窗口设置相关的搜索参数，如按图幅和框架搜索、起止日期、极化方式等。然后，点击【Search】来搜索需要的图像（如图 2.134）。搜索结果如图 2.135 所示，共找到从 2008 年 1 月 1 日到 2011 年 10 月 19 日的 15 景影像。

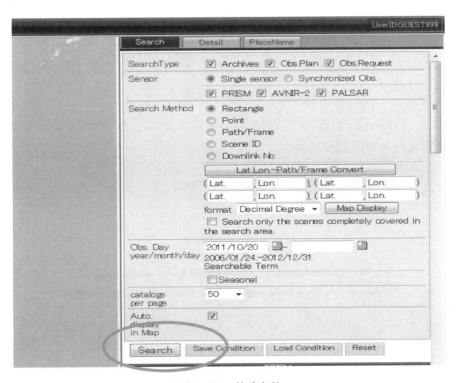

图 2.134　筛选参数

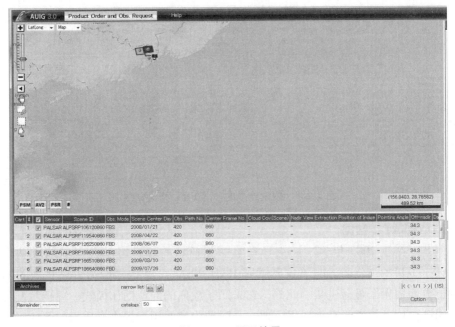

图 2.135　显示结果

（4）点击结果显示界面右下角的【Option】按钮，然后在弹出的选项中选【CSV】（如图 2.136），这样 AUIG 会将搜索结果以"∗.CSV"的格式输出。

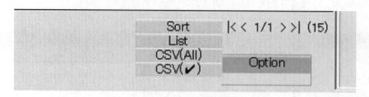

图 2.136　选择输出格式

（5）单击【Download】保存搜索结果（如图 2.137），则搜索结果将下载保存为".CSV"格式文件（如图 2.138）。

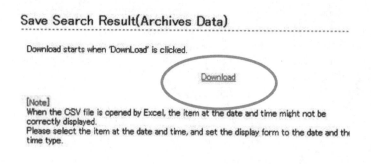

图 2.137　保存搜索结果

图 2.138　搜索结果的".CSV"格式文件

3. RADARSAT-2 数据

RADARSAT-2 于 2007 年 12 月 14 日在哈萨克斯坦的拜科努尔太空基地成功发射，是 RADARSAT-1 卫星的继任者。它不仅延续了 RADARSAT-1 的拍摄能力，还在新的图像获取能力及性能方面取得了显著进步。此外，它采用了成熟的商业运作模式，并拥有实力雄厚的技术支持团队，因此能够可靠地、保密地、及时地为商业用户提供高质量的 SAR 图像服务。

（1）打开网页（https://gsiportal.mdacorporation.com/），筛选数据参数、区域、时间等（如图 2.139、图 2.140、图 2.141）。

图 2.139　设置参数

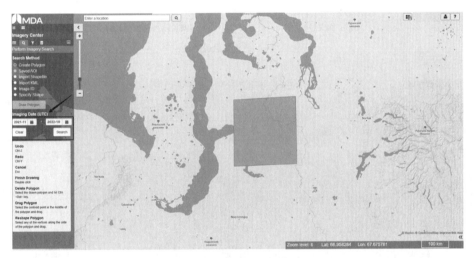

图 2.140　绘制搜索范围

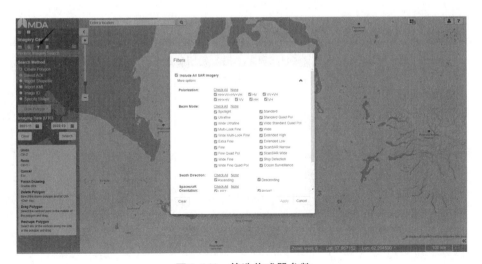

图 2.141　筛选传感器参数

（2）显示查询结果（如图 2.142）。单击【Show Metadata】时，可查看该影像的具体信息（如图 2.143）。

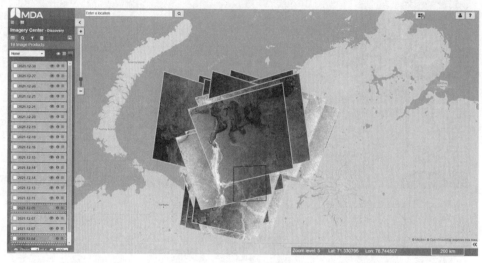

图 2.142　显示查询结果

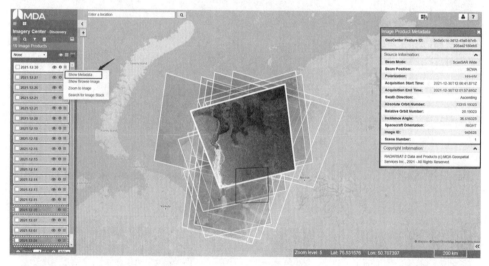

图 2.143　显示查询结果的参数

4. Sentinel-1 数据

哨兵 1 号（Sentinel-1）卫星是欧空局哥白尼计划①（Copernicus Programme）中的地球观测卫星，由两颗卫星组成，载有 C 波段合成孔径雷达，可提供连续图像（白天、夜晚和各种天气）。目前，Sentinel-1 数据可通过欧洲航天局官网、ASF EARTHDATA 网站下载，且皆为免费。

（1）打开查询网站（https://asf.alaska.edu/），进入主界面，点击【VERTEX Find Data】进入数据查询界面。SAR 数据的查询入口如图 2.144 所示。

---

① 又称"全球环境与安全监测计划"（Global Monitoring for Environment and Security，GMES）。

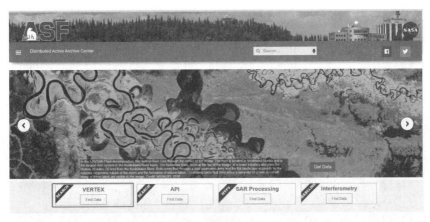

图 2.144 数据查询入口

（2）筛选传感器类型、查询区域（如图 2.145）。该网站可提供 Sentinel-1、ALOS-1、ALOS-2、TerraSAR 等雷达遥感数据检索（如图 2.146）。确定查询区域，可上传 Shapfile 文件，也可手动绘制区域范围（如图 2.147）。进入 Fliter 进行数据筛选，包括起止时间确定以及产品具体参数筛选（如图 2.148）。

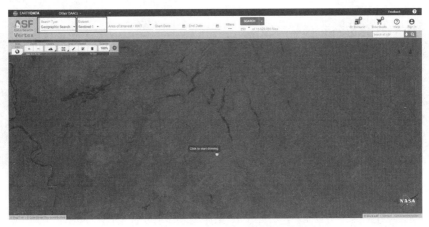

图 2.145 数据查询界面

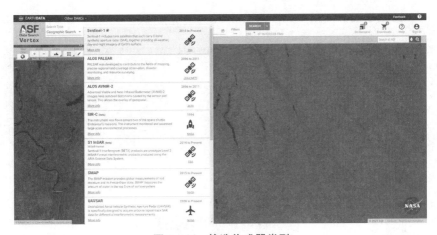

图 2.146 筛选传感器类型

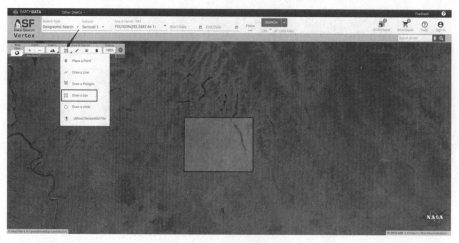

图 2.147 绘制查询区域

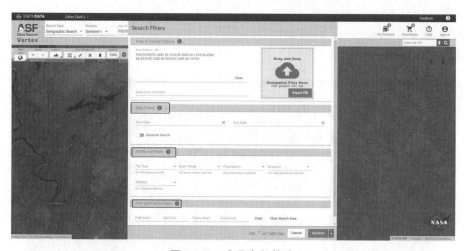

图 2.148 产品参数筛选

（3）显示查询数据。界面的左下角可预览筛选数据的缩略图（如图 2.149），可将选中的数据加入购物车（如图 2.150）。

图 2.149 显示查询结果

图 2.150　将选中数据加入购物车

（4）点击界面右上角的 🛒 图标，即可显示产品列表，可点击进行批量下载（如图 2.151）。

图 2.151　数据下载

2.2.3　夜间灯光遥感数据获取

夜间灯光遥感数据主要来自美国国防气象卫星（Defense Meteorological Satellite Program，DMSP）搭载的可见光成像线性扫描业务系统（operational linescan system，OLS）以及国家极轨卫星（National Polar-orbiting Partnership，NPP）搭载的可见光近红外成像辐射仪（visible infrared imaging radiometer suite，VIIRS）。这些卫星是夜间灯光研究的重要数据源，通过捕捉地球表面的夜间光亮度，提供了有关城市化和人类活动的宝贵信息。

目前，主要用于夜间灯光遥感数据的两颗卫星分别是 DMSP 和 Suomi NPP。DMSP 隶属于美国国防部的极轨卫星计划，其传感器空间分辨率为 3000 米，生产的夜光遥感产品通常具有 1000 米的空间分辨率。DMSP 的夜光遥感数据提供了当前最长的时间序列（覆盖了1992 年至 2013 年），可用于连续的夜光遥感监测。Suomi NPP 是一颗于 2011 年发射的新一代对地观测卫星。该卫星搭载了可见光/红外辐射成像仪（VIIRS），能够获取新的夜间灯光遥感影像（day/night band，DNB 波段），其空间分辨率已提高到 750 米。NPP-DNB 生成的夜间灯光遥感产品通常具有 500 米的空间分辨率。

　　除了这两颗卫星，还有一些其他相关的夜间灯光卫星，但其数据较为有限且不易获取。值得注意的是，2018 年，中国也成功发射了自己的首颗专业夜间灯光卫星（由武汉大学设计与发射，名为珞珈一号）。

1. VIIRS-NPP 夜光遥感数据

　　（1）打开查询网站（https://www.bou.class.noaa.gov/saa/products/search? sub _ id = 0&datatype_family = VIIRS_SDR&submit. x = 27&submit. y = 2）（如图 2.152）。

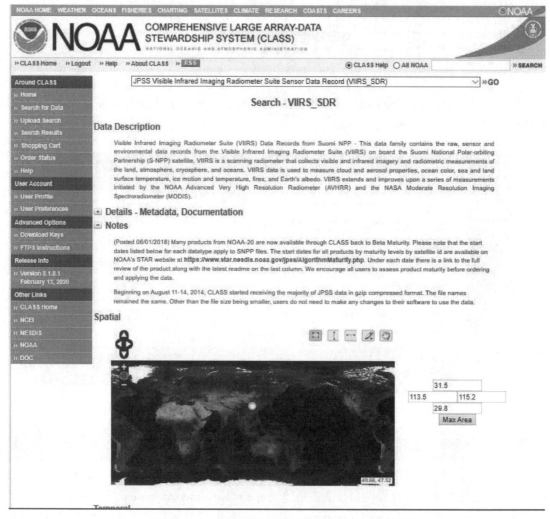

图 2.152　数据查询界面

　　（2）填写所需数据的时间和空间范围。夜光遥感数据一般选择"VIIRS Day Night Band SDR（SVDNB）（public 02/07/2012）"和"VIIRS Day Night Band SDR Ellipsoid Geolocation（GDNBO）（public 02/07/2012）"两个数据集（如图 2.153）。填完之后，选择【Quick Search & Order】，然后填写邮箱信息。

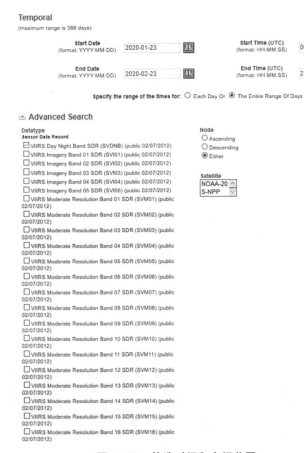

图 2.153　筛选时间和空间范围

（3）点击【PlaceOrder】（如图 2.154）。若该位置为"Register"，则点击【Register】进行注册，然后返回到数据下载页面，重新下载数据，即可看到"PlaceOrder"。点击【PlaceOrder】按钮之后，会看到如图 2.155 所示的界面。

图 2.154　产品订购

71

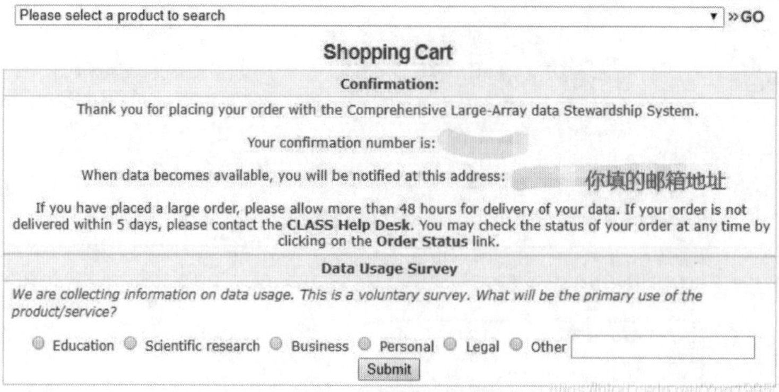

图 2.155　数据下载

（4）数据处理好后，将会收到邮件。根据邮件指示下载即可。

查找并下载历史数据与年均值/月均值的网址为 https://www.ngdc.noaa.gov/eog/viirs/ download_dnb_composites.html（如图 2.156）。网页最下面为以年份命名的文件夹，选中所需的年份，下面有月数据、年数据，继续点开，根据所需区域的经纬度，选择相应的文件，即可下载（如图 2.157）。

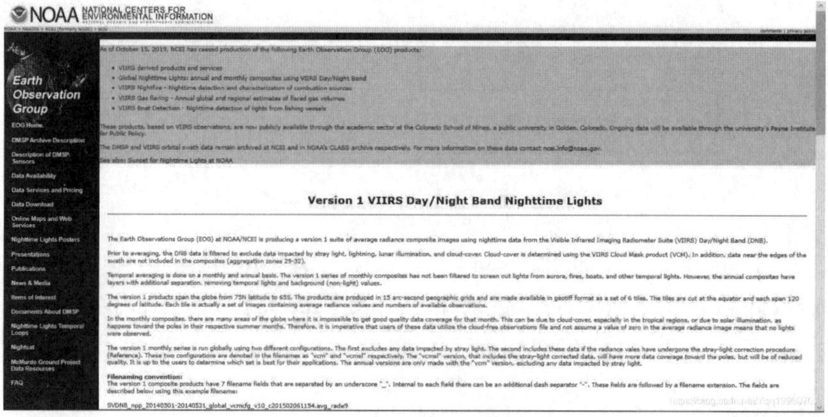

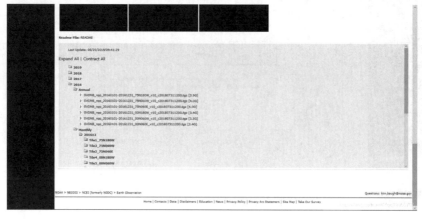

图 2.156　数据查询界面

图 2.157　数据筛选

2. 珞珈一号夜光遥感数据

珞珈一号于 2018 年 6 月 2 日成功发射升空。珞珈一号卫星 01 星的分辨率为 130 米，理想条件下可在 15 天内绘制完成全球的夜光影像，提供了我国及全球 GDP 指数、碳排放指数、城市住房空置率指数等专题产品，可动态监测中国和全球宏观经济的运行情况，为政府决策提供了客观依据。

（1）打开查询网站（http://59.175.109.173：8888），筛选查询区域、起止时间等，如图 2.158 所示。

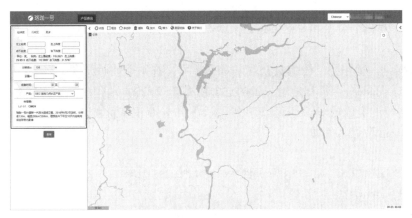

图 2.158 设置查询参数

（2）显示查询结果（如图 2.159）。

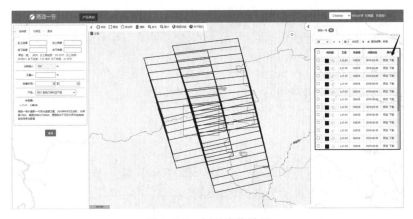

图 2.159 显示查询结果

（3）点击【下载】（如图 2.160），可显示所筛选夜间灯光数据的具体参数。

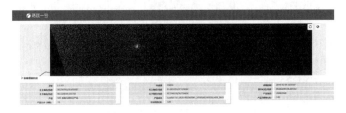

图 2.160 查询结果具体参数信息

73

2.3　开源社交媒体数据

2.3.1　开放街道地图数据获取

开放街道地图（open street map，OSM）是一个全球范围的地图协作项目，旨在构建一个免费且可自由编辑的世界地图数据库。任何人都可以在互联网上自由地获取开放街道地图中的地理数据。截至 2021 年 10 月，OSM 已有超过 700 万注册用户参与地图数据的收集和编辑，存有超过 70 亿个节点和 8 亿条路径。OSM 数据已被广泛用于地图绘制、地理编码和路线规划等应用。

OSM 数据是一种拓扑结构的数据（.osm 文件），有 4 个核心元素。

一是节点（nodes）。带有地理位置的点，由基于 WGS84 地理坐标系的经纬度坐标存储。节点不仅是路径的组成成分，还可以用来表示不具有面积特征的地理要素，如兴趣点和山峰。节点的 .osm 数据示例如下：

```
< node id = "5596459255" lat = "23.0603189" lon = "113.3805021" >
    < tag k = "name" v = "大学城北"/ >
    < tag k = "name: en" v = "Higher Education Mega Center North"/ >
    < tag k = "name: zh" v = "大学城北"/ >
    < tag k = "opening_hours" v = "06: 00 – 23: 33"/ >
    < tag k = "public_transport" v = "station"/ >
    < tag k = "railway" v = "station"/ >
    < tag k = "ref" v = "4 – 19"/ >
    < tag k = "station" v = "subway"/ >
    < tag k = "subway" v = "yes"/ >
    < tag k = "wikidata" v = "Q5758106"/ >
    < tag k = "wikipedia" v = "zh: 大学城北站"/ >
</node >
```

其中，第一行的"id"表示节点的编号，"lat"和"lon"表示节点的经纬度坐标；下方的"tag"是节点内的标签，用来表示节点的属性信息。

二是路径（ways）。有序排列的节点列表，可以以多段线（polyline）的形式呈现。若路径的起始节点和末端节点为同一节点，则还可以呈现为多边形（polygon）的形式。路径可用于表示街道、河流等线性要素，还可以表示多边形区域，如建筑、湖泊、农田和公园等。路径的 .osm 数据示例如下：

```
< way id = "462344516" >
    < nd ref = "2540493126"/ >
    < nd ref = "2538718142"/ >
    < nd ref = "2538718192"/ >
    < nd ref = "2538718212"/ >
    < nd ref = "8614172919"/ >
```

```
< nd ref = "2538717934"/ >
< nd ref = "8614172920"/ >
< nd ref = "2538718005"/ >
< nd ref = "2538718245"/ >
< nd ref = "8614172921"/ >
< nd ref = "8614172922"/ >
< nd ref = "2538718126"/ >
< nd ref = "8614172925"/ >
< nd ref = "2538718244"/ >
< nd ref = "2538718008"/ >
< nd ref = "2538717938"/ >
< nd ref = "2538717945"/ >
< nd ref = "2538717988"/ >
< nd ref = "2538718197"/ >
< nd ref = "4450420835"/ >
< nd ref = "4450420834"/ >
< nd ref = "2538718120"/ >
< nd ref = "2538717974"/ >
< nd ref = "2538717977"/ >
< nd ref = "4668309442"/ >
< tag k = "cycleway"  v = "lane"/ >
< tag k = "highway"  v = "primary"/ >
< tag k = "name"  v = "大学城中环东路"/ >
< tag k = "name: en"  v = "Higher Education Mega Center Middle Ring East Road"/ >
< tag k = "name: zh"  v = "大学城中环东路"/ >
< tag k = "name: zh_pinyin"  v = "zhōng huán dōng lù"/ >
< tag k = "note"  v = "yahoo is outdated"/ >
< tag k = "oneway"  v = "yes"/ >
< tag k = "oneway: bicycle"  v = "no"/ >
< tag k = "source"  v = "Bing"/ >
</way >
```

其中,"nd"表示路径中含有的节点。

三是关系(relations)。一系列有序排列的节点、路径和其他关系的集合体,用来表示三者之间的关联。关系中的三类基本元素统称为"成员"(members)。每个成员可拥有一个以字符串表示的"角色"(role),用来说明该成员在关系中的作用。关系可以表示道路的转弯限制,跨越了多条道路的长途路线,以及包含中间空缺区域的面实体(如含有小岛的湖和环形建筑物)。关系的.osm 数据示例如下:

```
< relation id = "4098838" >
    < member type = "way" ref = "118425406" role = "outer"/ >
    < member type = "way" ref = "306978560" role = "inner"/ >
    < tag k = "name" v = "中心湖"/ >
```

```
            < tag k = "name: en" v = "Central Lake"/ >
            < tag k = "name: zh" v = "中心湖"/ >
            < tag k = "natural" v = "water"/ >
            < tag k = "type" v = "multipolygon"/ >
            < tag k = "water" v = "lake"/ >
        </ relation >
```

该关系示例表示的是一个含有小岛的湖，成员包括两条路径，角色分别为这个环状实体的外围（outer）和内围（inner）。

四是标签（tags）。用来存储地理对象元数据的键值对。这里的元数据包括对象的类型、名字和物理特征等。标签能够表示现实世界中存在的事物和与事物有关的信息。标签无法独立存在，必须依附在节点、路径或者关系上。标签的示例可见于上面 3 种数据类型的示例。其中，"k"为键（key），"v"为值（value）。

OSM 的数据格式无法直接被 ArcGis 等软件识别，可从 ESRI 网站（https：//www. esri. com/cn-us/arcgis/products/arcgis-editor-for-openstreetmap）下载 OpenStreetMap Toolbox 用于读取、处理和转换 . osm 数据；也可以直接从 OSM 相关的数据下载网站中直接获取转换成 Shapefile 等格式的地理数据。下面介绍几种 OSM 数据的下载途径。

1. OpenStreetMap 官网（https：//www. openstreetmap. org/）

OpenStreetMap 官网提供了简单的数据导出服务。进入 OpenStreetMap 网站后显示界面如图 2. 161 所示。

图 2. 161　OpenStreetMap 网站界面

点击上方的【导出】按键，即可打开导出数据的界面（如图 2. 162），选择需要的数据范围，即可导出范围内的 OSM 数据。

图 2.162 数据导出界面

也可以点击【手动选择不同的区域】，手动在地图上框选想要的数据范围，进而导出范围内的地理数据（如图 2.163）。

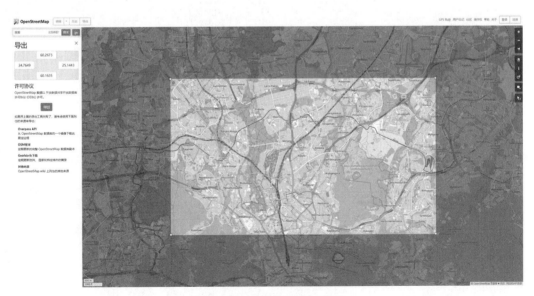

图 2.163 手动框选数据范围

使用 ArcMap 中的 OpenStreetMap Toolbox——OSM File Loader，可将下载到的 OSM 文件导入 ArcMap 并转成 Shapefile 格式（如图 2.164）。

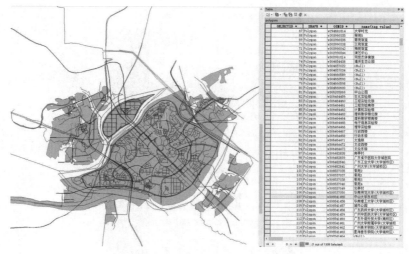

图 2.164　ArcMap 打开 OSM 数据

通过 OpenStreetMap 官网只能下载较小面积范围的数据，面积范围过大的如市级的数据在该网站中无法一次性完整地导出，并且导出格式仅有".osm"格式一种。

2. GeoFabrik（http://download. geofabrik. de/）

GeoFabrik 免费下载服务器提供了源于 OpenStreetMap 项目的最近地图数据，并将全球的 OSM 数据按大洲和国家进行了分割，用户可选择需要的区域进行下载。同时 GeoFabrik 还提供了 Shapefile 格式的 OSM 数据供下载。网站部分界面如图 2.165、图 2.166 所示。

Click on the region name to see the overview page for that region, or select one of the file extension links for quick access.

Sub Region	Quick Links		
	.osm.pbf	.shp.zip	.osm.bz2
Africa	[.osm.pbf]　(4.8 GB)	✗	[.osm.bz2]
Antarctica	[.osm.pbf]　(30.9 MB)	[.shp.zip]	[.osm.bz2]
Asia	[.osm.pbf]　(10.2 GB)	✗	[.osm.bz2]
Australia and Oceania	[.osm.pbf]　(927 MB)	✗	[.osm.bz2]
Central America	[.osm.pbf]　(481 MB)	✗	[.osm.bz2]
Europe	[.osm.pbf]　(24.2 GB)	✗	[.osm.bz2]
North America	[.osm.pbf]　(10.9 GB)	✗	[.osm.bz2]
South America	[.osm.pbf]　(2.6 GB)	✗	[.osm.bz2]

图 2.165　GeoFabrik 各大洲 OSM 数据下载界面

Sub Regions

Click on the region name to see the overview page for that region, or select one of the file extension links for quick access.

Sub Region	Quick Links		
	.osm.pbf	.shp.zip	.osm.bz2
Afghanistan	[.osm.pbf]　(77 MB)	[.shp.zip]	[.osm.bz2]
Armenia	[.osm.pbf]　(34.4 MB)	[.shp.zip]	[.osm.bz2]
Azerbaijan	[.osm.pbf]　(30.6 MB)	[.shp.zip]	[.osm.bz2]
Bangladesh	[.osm.pbf]　(254 MB)	[.shp.zip]	[.osm.bz2]
Bhutan	[.osm.pbf]　(15.0 MB)	[.shp.zip]	[.osm.bz2]
Cambodia	[.osm.pbf]　(27.2 MB)	[.shp.zip]	[.osm.bz2]
China	[.osm.pbf]　(797 MB)	[.shp.zip]	[.osm.bz2]
East Timor	[.osm.pbf]　(8.8 MB)	[.shp.zip]	[.osm.bz2]
GCC States	[.osm.pbf]　(124 MB)	[.shp.zip]	[.osm.bz2]
India	[.osm.pbf]　(1003 MB)	✗	[.osm.bz2]
Indonesia (with East Timor)	[.osm.pbf]　(1.3 GB)	✗	[.osm.bz2]
Iran	[.osm.pbf]　(168 MB)	[.shp.zip]	[.osm.bz2]
Iraq	[.osm.pbf]　(68 MB)	[.shp.zip]	[.osm.bz2]
Israel and Palestine	[.osm.pbf]　(85 MB)	[.shp.zip]	[.osm.bz2]
Japan	[.osm.pbf]　(1.6 GB)	✗	[.osm.bz2]
Jordan	[.osm.pbf]　(28.0 MB)	[.shp.zip]	[.osm.bz2]

图 2.166　GeoFabrik 部分国家 OSM 数据下载界面

点击"Quick Links"下面给出的链接即可下载相应内容与格式的数据。然而该网站只提供既定区域的地图数据供下载,无法自定义数据范围。

3. HOT Export Tool（https://export. hotosm. org/）

HOT Export Tool 是一个用于导出各种格式的 OSM 数据的开放服务工具,其网站界面如图 2.167 所示。

图 2.167 HOT Export Tool 网站界面

首先点击界面右上方的【Log in】注册并登录账号。登录后界面上方会新出现【Create】选项（如图 2.168）。

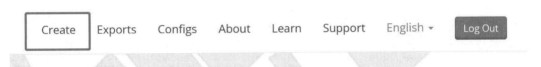

图 2.168 注册后创建数据导出项目

点击【Create】即可创建一个新的"Export"项目（如图 2.169）。

图 2.169 创建"Export"项目界面

右侧用于查找并选择输出数据的范围,在搜索栏中搜索地点可将地图定位至相应的位置。可用右侧的【BOX】工具在地图上框选矩形区域,也可以用【DRAW】工具在地图上绘制多边形区域进行提取。选择【THIS VIEW】则是选中整个界面所显示的范围进行提取。点击【IMPORT】可上传 GeoJSON 格式的矢量边界,作为输出数据的边界。

确定好输出边界后,可在界面左侧输入本次"Export"的名称和描述,然后选择需要的数据格式（如图 2.170）和数据类型（如图 2.171）,二者皆可多选。

图 2.170　选择导出数据的格式

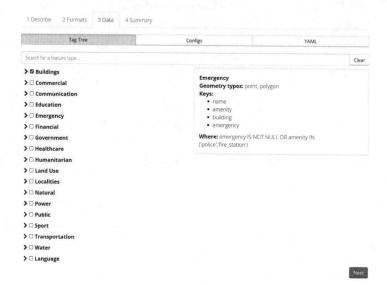

图 2.171　选择导出数据的类型

最后点击【Create Export】即可成功创建该"Export"项目（如图 2.172），等待一段时间后即可下载数据（如图 2.173、图 2.174）。用户可点击网页上方的【Exports】选项查找自己或其他用户所创建的"Export"项目，并下载该"Export"项目中的 OSM 数据。

图 2.172　创建"Export"项目

图 2.173　等待"Export"数据的处理

Monday, November 8th 2021, 9:10 pm	
Status:	COMPLETED
ID:	cb747ef7-44ad-4a6a-a6fa-36d0ee14af85
Finished:	Monday, November 8th 2021, 9:10 pm
Duration:	a few seconds
Shapefile `.shp`	Guangzhou_shp.zip (5.57 MB)

图 2.174　数据处理完成后可供下载

用 HOT Export Tool 获取到的广州市建筑物 Shapfile 数据如图 2.175 所示。

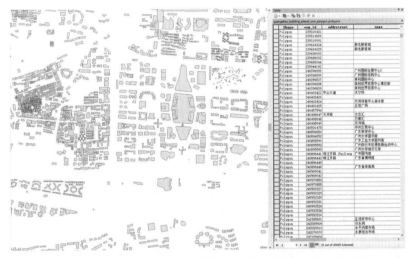

图 2.175　HOT Export Tool 获取的广州市建筑物 Shapfile 数据

2.3.2　兴趣点数据获取

兴趣点（point of interest，POI）指的是电子地图上的点状空间数据，包括名称、类别和地理坐标等信息。如地图上的每一个学校、医院、餐馆、超市和车站等都可以作为一个兴趣点。POI 数据具有数据类型丰富、分类明确、定位精度高、易于处理等特点，是空间分析的重要数据源之一，已广泛应用于城市空间格局分析、居民时空行为分析、公共服务设施布局优化等研究。

高德地图、腾讯地图和百度地图等互联网电子地图都有提供基于网络应用程序接口（application program interface，API）的 POI 数据采集的服务。本书以高德地图开放平台的"关键字搜索 API"和 Python3.7 为例，介绍 POI 数据的获取流程。若需要学习高德开放平台 API 更详细的使用方法，可参考由秦艺帆和石飞编著的《地图时空大数据爬取与规划分析教程》。

本书中的 POI 数据获取流程主要分为 4 个步骤：①申请高德开放平台"Web 服务 API"密钥；②根据所需的请求参数拼接 HTTP 请求 URL；③接收 HTTP 请求返回的 JSON 格式的数据；④利用 Python 解析并保存 POI 数据。

1. 申请密钥（key）

在申请密钥之前，首先需要在高德开放平台网站（https：//lbs. amap. com）上申请高德地图开发者账号。登录之后进入控制台，点击【应用管理】→【我的应用】右上角的【创建新应用】。新建应用后点击【添加】（如图 2. 176），输入密钥 Key 的名称，服务平台选择【Web 服务】，提交后即完成密钥申请（如图 2. 177、图 2. 178）。

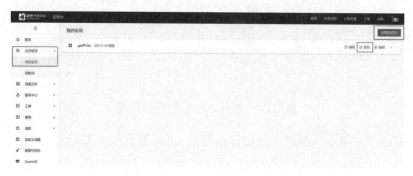

图 2. 176　创建新应用

图 2. 177　申请密钥

图 2. 178　申请后密钥位置

2. 拼接 HTTP 请求 URL

高德地图搜索服务 API 提供了关键字搜索、周边搜索、多边形搜索、ID 查询 4 种 POI 查询机制。本书限于篇幅仅以关键字搜索为例介绍 POI 数据的获取流程，更多的相关信息可在高德地图搜索 POI 在线文档（https://lbs.amap.com/api/webservice/guide/api/search）中查看。

关键字搜索指通过用 POI 的关键字（如肯德基、中山大学等）或 POI 的类型（如快餐厅、高等院校等）进行条件搜索的请求方式。关键字搜索 API 的请求 URL 格式为 https://restapi.amap.com/v3/place/text? parameters。使用时，需要将 URL 中的 parameters 替换为请求参数名和参数值。在浏览器中打开编辑好的 URL 即可看到 POI 查询结果。

以下面这串 URL 为例来理解关键字搜索 API 结构：

https://restapi.amap.com/v3/place/text?key = e2ed4aa49c8fdb6611e772270ae52305& keywords = 中山大学 &types = 高等院校 &city = 广州 &offset = 20&page = 1&extensions = all

这条 URL 搜索的是在广州市内带有中山大学关键字的高等院校类型的 POI 数据。在 URL 中不同参数用 "&" 隔开。key 是上述步骤 1 中申请的密钥，为必填项；keywords 是查询关键字，若要查询多个关键字则用 "｜" 分割；types 是查询 POI 类型，可填汉字或分类代码，如 "高等院校" 可以替换为相应的分类代码 "141201"。参数 keywords 和 types 二者间至少选一个填写。city 是查询城市，可选择填写城市中文、城市中文全拼、citycode 和 adcode，其中 citycode 和 adcode 分别为市级编码和区县级编码，在本例中 "广州" 可替换为 "440" 或 "440100"。若要查询广州市天河区中的 POI 则可在 adcode 中输入 "天河区" 或 "440106"。详细的 POI 分类编码表和城市编码表可在高德开放平台的相关下载页面中下载（https://lbs.amap.com/api/webservice/download）。参数 page 指的是当前页数。参数 offset 指的是每页的 POI 记录数据，一般设置不超过 25 个，本例中每页显示 20 个 POI 信息。如按照本例的查询条件，共搜索到 346 条 POI 数据，则需遍历 page 值为 1～18 的 URL，才能获取所有数据。参数 extensions 为返回结果控制，默认返回基本地址信息，若取值为 all 则返回地址信息、附件 POI、道路以及道路交叉口信息。

每次调用搜索服务 API 最多只能获得 1000 个 POI 信息，因此在单次使用关键字搜索时，需控制搜索范围和类别。在每页记录数 offset 为 20 时，参数 page 不应超过 50。

3. 接收 URL 的返回数据

将步骤 2 例子中的 URL 用浏览器打开，可以看到查询到的 POI 数据（如图 2.179）。

图 2.179　用浏览器打开 URL 返回的 POI 数据信息

网页中的 JSON 格式数据整理后如图 2.180 和图 2.181 所示。其中，"status"表示结果状态值，0 表示请求失败，1 表示请求成功；"info"为状态说明，"status"为 0 时返回错误原因，否则返回"OK"；"count"表示搜索到的 POI 数目，最大值为 1000；URL 返回的 20 个 POI 信息则保存在"pois"中。其中每个 POI 数据包含位置（location）、名称（name）、类型（type）、所在地区（pname、cityname、adname）等信息。

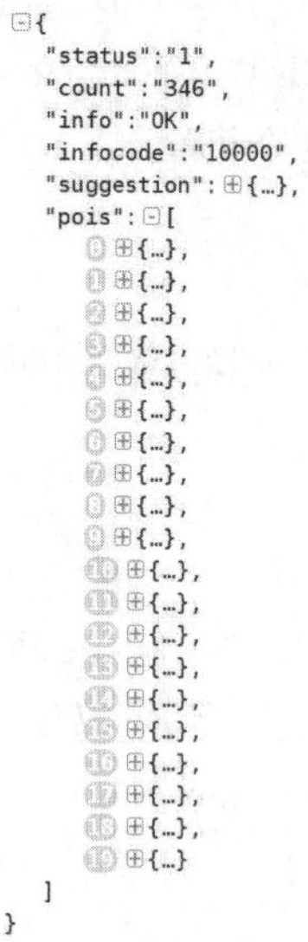

```
⊟{
    "status":"1",
    "count":"346",
    "info":"OK",
    "infocode":"10000",
    "suggestion":⊞{…},
    "pois":⊟[
        0 ⊞{…},
        1 ⊞{…},
        2 ⊞{…},
        3 ⊞{…},
        4 ⊞{…},
        5 ⊞{…},
        6 ⊞{…},
        7 ⊞{…},
        8 ⊞{…},
        9 ⊞{…},
        10 ⊞{…},
        11 ⊞{…},
        12 ⊞{…},
        13 ⊞{…},
        14 ⊞{…},
        15 ⊞{…},
        16 ⊞{…},
        17 ⊞{…},
        18 ⊞{…},
        19 ⊞{…}
    ]
}
```

图 2.180　API 返回的 POI 数据为 JSON 格式

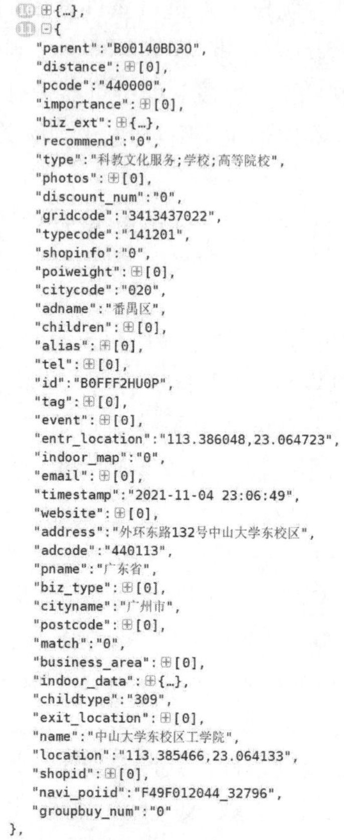

```
10 ⊞{…},
11 ⊟{
    "parent":"B00140BD30",
    "distance":⊞[0],
    "pcode":"440000",
    "importance":⊞[0],
    "biz_ext":⊞{…},
    "recommend":"0",
    "type":"科教文化服务;学校;高等院校",
    "photos":⊞[0],
    "discount_num":"0",
    "gridcode":"3413437022",
    "typecode":"141201",
    "shopinfo":"0",
    "poiweight":⊞[0],
    "citycode":"020",
    "adname":"番禺区",
    "children":⊞[0],
    "alias":⊞[0],
    "tel":⊞[0],
    "id":"B0FFF2HU0P",
    "tag":⊞[0],
    "event":⊞[0],
    "entr_location":"113.386048,23.064723",
    "indoor_map":"0",
    "email":⊞[0],
    "timestamp":"2021-11-04 23:06:49",
    "website":⊞[0],
    "address":"外环东路132号中山大学东校区",
    "adcode":"440113",
    "pname":"广东省",
    "biz_type":⊞[0],
    "cityname":"广州市",
    "postcode":⊞[0],
    "match":"0",
    "business_area":⊞[0],
    "indoor_data":⊞{…},
    "childtype":"309",
    "exit_location":⊞[0],
    "name":"中山大学东校区工学院",
    "location":"113.385466,23.064133",
    "shopid":⊞[0],
    "navi_poiid":"F49F012044_32796",
    "groupbuy_num":"0"
},
```

图 2.181　JSON 格式的 POI 数据示例

4. 解析并导出 POI 数据

由于 JSON 格式的数据无法被如 ArcGIS 等地理信息软件所处理，因此需要利用 Python 的 json 模块对 JSON 数据进行解析，将 POI 信息解码为 Python 对象，进而得到可供我们处理的 POI 数据。下面举例介绍关键词搜索 Python 代码的编写流程。本例中 Python 版本为 3.7。

假设需要采集广州市番禺区所有快餐店的 POI 数据。首先我们从高德开放平台的 POI 分类编码表和城市编码表中查找到"快餐厅"的编码"050300"以及广州市番禺区的区县编码"440113"。然后我们编写程序准备采集数据，代码如下：

```
# - * - coding: utf - 8 - * -

from urllib import request
import json
import csv
```

```
#getPOIs 函数
#根据输入的 POI 类型编码和城市编码,获取相应的 POI 数据并存储在文件中
def getPOIs( type_code, adcode, key, filename) :
    #打开文件准备写入 POI 信息
    with open( filename, 'a', newline = '') as f:
        writer = csv. writer( f, delimiter = ',')
        #在本例中我们仅获取 POI 信息中的 id、坐标、类型、名称、城市、区县和地址
        writer. writerow( ['id', 'lon', 'lat', '类型', '名称', '城市', '区县', '地址'])
        print( 'startingwritting POIs to {}... \n'. format( filename) )

        #获取 POI 总数
        url = 'https://restapi. amap. com/v3/place/text?key = {}&types = {}&city = {}&offset = 20&page =
            1&extensions = all'
        url = url. format( key, type_code, adcode)
        response = request. urlopen( url)
        poi_json = json. load( response)
        count = int( poi_json[ 'count'] )
        print( 'found {}POIs'. format( count) )

        #计算包含 POI 数据的页数
        #每次调用"搜索 API"最多只能获得 1000 个 POI 信息
        #当每页记录数 offset 为 20 时, page 的上限不超过 50
        pages = count // 20 + 1
        if pages > 50:
            pages = 50

        #分页获取 url 中的 POI 数据
        for page in range( 1, pages + 1) :
            print( '{}/{}'. format( 20 * ( page - 1), count) )
            print( 'gettingPOIs from page {}:'. format( page) )
            #拼接 HTTP 请求 URL
            url = 'https://restapi. amap. com/v3/place/text? key = {}&types = {}&city = {}&offset =
                20&page = {}&extensions = all'
            url = url. format( key, type_code, adcode, page)
            #从 url 中获取 json 数据
            response = request. urlopen( url)
            #将 json 数据转换为 Python 对象
            poi_json = json. load( response)
            pois = poi_json[ 'pois']
            #遍历 pois 中的每个 POI
            for poi in pois:
                #获取我们需要的 POI 信息
                poi_id = poi[ 'id']
                lon, lat = poi[ 'location']. split( ',')
```

```
                name = poi['name']
                poi_type = poi['type']
                cityname = poi['cityname']
                adname = poi['adname']
                address = poi['address']
                #保存 POI 的 id、坐标、类型、名称、城市、区县和地址
                writer.writerow([poi_id, lon, lat, poi_type, name, cityname, adname, address])
                print(poi_id, lon, lat, poi_type, name, cityname, adname, address)
            print('\n')
        print('done!')


if __name__ == '__main__':
    #密钥
    key = 'e2ed4aa49c8fdb6611e772270ae52305'
    #快餐厅编码
    type_code = '050300'
    #广州市番禺区编码
    adcode = '440113'
    #保存 POI 数据的文件名或路径
    filename = 'POIs_050300_440113.csv'
    #调用 getPOIs 函数将目标地区中相应类别的 POI 数据存储在文件中
    getPOIs(type_code, adcode, key, filename)
```

在这份代码中，主要用到 3 个 Python 模块。模块 urllib 用于打开请求 URL 获取返回的 JSON 数据。模块 json 用于将 JSON 数据中的信息转换为 Python 的字典、列表和字符串。模块 csv 则用于将保存在 Python 变量中的 POI 信息写入 csv 文件，以便于软件处理。

代码中的主函数为"getPOIs"，需要传入 POI 类型编码、城市编码、密钥和保存 POI 数据的文件路径 4 个参数。在获取 POI 具体信息之前，可以选择根据 JSON 数据中的"count"值确定查询到的 POI 总数和包含 POI 数据的 URL 页数。然后，将密钥、POI 编码和区县编码等参数传入请求 URL，通过调整 page 的值遍历所有含 POI 数据的 URL 分页，利用 urllib.request.urlopen 函数从中获取 JSON 数据，再通过 json.load 函数将其转换为 Python 对象，提取其中的 POI 信息"pois"。接着，遍历"pois"中的 20 个 POI，获取我们需要的信息，在本例中包括 id、坐标、类型、名称、城市、区县和地址，再按行写入目标 csv 文件中。在程序执行过程中，会在控制台打印出获取到的 POI 信息（如图 2.182）。

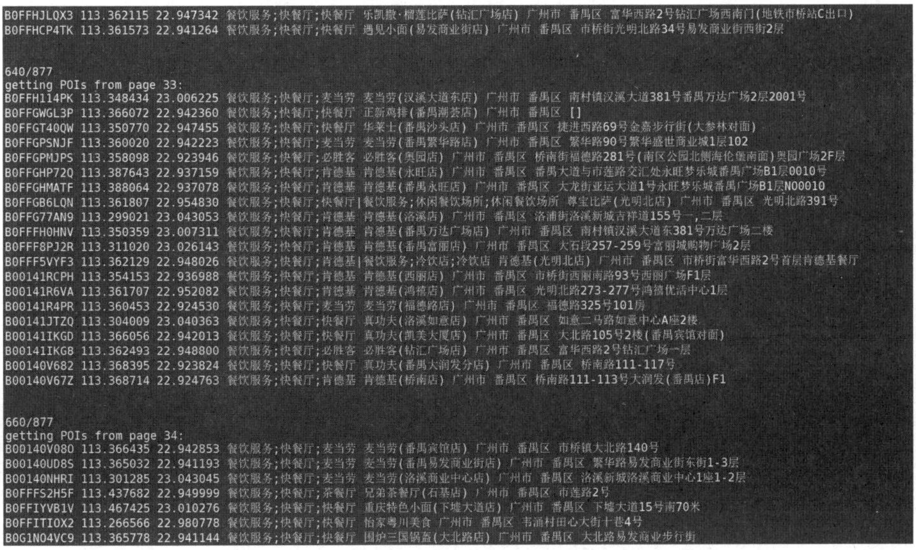

```
B0FFHJLQX3 113.362115 22.947342 餐饮服务;快餐厅;快餐厅 乐凯撒·榴莲比萨(钻汇广场店) 广州市 番禺区 富华西路2号钻汇广场西南门(地铁市桥站C出口)
B0FFHCP4TK 113.361573 22.941264 餐饮服务;快餐厅;快餐厅 遇见小面(易发商业街店) 广州市 番禺区 市桥街光明北路34号易发商业街西街2层


640/877
getting POIs from page 33:
B0FFH114PK 113.348434 23.006225 餐饮服务;快餐厅;麦当劳 麦当劳(汉溪大道东店) 广州市 番禺区 南村镇汉溪大道381号番禺万达广场2层2001号
B0FFGWGL3P 113.366072 22.942360 餐饮服务;快餐厅;快餐厅 正新鸡排(番禺潮荟店) 广州市 番禺区 []
B0FFGT40QW 113.350770 22.947455 餐饮服务;快餐厅;快餐厅 华莱士(番禺沙头店) 广州市 番禺区 捷进西路69号金嘉步行街(大参林对面)
B0FFGPSNJF 113.360020 22.942223 餐饮服务;快餐厅;麦当劳 麦当劳(番禺繁华路店) 广州市 番禺区 繁华路90号繁华盛世商业城1层102
B0FFGPMJPS 113.358098 22.923946 餐饮服务;快餐厅;必胜客 必胜客(奥园店) 广州市 番禺区 桥南街福德路281号(南区公园北侧海伦堡南面)奥园广场2F层
B0FFGHP72Q 113.387643 22.937159 餐饮服务;快餐厅;肯德基 肯德基(永旺店) 广州市 番禺区 番禺大道与市莲路交汇处永旺梦乐城番禺广场B1层0010号
B0FFGHMATF 113.388064 22.937078 餐饮服务;快餐厅;肯德基 肯德基(番禺永旺店) 广州市 番禺区 大龙街亚运大道1号永旺梦乐城番禺广场B1层N00010
B0FFGB6LQN 113.361807 22.954830 餐饮服务;快餐厅;快餐厅|餐饮服务;休闲餐饮场所;休闲餐饮场所 尊宝比萨(光明北店) 广州市 番禺区 光明北路391号
B0FFG77AN9 113.299021 23.043053 餐饮服务;快餐厅;肯德基 肯德基(洛溪店) 广州市 番禺区 洛浦街洛溪新城吉祥道155号一,二层
B0FFFH0HNV 113.350359 23.007311 餐饮服务;快餐厅;肯德基 肯德基(番禺万达广场店) 广州市 番禺区 南村镇汉溪大道东381号万达广场二楼
B0FFF8PJ2R 113.311020 23.026143 餐饮服务;快餐厅;肯德基 肯德基(番禺富丽店) 广州市 番禺区 大石段257-259号富丽城购物广场2层
B0FFF5VYF3 113.362129 22.948026 餐饮服务;快餐厅;肯德基|餐饮服务;冷饮店;冷饮店 肯德基(光明北店) 广州市 番禺区 市桥街富华西路2号首层肯德基餐厅
B00141RCPH 113.354153 22.936988 餐饮服务;快餐厅;肯德基 肯德基(西丽店) 广州市 番禺区 市桥街西丽南路93号西丽广场F1层
B00141R6VA 113.361707 22.952082 餐饮服务;快餐厅;肯德基 肯德基(鸿禧店) 广州市 番禺区 光明北路273-277号鸿禧优活中心1层
B00141R4PR 113.360453 22.924530 餐饮服务;快餐厅;麦当劳 麦当劳(福德路店) 广州市 番禺区 福德路325号101房
B00141JTZQ 113.304009 23.040363 餐饮服务;快餐厅;快餐厅 真功夫(洛溪如意店) 广州市 番禺区 如意二马路如意中心A座2楼
B00141IKGD 113.366056 22.942013 餐饮服务;快餐厅;快餐厅 真功夫(凯美大厦店) 广州市 番禺区 大北路105号2楼(番禺宾馆对面)
B00141IKG8 113.362493 22.948800 餐饮服务;快餐厅;必胜客 必胜客(钻汇广场店) 广州市 番禺区 富华西路2号钻汇广场一层
B00140V682 113.368395 22.923824 餐饮服务;快餐厅;快餐厅 真功夫(番禺大润发分店) 广州市 番禺区 桥南路111-117号
B00140V67Z 113.368714 22.924763 餐饮服务;快餐厅;肯德基 肯德基(桥南店) 广州市 番禺区 桥南路111-113号大润发(番禺店)F1


660/877
getting POIs from page 34:
B00140V080 113.366435 22.942853 餐饮服务;快餐厅;麦当劳 麦当劳(番禺宾馆店) 广州市 番禺区 市桥镇大北路140号
B00140UD8S 113.365032 22.941193 餐饮服务;快餐厅;麦当劳 麦当劳(番禺易发商业街店) 广州市 番禺区 繁华路易发商业街东街1-3层
B00140NHRI 113.301285 23.043045 餐饮服务;快餐厅;麦当劳 麦当劳(洛溪商业中心店) 广州市 番禺区 洛溪新城洛溪商业中心1座1-2层
B0FFFS2H5F 113.437682 22.949999 餐饮服务;快餐厅;茶餐厅 兄弟茶餐厅(石基店) 广州市 番禺区 市莲路2号
B0FFIYVB1V 113.467425 23.010276 餐饮服务;快餐厅;快餐厅 重庆特色小面(下墟大道店) 广州市 番禺区 下墟大道15号南70米
B0FFITIOX2 113.266566 22.980778 餐饮服务;快餐厅;快餐厅 怡家粤川美食 广州市 番禺区 韦涌村田心大街十巷4号
B0G1NO4VC9 113.365778 22.941144 餐饮服务;快餐厅;快餐厅 围炉三国锅盔(大北路店) 广州市 番禺区 大北路易发商业步行街
```

图 2.182 程序运行过程中控制台的输出内容

将最终写入的“.csv”文件用 Excel 打开，内容如图 2.183 所示。

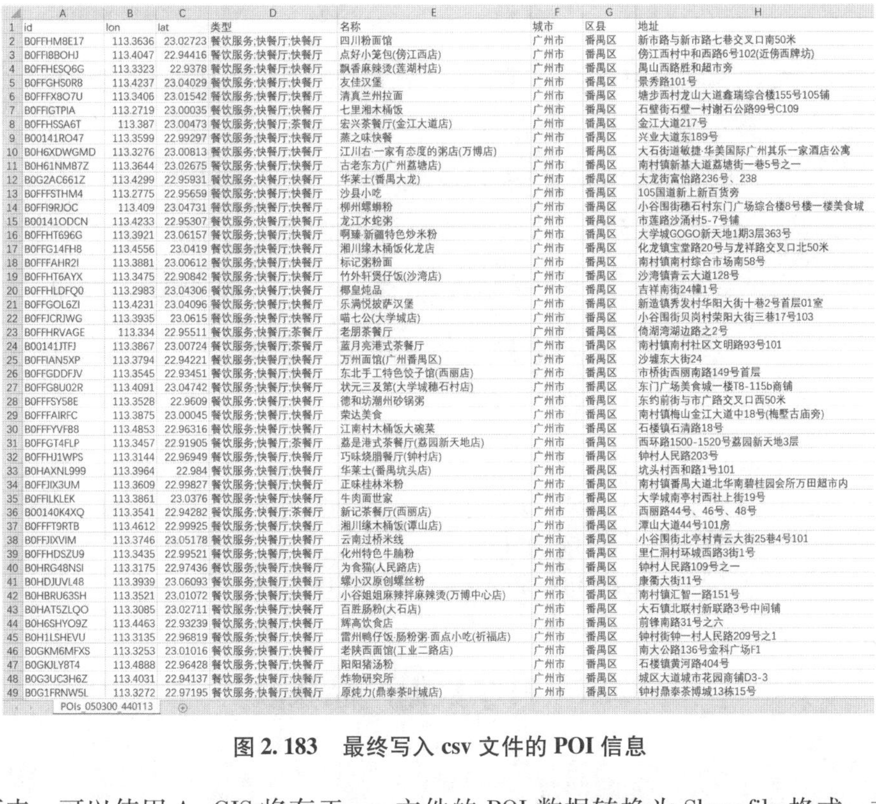

	A	B	C	D	E	F	G	H
1	id	lon	lat	类型	名称	城市	区县	地址
2	B0FFHM8E17	113.3636	23.02723	餐饮服务;快餐厅;快餐厅	四川粉面馆	广州市	番禺区	新市路与新市路七巷交叉口南50米
3	B0FFI8BOHJ	113.4047	22.94416	餐饮服务;快餐厅;快餐厅	点好小笼包(傍江西店)	广州市	番禺区	傍江西村中和西路6号102(近傍西牌坊)
4	B0FFHESQ6G	113.3323	22.9378	餐饮服务;快餐厅;快餐厅	飘香麻辣烫(莲湖村店)	广州市	番禺区	禺山西路胜和超市旁
5	B0FFGHS0R8	113.4237	23.04029	餐饮服务;快餐厅;快餐厅	友佳汉堡	广州市	番禺区	景秀路101号
6	B0FFFX8O7U	113.3406	23.01542	餐饮服务;快餐厅;快餐厅	清真兰州拉面	广州市	番禺区	塘步西村龙山大道鑫瑞综合楼155号105铺
7	B0FFIGTPIA	113.2719	23.00035	餐饮服务;快餐厅;快餐厅	七里湘木桶饭	广州市	番禺区	石壁街石壁一村谢石公路99号C109
8	B0FFHSSA6T	113.387	23.00473	餐饮服务;快餐厅;茶餐厅	宏兴茶餐厅(金江大道店)	广州市	番禺区	金江大道217号
9	B00141RO47	113.3599	22.99297	餐饮服务;快餐厅;快餐厅	蒸之味快餐	广州市	番禺区	兴业大道东189号
10	B0H6XDWGMD	113.3276	23.00813	餐饮服务;快餐厅;快餐厅	江川右·一家有态度的粥店(万博店)	广州市	番禺区	大石街道敏捷·华美国际广州其乐一家酒店公寓
11	B0H61NM87Z	113.3644	23.02675	餐饮服务;快餐厅;快餐厅	古老东方(广州荔塘店)	广州市	番禺区	南村镇新基大道荔塘街一巷5号之一
12	B0G2AC661Z	113.4299	22.95931	餐饮服务;快餐厅;快餐厅	华莱士(番禺大龙)	广州市	番禺区	大龙街富怡路236号、238
13	B0FFFSTHM4	113.2775	22.95659	餐饮服务;快餐厅;快餐厅	沙县小吃	广州市	番禺区	105国道新上新百货旁
14	B0FFI9RJOC	113.409	23.04731	餐饮服务;快餐厅;快餐厅	柳州螺蛳粉	广州市	番禺区	小谷围街穗石村东门广场综合楼8号楼一楼美食城
15	B00141ODCN	113.4233	22.95307	餐饮服务;快餐厅;快餐厅	龙江水蛇粥	广州市	番禺区	市莲路沙涌村5-7号铺
16	B0FFHT696G	113.3921	23.06157	餐饮服务;快餐厅;快餐厅	啊臻·新疆特色炒米粉	广州市	番禺区	大学城GOGO新天地1期3层363号
17	B0FFG14FH8	113.4556	23.0419	餐饮服务;快餐厅;快餐厅	湘川缘木桶饭化龙店	广州市	番禺区	化龙镇宝堂路20号与龙祥路交叉口北50米
18	B0FFFAHR2I	113.3881	23.00612	餐饮服务;快餐厅;快餐厅	标记粥粉面	广州市	番禺区	南村镇南村综合市场南58号
19	B0FFHT6AYX	113.3475	22.90842	餐饮服务;快餐厅;快餐厅	竹外轩煲仔饭(沙湾店)	广州市	番禺区	沙湾镇青云大道128号
20	B0FFHLDFQ0	113.2983	23.04306	餐饮服务;快餐厅;快餐厅	椰皇炖品	广州市	番禺区	吉祥南街24幢1号
21	B0FFGOL6ZI	113.4231	23.04096	餐饮服务;快餐厅;快餐厅	乐满悦披萨汉堡	广州市	番禺区	新造镇秀发村华阳大街十巷2号首层01室
22	B0FFJCRJWG	113.3935	23.0615	餐饮服务;快餐厅;快餐厅	喵七公(大学城店)	广州市	番禺区	小谷围街贝岗村荣阳大街三巷17号103
23	B0FFHRVAGE	113.334	22.95511	餐饮服务;快餐厅;茶餐厅	老朋茶餐厅	广州市	番禺区	倚湖湾湖边路之2号
24	B00141JTFJ	113.3867	23.00724	餐饮服务;快餐厅;茶餐厅	蓝月亮港式茶餐厅	广州市	番禺区	南村镇南村社区文明路93号101
25	B0FFIAN5XP	113.3794	22.94221	餐饮服务;快餐厅;快餐厅	万州面馆(广州番禺区)	广州市	番禺区	沙墟东大街24
26	B0FFGDDFJV	113.3545	22.93451	餐饮服务;快餐厅;快餐厅	东北手工特色饺子馆(西丽店)	广州市	番禺区	市桥街西丽南路149号首层
27	B0FFG8U02R	113.4091	23.04742	餐饮服务;快餐厅;快餐厅	状元三及第(大学城穗石村店)	广州市	番禺区	东门广场美食城一楼T8-115b商铺
28	B0FFFSY58E	113.3528	22.9609	餐饮服务;快餐厅;快餐厅	德和坊潮州砂锅粥	广州市	番禺区	东约前街与市广路交叉口西50米
29	B0FFFAIRFC	113.3875	23.00045	餐饮服务;快餐厅;快餐厅	荣达美食	广州市	番禺区	南村镇梅山金江大道中18号(梅墅古庙旁)
30	B0FFFYVF88	113.4853	22.96316	餐饮服务;快餐厅;快餐厅	江南村木桶饭大碗菜	广州市	番禺区	石楼镇石清路18号
31	B0FFGT4FLP	113.3457	22.91905	餐饮服务;快餐厅;茶餐厅	荔是港式茶餐厅(荔园新天地店)	广州市	番禺区	西环路1500-1520号荔园新天地3层
32	B0FFHJ1WPS	113.3144	22.96949	餐饮服务;快餐厅;快餐厅	巧味烧腊餐厅(钟村店)	广州市	番禺区	钟村人民路203号
33	B0HAXNL999	113.3964	22.984	餐饮服务;快餐厅;快餐厅	华莱士(番禺坑头店)	广州市	番禺区	坑头村西和路1号101
34	B0FFJIX3UM	113.3609	22.99827	餐饮服务;快餐厅;快餐厅	正味桂林米粉	广州市	番禺区	南村镇番禺大道北华南碧桂园会所万田超市内
35	B0FFILKLEK	113.3861	23.0376	餐饮服务;快餐厅;快餐厅	牛肉面世家	广州市	番禺区	大学城南亭村西社上街19号
36	B00140K4XQ	113.3541	22.94282	餐饮服务;快餐厅;茶餐厅	新记茶餐厅(西丽店)	广州市	番禺区	西丽路44号、46号、48号
37	B0FFFT9RTB	113.4612	22.99925	餐饮服务;快餐厅;快餐厅	湘川缘木桶饭(谭山店)	广州市	番禺区	潭山大道44号101房
38	B0FFJIXVIM	113.3746	23.05178	餐饮服务;快餐厅;快餐厅	云南过桥米线	广州市	番禺区	小谷围街北亭村青云大街25巷4号101
39	B0FFHDSZU9	113.3435	22.99521	餐饮服务;快餐厅;快餐厅	化州特色牛腩粉	广州市	番禺区	里仁洞村环城西路3街1号
40	B0HRG48NSI	113.3175	22.97436	餐饮服务;快餐厅;快餐厅	为食猫(人民路店)	广州市	番禺区	钟村人民路109号之一
41	B0HDJUVL48	113.3939	23.06093	餐饮服务;快餐厅;快餐厅	螺小汉原创螺丝粉	广州市	番禺区	康衢大街11号
42	B0HBRU63SH	113.3521	23.01072	餐饮服务;快餐厅;快餐厅	小谷姐姐麻辣拌麻辣烫(万博中心店)	广州市	番禺区	南村镇汇智一路151号
43	B0HAT5ZLQO	113.3085	23.02711	餐饮服务;快餐厅;快餐厅	百胜肠粉(大石店)	广州市	番禺区	大石镇北联村新联路3号中间铺
44	B0H6SHYO9Z	113.4463	22.93239	餐饮服务;快餐厅;快餐厅	辉高饮食店	广州市	番禺区	前锋南路31号之六
45	B0H1LSHEVU	113.3135	22.96819	餐饮服务;快餐厅;快餐厅	雷州鸭仔饭·肠粉粥·面点小吃(祈福店)	广州市	番禺区	钟村街钟一村人民路209号之1
46	B0GKM6MFXS	113.3253	23.01016	餐饮服务;快餐厅;快餐厅	老陕西面馆(工业二路店)	广州市	番禺区	南大公路136号金科广场F1
47	B0GKJLY8T4	113.4888	22.96428	餐饮服务;快餐厅;快餐厅	阳阳猪汤粉	广州市	番禺区	石楼镇黄河路404号
48	B0G3UC3H6Z	113.4031	22.94137	餐饮服务;快餐厅;快餐厅	炸物研究所	广州市	番禺区	城区大道城市花园商铺D3-3
49	B0G1FRNW5L	113.3272	22.97195	餐饮服务;快餐厅;快餐厅	原炖力(鼎泰茶叶城店)	广州市	番禺区	钟村鼎泰茶博城13栋15号

图 2.183 最终写入 csv 文件的 POI 信息

接下来，可以使用 ArcGIS 将存于 csv 文件的 POI 数据转换为 Shapefile 格式。首先，打开 ArcMap，使用【Add Data】导入 csv 文件。之后在列表中右键点击该文件，选择【Display XY Data】，在其中选择经纬度的字段并指定坐标系，确认后会生成 Shapfile 格式的临时文件（如图 2.184）。最后，用【Export Data】将临时文件导出，得到我们想要的 Shapfile 格式的 POI 数据（如图 2.185）。

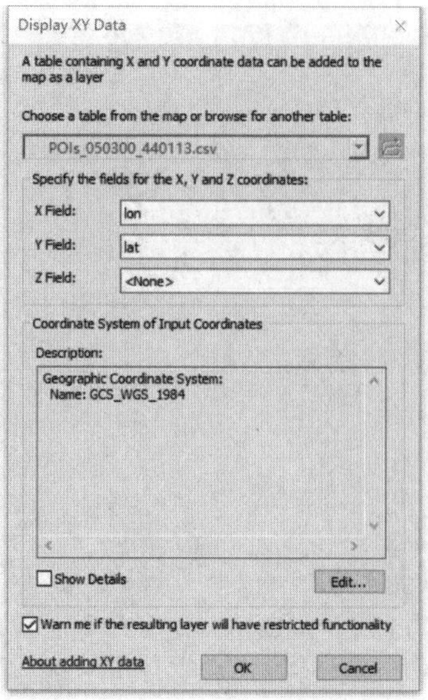

图 2.184　ArcMap 的 "Display XY Data" 窗口

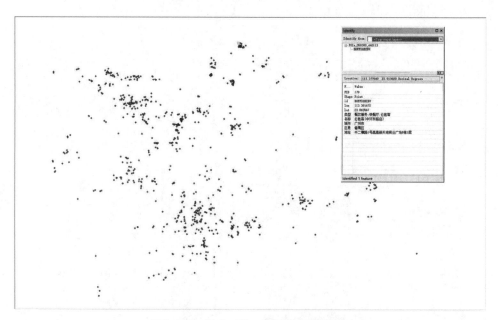

图 2.185　用 ArcMap 显示的 POI 数据

2.4　科学数据产品获取

2.4.1　土地覆被/利用数据产品

1. ESA 数据

ESA 的气候变化行动第二阶段的产品为 Global ESA CCI Land Cover Classification Map，该产品用于描述全球地表覆盖信息，数据空间分辨率为 300 米，涵盖了 1992—2015 年的全球数据。其数据获取步骤如下。

（1）进入官网首页（https：//viewer. esa-worldcover. org/worldcover/），点击【Register】进行账号注册，在弹出的页面中填写个人信息，完成注册（如图 2. 186）。该网站提供的土地覆盖数据包括 11 种主要的地表覆盖类型，分别是树木、灌木、草地、农田、建筑物、裸地/稀疏植被、冰川积雪、永久水体、草本湿地、红树林，以及苔藓地衣（如图 2. 187）。

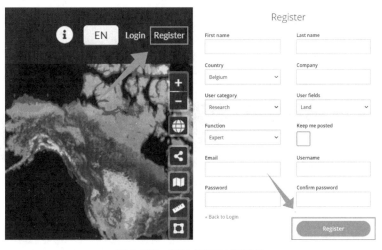

图 2. 186　ESA 官网注册账号

（2）注册完成后，在 Layers 界面勾选土地利用数据【WorldCover-Map】，点击右侧的【DOWNLOAD】进入数据下载页面，选择需要下载的区域，该网站提供了 4 种区域选择的方法（如图 2. 188），分别是当前视图（Current view）、绘制感兴趣区域（Draw area of interest）、选择兴趣点（Select point of interest）和行政边界（Administrative borders）；勾选【Advanced】选项，可以指定数据的起止时间进行下载（如图 2. 189）。

图 2. 187　ESA 数据的地表覆盖类型

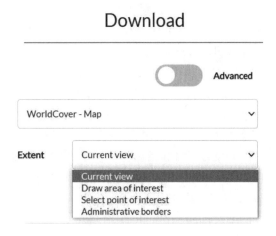

图 2. 188　勾选数据类型及下载区域

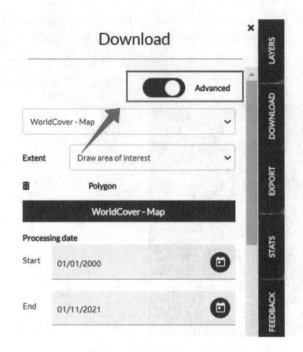

图 2.189　数据筛选高级选项

（3）选择好下载区域后，选中需要下载的影像，点击【DOWNLOAD】，此时网站进行了数据转码（如图 2.190），转码完成后即可弹出下载窗口。

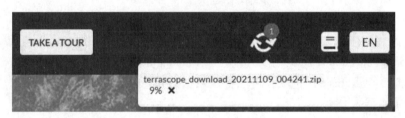

图 2.190　数据转码窗口

（4）下载完成后，解压数据得到 Map. tif 和 Input-Quality. tif 两个文件（如图 2.191），其中 Map. tif 即所需的土地利用影像，InputQuality. tif 是对应的产品质量影像。

2. GlobeLand30 数据

GlobeLand30 是由中国研制的全球首个 30 米空间分辨率地表覆盖数据，2014 年发布了 2000 版和 2010 版，目前 2020 版已完成。该数据产品研制所使用的分类影像主要是 30 米多光谱影像，2020 版数据还使用了 16 米分辨率高分一号（GF-1）多光谱影像。基于布设的检验样本点，得到 GlobeLand30 的 2010 版数据的总体精度为 83.50%，其 2020 版数据的总体精度为 85.72%。数据获取步骤如下。

ESA_WorldCover_10m_2020_v100_N21E111_Map.tif

ESA_WorldCover_10m_2020_v100_N21E111_InputQuality.tif

图 2.191　ESA 数据下载结果

（1）进入官网首页（http://www. globallandcover. com/），点击【数据】进入数据浏览页面（如图 2.192）。

图 2.192 GlobeLand30 官网首页

（2）点击【注册】进行账号注册，在弹出的页面中填写个人信息，点击【提交】完成注册（如图 2.193）。该网站提供的土地覆盖数据集包括 10 个一级类型，分别是水体、湿地、人造地表、苔原、冰川和永久积雪、草地、裸地、耕地、灌木地，以及森林，并提供了各类型典型地区的定位功能及其相关描述（如图 2.194）。

图 2.193 GlobeLand30 官网注册账号

（3）激活账号后登录，点击菜单栏里【数据】中的【下载】选项，进入数据下载页面（如图 2.195）。

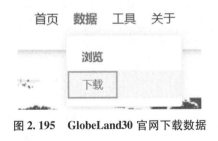

图 2.195 GlobeLand30 官网下载数据

图 2.194 GlobeLand30
数据的地表覆盖类型

（4）该网站提供了 GlobeLand30 的 2000 版、2010 版和 2020 版共 3 个版本的全球地表覆盖数据，区域选择的方法包括基于图幅号的选择、基于坐标范围的选择以及手动绘制感兴趣区域的选择（如图 2.196）。

（5）选择区域后，选中需要下载的影像，点击【提交下载申请】（如图 2.197）。

图 2.196　设置数据下载范围

图 2.197　勾选待下载影像

（6）填写地表覆盖数据下载申请表（如图 2.198），点击【立即提交】，审核通过后将发送数据下载链接至注册邮箱。

图 2.198　数据下载申请表

（7）GlobeLand30 的分幅数据压缩包中包含地表覆盖数据文件、坐标信息文件、分类影像接图表文件、元数据文件 4 个部分（如图 2.199）。其中地表覆盖数据文件（分幅数据名称 + ".tif"）是指存储分幅地表覆盖分类信息的文件，坐标信息文件（分幅数据名称 + ".tfw"）是指记录分幅数据坐标信息的文件，分类影像接图表文件（分幅数据名称 + "_IMG.shp"）是指记录分类所用的主要影像范围及获取时间的矢量文件，元数据文件〔分幅数据名称 + "_MAT.xml"（2000 版和 2010 版）／"_MAT.xls"（2020 版）〕是指记录分幅数据元数据信息的文件。

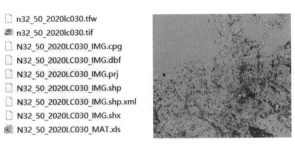

图 2.199　GlobeLand30 数据下载结果

3. FROM-GLC10 数据

FROM-GLC10（Finer Resolution Observation and Monitoring of Global Land Cover）是由清华大学地球系统科学系宫鹏教授研究组与国内外多家单位合作，迁移 2015 年 30 米空间分辨率全球地表覆盖数据的有限样本，成功开发出的全球首套 10 米空间分辨率的全球地表覆盖产品。该产品基于 2017 年的全球首套多季节样本，应用于 2017 年获取的 Sentinel-2 影像，得到了全球 10 米空间分辨率的地表覆盖图。另外，官网还公开了全球 30 米空间分辨率土地覆盖数据集 FROM-GLC 的 2015 年版本和 2017 年版本。数据获取步骤如下。

（1）进入官网首页（http://data.starcloud.pcl.ac.cn/），根据需要选择对应的数据下载链接，以 2017 年的 FROM-GLC10 数据为例，点击【fromglc10_2017_data】进入数据下载页面（如图 2.200）。该土地覆盖数据集包括 10 个一级类型，分别是农田、森林、草地、灌木、湿地、水体、苔原、不透水面、裸地，以及冻雪（如图 2.201）。

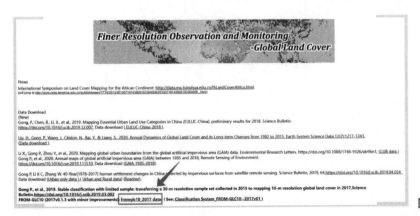

图 2.200　FROM-GLC 官网首页

Level 1 Type	Level 1 Coce
Crop	10
Forest	20
Grass	30
Shrub	40
Wetland	50
Water	60
Tundra	70
Impervious	80
Bareland	90
Snow/Ice	100

图 2.201　FROM-GLC10 数据的地表覆盖类型

（2）确定研究区域的经纬度范围，根据此范围选择需要的数据块（如图 2.202），该网站的数据块命名规则为东经为正、西经为负，北纬为正、南纬为负，经纬度间距均为 2°。

FROM-GLC10 - (2017 V0.1.3 with minor improvements) File List

ClassificationSystem	ClassificationSystem_FROM-GLC10--2017v01.docx
fromglc10v01_0_100.tif	fromglc10v01_0_100.tif
fromglc10v01_0_102.tif	fromglc10v01_0_102.tif
fromglc10v01_0_104.tif	fromglc10v01_0_104.tif
fromglc10v01_0_106.tif	fromglc10v01_0_106.tif
fromglc10v01_0_108.tif	fromglc10v01_0_108.tif
fromglc10v01_0_10.tif	fromglc10v01_0_10.tif
fromglc10v01_0_110.tif	fromglc10v01_0_110.tif
fromglc10v01_0_112.tif	fromglc10v01_0_112.tif
fromglc10v01_0_114.tif	fromglc10v01_0_114.tif
fromglc10v01_0_116.tif	fromglc10v01_0_116.tif
fromglc10v01_0_118.tif	fromglc10v01_0_118.tif
fromglc10v01_0_120.tif	fromglc10v01_0_120.tif
fromglc10v01_0_122.tif	fromglc10v01_0_122.tif
fromglc10v01_0_124.tif	fromglc10v01_0_124.tif
fromglc10v01_0_126.tif	fromglc10v01_0_126.tif
fromglc10v01_0_128.tif	fromglc10v01_0_128.tif
fromglc10v01_0_12.tif	fromglc10v01_0_12.tif
fromglc10v01_0_130.tif	fromglc10v01_0_130.tif
fromglc10v01_0_132.tif	fromglc10v01_0_132.tif
fromglc10v01_0_134.tif	fromglc10v01_0_134.tif
fromglc10v01_0_136.tif	fromglc10v01_0_136.tif
fromglc10v01_0_138.tif	fromglc10v01_0_138.tif
fromglc10v01_0_140.tif	fromglc10v01_0_140.tif
fromglc10v01_0_142.tif	fromglc10v01_0_142.tif
fromglc10v01_0_144.tif	fromglc10v01_0_144.tif

图 2.202　选择数据下载范围

（3）点击需要下载的数据块链接，即可进行数据下载，得到所需要的地表覆盖影像（如图 2.203）。

fromglc10v01_
22_112.tif

图 2.203　FROM-GLC10 数据下载结果

4. MODIS Land Cover Map 数据

MODIS 土地覆盖类型（MCD12Q1）的第六版数据产品提供了以年为间隔的全球地表覆盖数据，其基于 MODIS Terra and Aqua 反射率数据，根据 6 种不同分类方案得到了土地类型分布，数据空间分辨率为 500 米，涵盖了 2001 年至 2019 年的全球数据。基本的土地覆盖分类方案包含国际地圈生物圈计划（international geosphere-biosphere programme，IGBP）定义的 17 个土地覆盖类别，分别是 11 个自然植被类别、3 个镶嵌型土地类别，以及 3 个非植被土地类别。数据获取步骤如下。

（1）进入官网首页（https://lpdaac.usgs.gov/products/mcd12q1v006/），点击【ACCESS DATA】获取数据下载方式（如图 2.204）。

图 2.204　MODIS Land Cover Map 官网首页

（2）在弹出的窗口中选择【NASA Earthdata Search】的下载按键，进入数据下载页面（如图 2.205）。

Access Data

Tool	Functionality	Description	Download Data
AppEEARS	Decode Quality, Order, Search, Subset	The Application for Extracting and Exploring Analysis Ready Samples (AppEEARS) offers users a simpl…	📥
Data Pool	Direct Download	The Data Pool is the publicly available portion of the LP DAAC online holdings. Data Pool provides …	📥
NASA Earthdata Search	Browse Image Preview, Direct Download, Order, Search, Subset	Earthdata Search combines the latest EOSDIS service offerings with user experience, research, and e…	📥
USGS EarthExplorer	Browse Image Preview, Search	The EarthExplorer (EE) user interface, developed by the United States Geological Survey (USGS), pro…	📥

图 2.205　数据下载窗口

（3）下载数据需要登录账号，点击右上角的【Earthdata Login】进入登录或注册账号的页面，点击【REGISTER】进行账号注册，填写个人信息完成注册（如图 2.206）。

图 2.206　官网注册账号

（4）注册完成后跳转回下载页面，选中符合要求的地表覆盖数据集，进入数据选择页面，在页面左侧的【Filter Granules】中可以进行下载设置，包括需要下载的影像 ID、数据起止时间等（如图 2.207）。

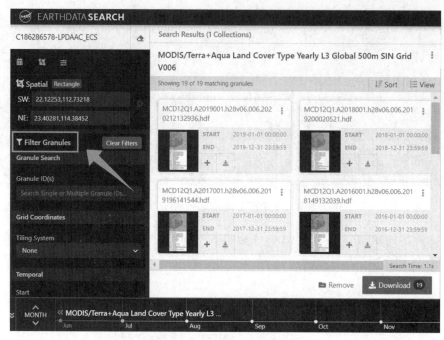

图 2.207　下载数据条件设置

（5）选中需要下载的数据，点击【Download single granule data】进行下载（如图 2.208）。

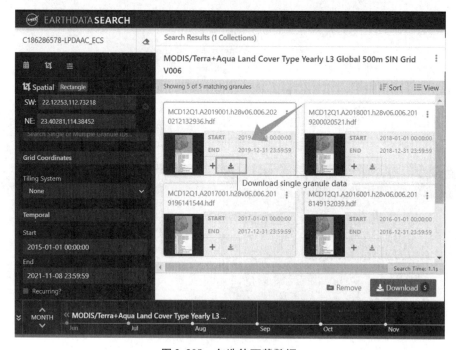

图 2.208　勾选待下载数据

（6）下载的数据为".hdf"格式，可通过 MRT（MODIS Reprojection Tool）工具对 MO-DIS 数据进行处理。

2.4.2 社会经济空间化数据产品

1. GDP 数据

GDP 是指一个国家或地区在一定时期内通过生产产品和劳务所创造的价值，能够衡量国家的经济状况。社会经济数据与应用中心（Socioeconomic Data and Applications Center，SEDAC）提供了第 4 版全球网格化地理经济数据，其中包含了 GDP 的全球网格单元数据，总共有 1990 年、1995 年、2000 年和 2005 年 4 个版本。数据获取步骤如下。

（1）进入官网首页（https://sedac.ciesin.columbia.edu/），点击【Sign In】进入账号登录与注册页面（如图 2.209），填写个人信息，完成注册（如图 2.210）。

图 2.209　SEDAC 官网首页

图 2.210　官网注册账号

（2）返回 SEDAC 官网首页，在搜索栏中输入"Spatial Economic"，选中 G-Econ 第 4 版数据集（如图 2.211）。

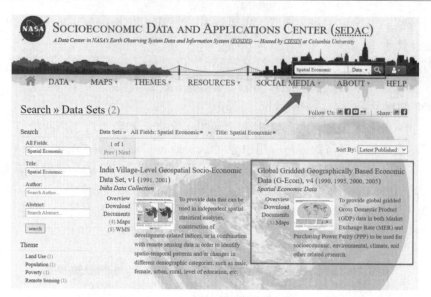

图 2.211　搜索 G-Econ 数据集

（3）在数据集详情页面，点击【Data Download】，选择需要下载的数据格式，点击对应链接即可下载（如图 2.212）。

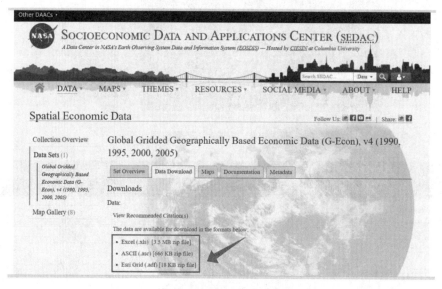

图 2.212　数据下载页面

2. 人口数据

WorldPop 是英国南安普顿大学一个致力于人口数据开放获取与应用的研究小组，其网站提供了全球关于人口的各类相关指标，包括人口数量、人口密度、年龄与性别结构、出生率等多种数据。数据分辨率分别为 3 弧秒和 30 弧秒（在赤道上分别约为 100 米和 1 千米），涵盖了 2000 年至 2020 年的全球数据。数据获取步骤如下。

（1）进入官网首页（https://www.worldpop.org），在菜单栏中选择【DATA】，以人口总数数据集为例，点击【Population Counts】进入数据集浏览页面（如图 2.213）。

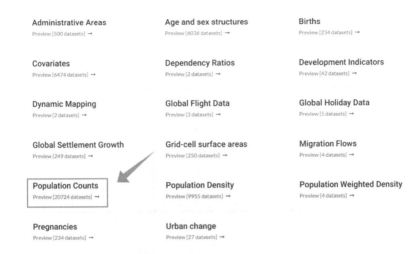

Select a data category to explore data availability

| Administrative Areas | Age and sex structures | Births |
| Preview [500 datasets] → | Preview [6036 datasets] → | Preview [234 datasets] → |

| Covariates | Dependency Ratios | Development Indicators |
| Preview [6474 datasets] → | Preview [2 datasets] → | Preview [42 datasets] → |

| Dynamic Mapping | Global Flight Data | Global Holiday Data |
| Preview [2 datasets] → | Preview [3 datasets] → | Preview [5 datasets] → |

| Global Settlement Growth | Grid-cell surface areas | Migration Flows |
| Preview [249 datasets] → | Preview [250 datasets] → | Preview [4 datasets] → |

| Population Counts | Population Density | Population Weighted Density |
| Preview [20724 datasets] → | Preview [9955 datasets] → | Preview [4 datasets] → |

| Pregnancies | Urban change |
| Preview [234 datasets] → | Preview [27 datasets] → |

图 2.213　WorldPop 官网首页及数据下载入口

（2）WorldPop 提供的人口总数数据集（如图 2.214）采用自上而下的建模方法，包括不受约束（在所有土地网格上估计）和受约束（仅在居民建筑网格上估计）两类数据，其中受约束的人口总数数据集仅有 2020 年的数据；另外，两类数据均包含已调整为与联合国人口估计（UN 2019）相匹配的数据集。点击需要下载的数据集，进入数据筛选页面。

Constrained Individual countries 2020 (100m resolution)

Constrained Individual countries 2020 UN adjusted (100m resolution)

Unconstrained global mosaics 2000-2020 (1km resolution)

Unconstrained individual countries 2000-2020 (1km resolution)

Unconstrained individual countries 2000-2020 (100m resolution)

Unconstrained individual countries 2000-2020 UN adjusted (100m resolution)

Unconstrained individual countries 2000-2020 UN adjusted (1km resolution)

Bespoke methods for individual countries (WOPR)

图 2.214　WorldPop 提供的人口总数数据集

（3）在【Search】栏中输入所需数据的地区和年份信息，点击对应的【Data & Resources】进入数据详情页面（如图 2.215）。

Show 25 rows ⇕ entries　　　　　　　　　　　　　　　　　　　　　Search …

Continent ⇅	Country ⇅	Year ⇅	Geo Type	⇅	RES	
Africa	Algeria	2020	Population		100m	Data & Resources
Africa	Angola	2020	Population		100m	Data & Resources

图 2.215　数据下载窗口

（4）在数据详情页中点击【Download Entire Dataset】即可下载数据（如图 2.216）。

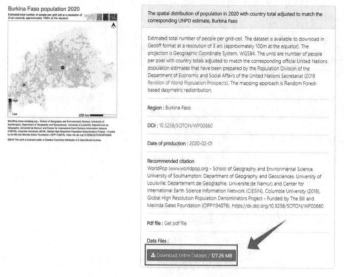

图 2.216　数据介绍及下载

3. Million Neighborhood Initiative 数据

Million Neighborhood Initiative 是芝加哥大学曼苏埃托城市创新研究所（Mansueto Institute for Urban Innovation）与世界各地的社区组织合作的项目，该数据集发布于 2019 年举办的全球可持续城市与社区研讨会（Global Symposium on Sustainable Cities and Neighborhoods）。该数据集以开源 GIS 数据库 OpenStreetMap 为基础，描述了全球范围内社区建筑的街道可达性。在快速城市化进程中，出现了人口的大规模转移以及大量没有基础设施的非正规居民区，街道是为居民点提供基础设施的关键。该数据集能够快速地找出各地区最需要街道和基础设施建设的居民社区，可有效支持政府实现社区驱动的城市规划新形式。数据获取步骤如下。

（1）进入官网首页（https://miurban.uchicago.edu/），在搜索栏中输入"million neighborhood"（如图 2.217）。

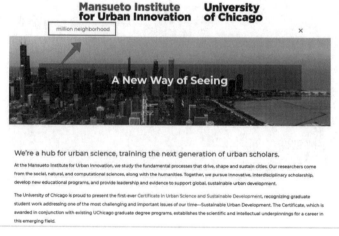

图 2.217　Mansueto Institute for Urban Innovation 官网首页

（2）进入数据集详情页，点击页面下方的【Data Sharing Agreement】申请下载（如图 2.218）。

（3）填写个人信息，完成后提交下载申请表（如图 2.219）。

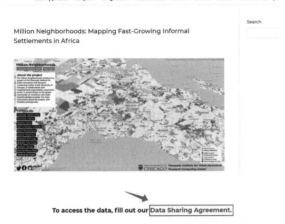

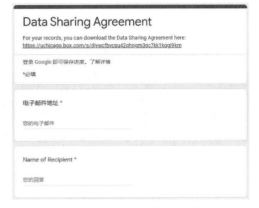

图 2.218　Million Neighborhood 数据下载入口　　　　　图 2.219　数据下载申请表

（4）申请成功后，跳转到数据下载的页面，在文件夹中选择需要下载的地区数据，点击右键即可下载（如图 2.220）。

图 2.220　数据下载窗口

（5）在 http://millionneighborhoods.org 中也可查看此数据地图（如图 2.221）。

图 2.221　Million Neighborhood 官网首页

2.4.3　资源与环境数据产品

1. 生态服务价值数据

生态服务价值是指人类从生态系统中获取的利益，主要包括向经济社会系统提供物质和能量，接受来自经济社会系统的废弃物，以及直接向人类社会提供资源服务等，能够反映区域的生态环境状况和生态效益。1997 年，Costanza 等提出对生态系统服务功能进行分类，并给定了不同土地利用类型对应的每项生态服务价值。2003 年，谢高地在 Costanza 等评估工作的基础上，制定了中国陆地生态系统服务价值当量因子表。参考谢高地等的生态服务价值当量因子法，中国科学院资源环境科学与数据中心对生态系统各服务价值当量因子进行了调整，计算了中国 11 种生态服务的价值，包括全国食物生产、原料生产、水资源供给、气体调节、气候调节、净化环境、水文调节、土壤保持、维持养分循环、生物多样性，以及美学景观。数据获取步骤如下。

（1）进入官网首页（https：//www.resdc.cn/Default.aspx），点击右上角的【注册】进行账号注册，填写个人信息，点击【提交】即可完成注册（如图 2.222）。

图 2.222　官网账号注册

（2）返回官网首页，在数据集（库）目录中点击【中国陆地生态系统服务价值空间分布数据集】，进入数据集详情页面（如图 2.223）。

图 2.223　选择所需数据集

（3）点击数据集下载链接，选择需要下载的生态服务价值类别，或下载总数据集（zong.rar），点击【下载】即可下载数据（如图2.224）。

图2.224 数据下载窗口

（4）下载的数据为1千米分辨率的栅格数据。

2. 生态分区数据

生态分区是指根据自然地理条件、区域生态经济关系以及农业生态经济系统结构功能的类似性与差异性，将整个区域划分为不同类型的生态区域。中国科学院资源环境科学与数据中心提供了中国10种生态分区的数据，包括中国东中西三大区域分布、中国六大区域分布、中国九大农业区划、中国农业熟制区划、中国农业自然区划、中国九大流域片、黄土高原空间范围、青藏高原空间范围、中国林业工程空间分布，以及中国生态功能保护区。数据获取步骤如下。

（1）进入官网首页（https://www.resdc.cn/Default.aspx），注册账号后在数据集（库）目录中点击【中国自然地理分区数据】（如图2.225）。

图2.225 选择所需数据集

（2）选择需要的生态分区数据，点击即可进入对应数据浏览页面，以【中国东中西三大区域分布】数据为例，在页面的【数据下载】中点击【下载】即可下载数据（如图 2. 226）。

序号	数据名	操作
1	qu3.rar	下载

图 2. 226　数据下载窗口

（3）下载的数据为矢量数据。

（4）另外，也可在国家地球系统科学数据中心（http://www. geodata. cn/）下载全球生态地理分区数据（如图 2. 227），申请通过审核后即可下载数据（如图 2. 228）。

图 2. 227　全球生态地理分区数据集

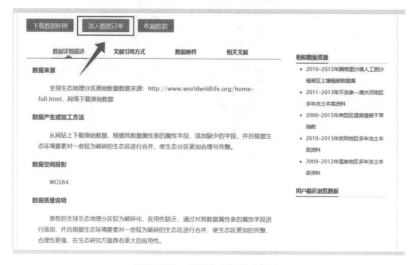

图 2. 228　数据下载订单提交

3. 水文数据

水文数据主要包括地表水、地下水、水质数据和河、湖地形等相关属性数据，涵盖了水文原始观测资料和整编资料。HydroSHEDS 由世界自然基金会（World Wide Fund for Nature or World Wildlife Fund，WWF）保护科学项目与多个机构合作开发，提供了全球范围的水文信息，包括河网、流域边界、排水方向和流量累积等。数据产品的制作基于航天飞机雷达地形测绘（Shuttle Radar Topography Mission，SRTM）获得的高分辨率高程数据，数据空间分辨率为 15 弧秒和 30 弧秒（在赤道上分别约为 500 米和 1 千米）。数据获取步骤如下。

（1）HydroSHEDS 官网（https://hydrosheds.org/page/overview）提供了 5 种全球水文数据，分别是 HydroBASINS（分水岭、流域数据）、HydroRIVERS（河网数据）、HydroLAKES（湖泊数据）、HydroATLAS（水文环境数据）和 GloRiC（河流分级数据）。进入该网首页点击【Download】，进入下载页面（如图 2.229）。

图 2.229　HydroSHEDS 官网首页

（2）勾选需要下载的数据集，可选择变量类型、空间分辨率以及下载的地区，点击【Download Selected Files】申请下载（如图 2.230）。

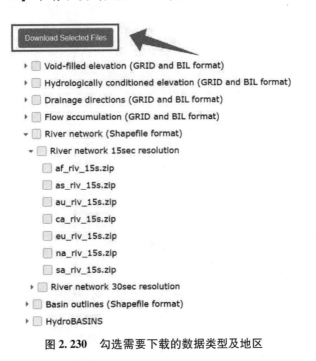

图 2.230　勾选需要下载的数据类型及地区

（3）在弹出的窗口中填写个人邮箱，点击【Submit Request】提交申请，收到回复邮件后，点击邮件中的下载链接即可下载数据（如图 2.231）。

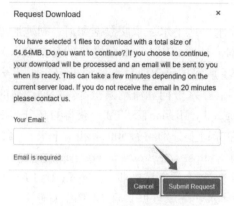

图 2.231　数据下载申请表

（4）也可在每种数据的详情页中直接下载，菜单栏中点击需要下载的数据类型进入详情页（如图 2.232）。以河网数据为例，选择所需下载的地区，点击【Download】即可下载数据，但下载速度较慢（如图 2.233）。

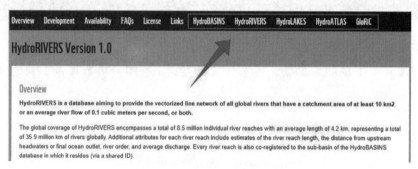

图 2.232　官网菜单栏中选择数据集类型

Geodatabases

Global	590 MB	Download
Africa	111 MB	Download
Arctic	24 MB	Download
Asia	98 MB	Download
Australia	56 MB	Download
Europe	68 MB	Download
Greenland	10 MB	Download
North America	69 MB	Download
South America	107 MB	Download
Siberia	51 MB	Download

图 2.233　选择下载地区

（5）下载的河网数据为矢量数据。

2.4.4 气候数据产品

1. 中国区域地面气象要素驱动数据集

中国区域地面气象要素驱动数据集（China meteorological forcing dataset）由清华大学地球系统科学系阳坤教授团队发布，是一套为陆面、水文、生态等地表过程模型服务的中国高时空分辨率气象数据集，包括近地面气温、近地面气压、近地面空气比湿、近地面全风速、地面向下短波辐射、地面向下长波辐射、地面降水率共7个要素，数据水平空间分辨率为0.1°，时间分辨率为3小时，涵盖了1979年至2018年的中国气象数据。数据获取步骤如下。

（1）进入国家青藏高原科学数据中心官网（http://data.tpdc.ac.cn），在搜索栏中输入"中国区域地面气象要素驱动数据集"（如图2.234）。

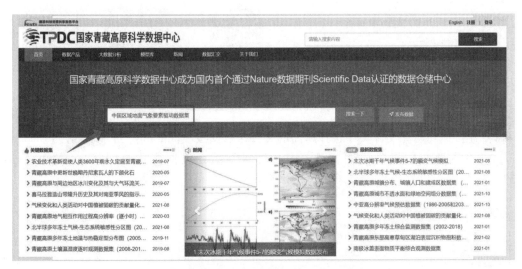

图 2.234　国家青藏高原科学数据中心官网首页

（2）进入数据集详情页，查看数据下载的FTP账号和密码（如图2.235）。

图 2.235　数据集 FTP 下载信息

（3）下载FTP软件，以FileZilla为例，在"主机""用户名""密码"中输入官网给出的下载信息，点击【快速连接】与FTP服务器连接（如图2.236）。

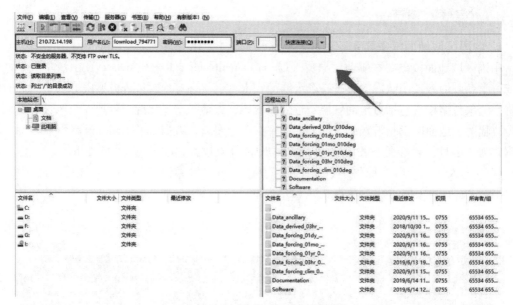

图 2.236　使用 FileZilla 获取数据

（4）连接成功后在文件夹中选择所需的文件，数据按不同时间分辨率存放，【Documentation】文件夹存放数据的说明文档，右击即可下载，数据格式为".nc"文件（如图2.237）。

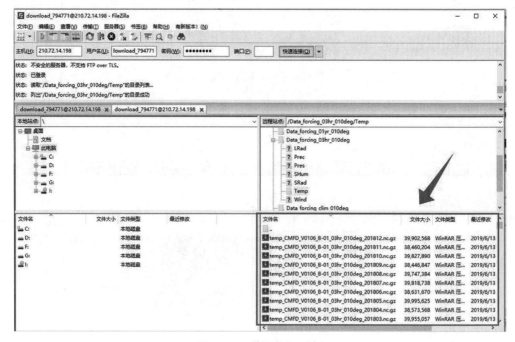

图 2.237　获取数据列表

2. CMIP5 气候预测数据

CMIP5（Coupled Model Intercomparison Project 5）是气候耦合模型相互比较项目的第 5 阶段实验，提供了丰富的气候变化模式资料库，包含气温、降水、径流，以及海面温度等多方面变量数据,涵盖了多年气候历史数据以及气候预测数据。不同模式对应的数据空间分辨率也有所不同。数据获取步骤如下。

(1)进入官网首页(https://cera-www.dkrz.de/WDCC/ui/cerasearch/),点击【Please register here】注册账号(如图2.238),填写个人信息,点击【Register】,审核通过后完成注册(如图2.239)。

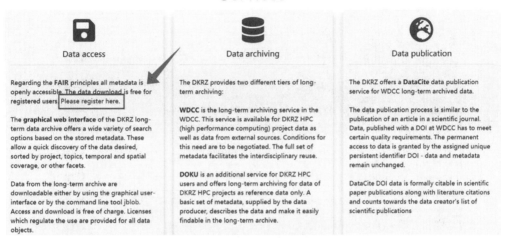

图2.238 CMIP5 数据下载网站

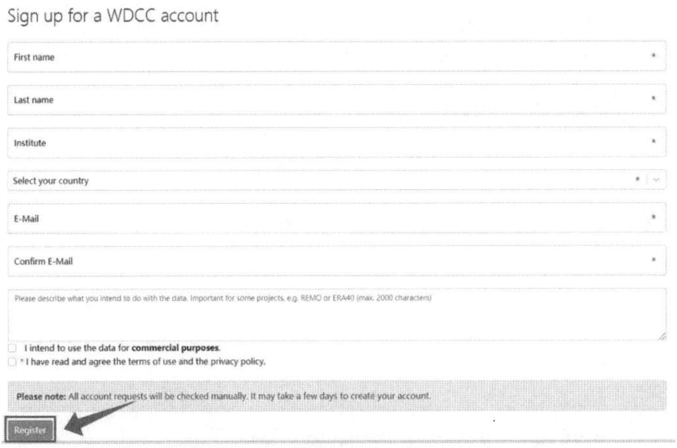

图2.239 官网账号注册

(2)返回首页,在搜索栏中输入"CMIP5"进行搜索(如图2.240)。

图2.240 搜索 CMIP5 数据集

（3）在左侧菜单中设置数据搜索条件，【Project】中勾选"CMIP5"，其他条件可根据个人需要设置，如【Variables】中可选择需要下载的数据要素类型（气温、气压、风向等），【Keywords】中可选择下载历史数据（"Historical"）或预测数据（"RCP"，即不同 RCP 情景下的气候预测数据）等气候模式信息，【Aggregation】中可选择所需数据的时间分辨率（如图 2.241）。

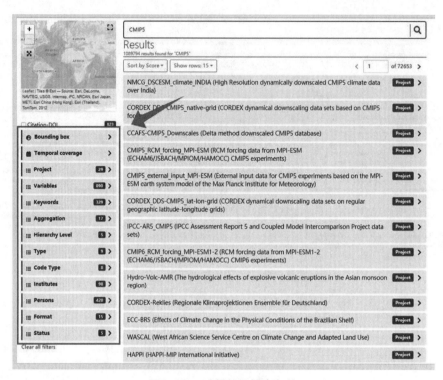

图 2.241　设置数据搜索条件

（4）搜索条件设置完毕后，得到符合条件的数据集，点击【Dataset】可查看数据集详情页（如图 2.242）。

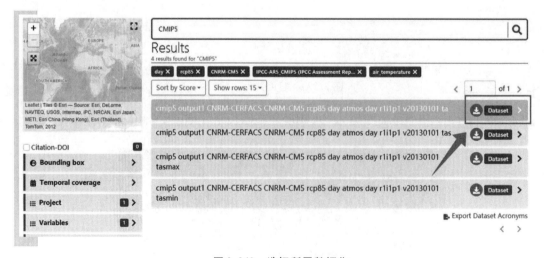

图 2.242　选择所需数据集

（5）在数据集详情页中点击【Download】即可下载数据（如图2.243）。

Spatial Coverage	Longitude 0 to 358.5938 Latitude -88.9277 to 88.9277 Altitude: 100000 Pa to 1000 Pa
Temporal Coverage	2006-01-01 to 2100-12-31 (proleptic_gregorian)
Use constraints	unrestricted
Data Catalog	World Data Center for Climate
Access constraints	registered users
Size	33.89 GiB (36384639272 Byte)
Format	NetCDF
Status	completely archived ❓
Creation Date	2014-02-07
Future Review Date	2024-07-02
Download Permission	Please login to check permission and download options

图 2.243　数据下载窗口

3. 欧洲 ERA5 再分析数据

ERA5 是欧洲中期天气预报中心（European Centre for Medium-Range Weather Forecasts，ECMWF）针对全球气候的数值描述数据产品。ECMWF 使用其预测模型和数据同化系统，将以前的预报与新获得的观测结果相结合，生成多种气候变量的时间序列数据。ERA5 作为其第 5 代再分析数据集，提供了大气、陆地和海洋等气候变量的每小时和每月数据产品，数据分辨率提高为 0.25°，涵盖了 1950 年至今实时 3 个月内的数据。数据获取步骤如下。

（1）进入 ECMWF 官网首页（https://www.ecmwf.int），点击右上角的【Log in】进入登录/注册账号页面，填写个人信息，点击【Register】完成注册（如图2.244）。

图 2.244　官网账号注册

111

（2）返回官网，菜单栏中点击【Research】下的【Climate reanalysis】（如图 2.245），在"气候再分析"页面中点击【Browse the reanalysis datasets】进入数据集浏览页面（如图 2.246）。

图 2.245　官网菜单栏中选择所需数据集

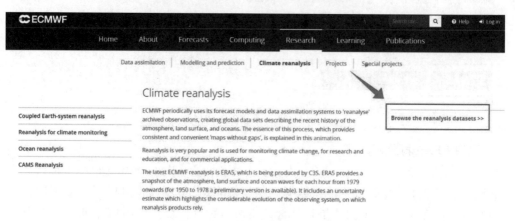

图 2.246　数据集浏览页入口

（3）ERA5 数据产品包括"1950—1978 年"的初步产品和"1979 年至今"的实时数据，根据需要选择第一个数据产品，点击【Get ERA5 from the Climate Data Store】进入数据集搜索页面（如图 2.247）。

Dataset	Time period	Atmosphere	Atmospheric composition	Ocean waves	Ocean sub-surface	Land surface	Sea Ice	Observation Feedback Archive	Download using MARS web interface (unless stated otherwise)
ERA5	1979-present	✓		✓		✓			Get ERA5 from the Climate Data Store
	1950-1978 preliminary	✓		✓		✓			Get ERA5 preliminary from the Climate Data Store
ERA5-Land	1950-present					✓			Get ERA5-Land from the Climate Data Store
ERA-Interim	1979-August 2019	✓		✓		✓			Explore ERA-Interim >
ERA-Interim/Land	1979-2010					✓			Explore ERA-Interim/Land >
CERA-SAT	2008-2016	✓		✓	✓	✓	✓		Explore CERA-SAT >
CERA-20C	1901-2010	✓		✓	✓	✓	✓		Explore CERA-20C >

图 2.247　选择 ERA5 数据集

（4）在左侧菜单中可设置搜索条件，包括产品类型、变量、空间范围、时间范围，以及供应商等，在搜索结果中选中需要下载的数据集（如图 2.248）。

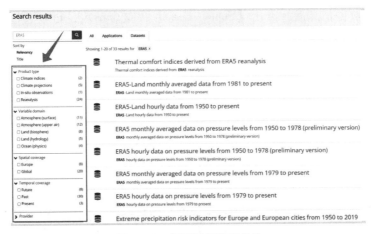

图 2.248 设置数据搜索条件

（5）以 1970 年至今的每小时数据为例，在数据集详情页【Overview】中可查找是否有所需变量数据，点击【Download data】进入数据下载页面（如图 2.249）。

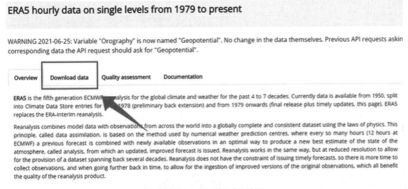

图 2.249 数据集详情页

（6）在下载设置中勾选所需数据的详细信息，包括变量名称（地表上方 2 米处的温度、平均海平面压力、海面温度、总降水量等）（如图 2.250）、数据日期（年、月、日、时）、空间范围（经纬度），以及输出格式（GRIB、NetCDF）等信息（如图 2.251）。

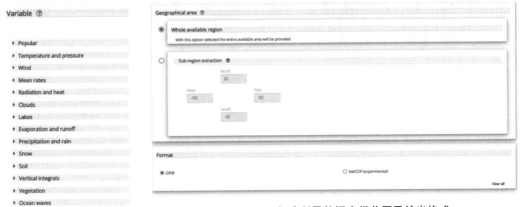

图 2.251 勾选所需数据空间范围及输出格式

图 2.250 勾选所需数据变量名称

（7）设置完数据信息后，点击【Submit Form】提交申请表，审核通过后点击【Download】即可下载数据（如图 2.252）。

图 2.252 数据下载窗口

（8）也可利用网站提供的 Web API 进行数据批量下载，数据详细信息设置完毕后，点击【Show API request】，复制弹出窗口中的 Python 代码至编译器（如图 2.253）。

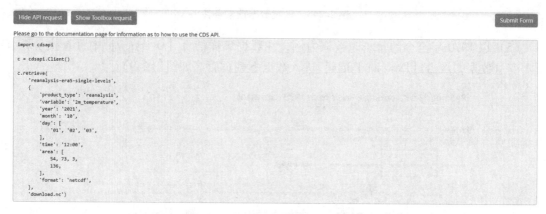

图 2.253 所需数据的 Web API 展示

（9）确认账号已登录，在 https://cds.climate.copernicus.eu/api-how-to 中查看个人 URL 和 API 密钥，对于 Windows 系统，将 URL 和 API 秘钥内容复制到新建文本文件，文本文件重命名为".cdsapirc"，保存类型为"所有文件"，将其存放在"C:\Users\当前管理员名称"文件夹中（如图 2.254）。

图 2.254 获取个人 URL 和 API 秘钥并保存

（10）使用命令行"pip install cdsapi"在当前环境中安装"CDSAPI"客户端，即可运行程序。若需要其他日期或类型的数据，直接在 Python 代码中修改后运行即可。具体代码如下：

```
import cdsapi
c = cdsapi. Client( )
c. retrieve(
    'reanalysis − era5 − single − levels',
    {
        'product_type': 'reanalysis',
        'variable': '2m_temperature',
        'year': '2021',
        'month': '10',
        'day': [
            '01', '02', '03',
        ],
        'time': '12: 00',
        'area': [
            54, 73, 3, 136,
        ],
        'format': 'netcdf',
    },
    'download. nc')
```

第 3 章　空间格局分析与模式识别

3.1　点格局分析方法

空间点格局由一系列位于研究区内部的空间点位组成。空间点格局分析旨在探究这些空间点集在区域内的分布是完全空间随机（complete spatial randomness，CSR）的、聚集（clustering）的还是分散（dispersion）的；可研究的对象包括居民点的位置分布、犯罪行为的发生点分布，以及森林中树木的分布情况等。

点格局分析方法主要包括样方分析法、最邻近分析法和 Ripley's K 函数。本书使用开源 Python 库 pointpats 来实现上述分析方法。pointpats 是 Python 空间分析库（Python Spatial Analysis Library，PySAL）的一个子包，用于平面点格局的统计分析。关于其详细介绍可查询 pointpats 最新的官方文档（https://pointpats.readthedocs.io/en/latest/）。

本书使用 2.1.0 版本的 pointpats 库，仅支持 3.6 和 3.7 版本的 Python 安装。若要完整地实现本节介绍的 pointpats 库的功能，还需要同时安装 libpysal 和 geopandas 两个 Python 库。可在安装了 Anaconda3 的前提下通过 conda 的方式安装：

```
conda install libpysal
conda install pointpats
conda install geopandas
```

本节中使用的空间点数据为本书 2.3 节从高德开放平台获取的广州市番禺区快餐店 POI 数据，分析前将数据的地理坐标系转换为投影坐标系。使用以下代码能够获取空间点数量、空间范围、点密度和部分点坐标等点格局的描述信息，并输出。输出的点格局描述信息如图 3.1，点分布如图 3.2。

```
# - * - coding: utf - 8 - * -

import numpy as np
import libpysal as ps
from pointpats import PointPattern
import matplotlib.pyplot as plt

#打开数据点文件
f = 'POIs_050300_440113_Project.shp'
fo = ps.io.open(f)
#生成 PointPattern 类的对象 pp,需要输入包含点 x,y 坐标的 array
#例:
# arr = np.array([[x1, y1], [x2, y2]])
```

```
# pp  = PointPattern( arr)
pp  = PointPattern( np. asarray( [ pnt for pnt in fo] ) )
fo. close( )
#输出点格局的描述信息
pp. summary( )
#显示空间点的分布图
pp. plot( )
```

```
Point Pattern
878 points
Bounding rectangle [(731600.0017188916,2533173.7266299445), (758218.4131340372,2552560.946031375)]
Area of window: 516056982.22296715
Intensity estimate for window: 1.7013625050046354e-06
           x              y
0   742226.994238   2.548489e+06
1   746586.452477   2.539356e+06
2   739176.532506   2.538532e+06
3   748360.168549   2.550037e+06
4   739887.855046   2.547143e+06
```

图 3.1　pp. summary( )　输出的点格局描述

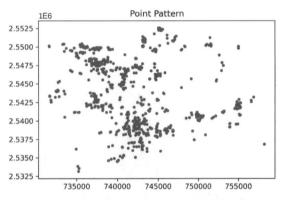

图 3.2　pp. plot( )　输出的空间点分布图

3.1.1　样方分析法

样方分析（quadrant analysis，QA）将研究区域划分成多个单元格（样方），通过计算各单元格内空间点的统计量，来判断点集的空间格局是否为随机分布。假设点格局是完全空间随机的，即事件点的出现服从泊松点过程（Poisson point process），则在区域 A 中，事件点出现 i 次的概率为：

$$P[N(A) = i] = \frac{(\rho |A|)^i}{i!} e^{-\rho |A|} \tag{3.1}$$

该概率分布的数学期望为 $\rho |A|$。ρ 为事件点在区域内出现的平均强度或密度。因此，在完全空间随机的点格局的情况下，面积为 $|A|$ 的样方中事件点的期望数量应为 $\rho |A|$。将研究区分为 $m \times k$ 的样方网格，通过比较观察得到各个样方中的实际点数量与期望点数量，计算卡方检验值（chi-squared test statistic）即可判断点格局是否是完全空间随机的（Pearson，1900）。卡方检验值的计算公式为：

$$\chi^2(m \times k - 1) = \sum_{i=1}^{m} \sum_{j=1}^{k} \frac{(x_{i,j} - \rho |A_{i,j}|)^2}{\rho |A_{i,j}|} \tag{3.2}$$

117

其中：$m \times k - 1$ 是卡方分布的自由度；$x_{i,j}$ 和 $\rho|A_{i,j}|$ 分别为第 i 行、第 j 列样方内点的观测值和期望值。当样方面积相同时，$\rho|A_{i,j}|$ 等价于 $\dfrac{n}{m \times k}$，其中 n 为事件点的总数。χ^2 值越小表示观测值分布和期望值分布具有越高的相关性，即点格局更接近随机分布；χ^2 值为 0 时观测值分布完全符合期望值分布，点格局符合完全空间随机；反过来讲，χ^2 值越大，则点格局符合随机分布的概率越低。

然而，由于 χ^2 值不存在上界，难以通过一个临界值来判断观测分布和期望分布是否存在确定性的差异，因此我们更常用卡方检验的 p 值来确定二者的差异是否显著。对于自由度为 $m \times k - 1$ 的卡方分布，依照卡方分布上分位点表查找 χ^2 值对应的 p 值。若 p 值小于 0.05，我们可在 95% 的置信水平上认为点格局不为完全空间随机分布。

在 pointpats 中，样方分析法可由 QStatistic 类来实现，具体代码如下：

```
#样方分析法
import pointpats. quadrat_statistics as qs


#确定样方网格的长度和宽度
m = 3
k = 3
#建立 QStatistic 类计算样方统计量
#样方网格大小为 m × k
q_r = qs. QStatistic( pp,                   # 输入 PointPattern 类对象
                shape = "rectangle",  # 选择样方形状, "rectangle"或"hexagon"
                nx = m,               # 矩形样方网格在水平方向上长度
                ny = k)               # 矩形样方网格在垂直方向上长度
                                      # 仅在 shape 为"rectangle"时可输入 nx 和 ny
#显示绘制了样方网格的空间点的分布图
q_r. plot( )


#输出卡方检验值
print( "\nchi-squared test statistic: ", q_r. chi2)
#输出卡方检验的自由度
print( "degree of freedom: ", q_r. df)
#输出 p 值
print( "analytical p value: ", q_r. chi2_pvalue)
```

本案例采用 3 × 3 的样方网格，绘制的样方网格以及各样方内点数的统计值如图 3.3 所示，卡方检验值、自由度和 p 值如图 3.4 所示。根据计算结果，p 值远小于 0.01，因此在远超过 99% 的置信水平上，我们可认为广州市番禺区的快餐店分布不符合完全随机分布。需要注意的是，样方分析法的计算结果受样方大小和数量的影响较大，在实际应用中，读者可尝试使用不同的样方划分策略进行分析。

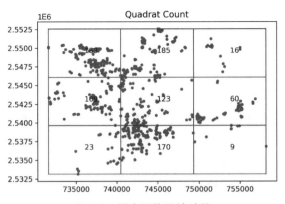

图 3.3 样方网格及统计值

```
chi-squared test statistic:  434.99544419134395
degree of freedom:  8
analytical p value:  6.055588156235528e-89
```

图 3.4 点格局卡方检验值、自由度及 p 值

3.1.2 最邻近分析法

最邻近分析法通过计算点对的平均最邻近距离来判别点格局的分布模式。与样方分析法的思路相似，通过计算实际观测值和 CSR 分布下的期望值，比较二者的结果来计算实际观测的点格局与 CSR 的差异（Clark & Evans，1954）。

记最邻近距离为 r，实际观测的最邻近点对平均距离为 $E(r_0)$，CSR 分布模式的最邻近点对距离为 $E(r_E)$，事件点的总数为 n，研究区面积为 $|S|$。则

$$E(r_0) = \frac{1}{n} \sum r \tag{3.3}$$

将式（3.1）中的 A 替换为半径为 r 的圆形区域，则有：

$$P(N = i) = \frac{(\rho|A|)^i e^{-\rho|A|}}{i!} = \frac{(\rho\pi r^2)^i e^{-\rho\pi r^2}}{i!} \tag{3.4}$$

以某一事件点为中心，半径为 r 的圆内至少有 1 个其他事件点的概率为：

$$1 - P(N = 0) = 1 - e^{-\rho\pi r^2} \tag{3.5}$$

即该中心点与其他点的最邻近距离 $\leqslant r$ 的概率。概率密度为：

$$f(r) = \frac{d(1 - e^{-\rho\pi r^2})}{dr} = 2\rho\pi r e^{-\rho\pi r^2} \tag{3.6}$$

则

$$E(r_E) = \int_0^\infty rf(r)\,dr = \frac{1}{2\sqrt{\rho}} \tag{3.7}$$

积分计算过程在此略过。由于 ρ 是事件点在区域中出现的平均强度，因此：

$$E(r_E) = \frac{1}{2\sqrt{\rho}} = \frac{\sqrt{|S|}}{2\sqrt{n}} \tag{3.8}$$

定义实际观测值 $E(r_0)$ 和随机分布期望值 $E(r_E)$ 的比值为最邻近指数（nearest neighbor indicator，NNI），其计算公式为：

$$NNI = \frac{E(r_\mathrm{O})}{E(r_\mathrm{E})} \tag{3.9}$$

$NNI = 1$ 时，即空间点集的实际观测值与 CSR 的期望值相等，说明点格局为 CSR；$NNI < 1$ 时，实际观测的最邻近点对的平均距离小于 CSR 模式下的平均距离，点格局较 CSR 更为聚集；$NNI > 1$ 时，点格局较 CSR 更为分散。

除了直接计算平均最邻近距离的比值外，还可以通过比较最邻近距离的概率分布来分析点格局。我们定义 G 函数 $G(r)$ 为空间点集中最邻近距离小于 r 的点出现的概率，可以用最邻近距离小于 r 的点的个数与空间点总数的比值来计算，即

$$r_i = \min_j \{d_{ij}, \forall j \neq i\}, \quad i = 1, 2, \cdots, n \tag{3.10}$$

$$G(r) = \frac{\{\#\, r_i : r_i \leqslant r, \forall i\}}{n} \tag{3.11}$$

其中：d_{ij} 为空间点 i 与空间点 j 之间的距离，r_i 为空间点 i 的最邻近距离，# 为计数符号。对于 CSR，我们可根据式（3.11）得出其 G 函数为：

$$G_{\mathrm{CSR}}(r) = 1 - \mathrm{e}^{-\rho \pi r^2} \tag{3.12}$$

由此我们可以绘制出实际观测得的实际空间点集 G 函数曲线和 CSR 的 G 函数曲线。若 $G(r) > G_{\mathrm{CSR}}(r)$，说明在距离 r 的范围内，出现最邻近点对的实际概率大于 CSR 的期望概率，点格局较 CSR 更为聚集；反之，则说明点格局较 CSR 更为发散。

当事件点的数量很小时，G 函数曲线会显得崎岖不平。可以使用 F 函数解决这一问题。在空间中随机生成一定数量的参考点，计算所有参考点到事件点的最邻近距离，这些最邻近距离的累计概率分布即为 F 函数。$F(r)$ 的计算方式与 $G(r)$ 相似。由于生成参考点的方式与 CSR 一样符合泊松点过程，因此 $F_{\mathrm{CSR}}(r) = G_{\mathrm{CSR}}(r)$。

由于计算的是参考点的最邻近距离，F 函数的理解方式与 G 函数相反。当 $F(r) < F_{\mathrm{CSR}}(r)$，说明在距离 r 的范围内，相较 CSR，事件点在更少的随机参考点周围出现，因此点格局较 CSR 更为聚集；反之，则说明点格局较 CSR 更为发散。

通过多次模拟泊松点过程，计算并统计每一模拟结果的 G 函数或 F 函数，再计算其置信区间，即可获得表示 CSR 的 G 函数或 F 函数曲线置信区间范围的包络线（envelope）。若函数曲线在包络线范围外，则点格局不是 CSR 分布而是聚集分布或发散分布的假设具有较高的置信度。

我们同样使用广州市番禺区的快餐店 POI 点数据为例。在 pointpats 库中使用 PointPattern 类即可实现最邻近距离的计算，G 函数、F 函数及其包络线可通过 pointpats. distance_statistics 中的 G、F、Genv、Fenv 函数实现，泊松点过程则通过 PoissonPointProcess 实现。承接本节前面的代码，具体实现如下：

```
#最邻近分析法
from pointpats. distance_statistics import G, F, Genv, Fenv
from pointpats import PoissonPointProcess

#实际观测的最邻近点对平均距离
#该数值在 PointPattern 类创建时即已完成计算
r_O = pp. mean_nnd
#事件点总数
```

```
n = pp. n
#研究区域面积,在此例中为矩形窗口的面积
s = pp. window. area
#计算随机分布模式下最邻近点对的平均距离
r_E = 0.5 * np. sqrt( s / n)
#计算最邻近指数
nni = r_O / r_E
print( "\n nearest neighbor indicator: ", nni)


# G 函数
gp1 = G( pp,                    #输入 PointPattern 类对象
        intervals = 80)         #计算函数值的间隔,默认为 10
                                #若最大最邻近距为 100, intervals = 4
                                #将在距离为[ 0, 25, 50, 75, 100]处计算函数值
gp1. plot( )
plt. show( )
# F 函数
fp1 = F( pp,
        n = 200,               #随机生成的点的个数
        intervals = 80)
fp1. plot( )
plt. show( )
#模拟泊松点过程生成 CSR 点格局
csrs = PoissonPointProcess( pp. window, # 生成点格局的范围,与 PointPattern 对象 pp 的窗口大小相同
                        pp. n,         # 生成的点格局中点的数量
                        100,           # 点过程模拟次数,即生成 CSR 点格局的个数
                        asPP = True)   # 是否输出为 PointPattern 类


#绘制 CSR 的 G 函数包络线
genv = Genv( pp,
            intervals = 80,
            realizations = csrs,    # 输入模拟的 CSR 点格局
            pct = 0.05)             # 即 p 值,输出的包络线范围代表 95% 的置信水平
genv. plot( )
plt. show( )


#绘制 CSR 的 F 函数包络线
fenv = Fenv( pp, n = 200, intervals = 80, realizations = csrs, pct = 0.05)
fenv. plot( )
plt. show( )
```

如图 3.5 所示,计算得到最邻近指数 $NNI = 0.37 < 1$,在该指标下广州市番禺区的快餐店在研究区域内呈聚集分布。

nearest neighbor indicator: 0.3733565216408348

图 3.5　最邻近指数计算结果

图 3.6 和图 3.7 显示了用 G 函数和 Genv 函数生成的输入数据点的 G 函数曲线，CSR 的 G 函数曲线以及包络线。可以看出，观测数据的曲线基本在 CSR 曲线的上方，且几乎不在模拟包络线之内，说明快餐店在研究区域内总体上呈聚集分布，该结论具有超过 95% 的置信度。值得注意的是，$d > 1000$ 时，观测 G 函数值略小于 CSR 的 G 函数值，偏向分散分布，说明点格局会随着观察尺度的变化而变化。

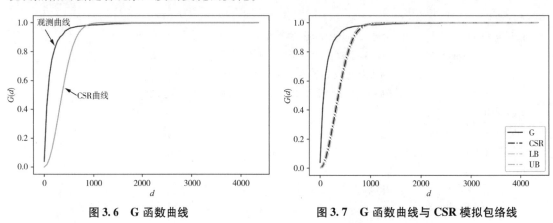

图 3.6　G 函数曲线　　　　　　　　　　图 3.7　G 函数曲线与 CSR 模拟包络线

F 函数的结果如图 3.8 和图 3.9 所示。观测曲线绝大部分在 CSR 曲线下方，且在模拟包络线之外，因此从 F 函数上看，有超过 95% 的把握认为番禺区的快餐店在区域内呈聚集分布。

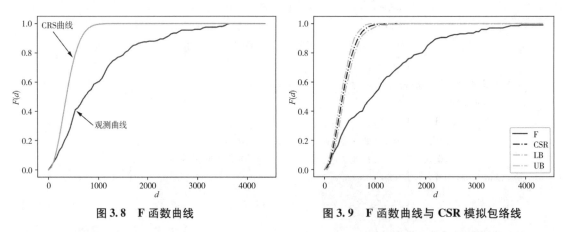

图 3.8　F 函数曲线　　　　　　　　　　图 3.9　F 函数曲线与 CSR 模拟包络线

3.1.3　Ripley's K 函数

G 函数和 F 函数在计算时仅考虑了一点与其最邻近点的距离，而没有考虑该点与其他所有点的距离，因此容易受到距离尺度变化的影响。Ripley's K 函数考虑了空间点的二阶效应（Ripley，1977），通过计算距离 r 内的事件点平均数和区域内事件点密度的比值，来判断点格局与 CSR 的差异：

$$K(r) = \frac{\sum_{i=1}^{n} N(i,r)}{n\rho} = \frac{|S|\sum_{i=1}^{n} N(i,r)}{n^2} \tag{3.13}$$

其中，$N(i,r)$ 表示事件点 i 在距离 r 范围内的事件点个数。若点格局为 CSR，那么在区域内事件点密度为 ρ 的情况下，距离 r 内的事件点平均数应为 $\rho\pi r^2$，那么：

$$K_{CSR}(r) = \frac{\rho\pi r^2}{\rho} = \pi r^2 \tag{3.14}$$

当 $K(r) > K_{CSR}(r)$ 时，说明点格局较 CSR 更为聚集。当 $K(r) < K_{CSR}(r)$ 时，说明点格局较 CSR 更为发散。由于 $K(r)$ 的数值会偏大，可以使用改进后的 L 函数：

$$L(r) = \sqrt{\frac{K(r)}{\pi}} - r \tag{3.15}$$

判断空间格局的方式与 K 函数相同。

在 pointpats 库中，K 函数、L 函数及其包络线可通过 pointpats. distance_statistics 中的 K、L、Kenv、Lenv 函数实现。我们用同样的实验数据为例，承接本章前面的代码，具体实现如下：

```
# Ripley's K 函数
from pointpats. distance_statistics import K, L, Kenv, Lenv

# K 函数
kp1 = K( pp)
kp1. plot( )
plt. show( )

#绘制 CSR 的 K 函数包络线
kenv = Kenv( pp, realizations = csrs)
kenv. plot( )
plt. show( )

# L 函数
lp1 = L( pp)
lp1. plot( )
plt. show( )

#绘制 CSR 的 L 函数包络线
lenv = Lenv( pp, realizations = csrs)
lenv. plot( )
plt. show( )
```

K 函数曲线及 CSR 包络线如图 3.10 和图 3.11 所示。由图可知，观测曲线在 CSR 曲线上方，且在包络线外，说明从 K 函数来看，点格局较 CSR 为聚集分布，结论的置信度超过了 95%。

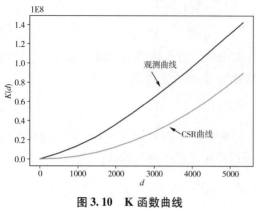

图 3.10　K 函数曲线

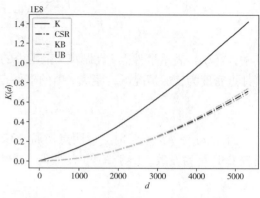

图 3.11　K 函数曲线与 CSR 模拟包络线

　　L 函数的结果如图 3.12 和图 3.13 所示。由图可知，观测数据的 L 函数都大于 0，且曲线在 CSR 包络线之外，因此有超过 95% 的置信度可认为数据点在区域内呈聚集分布。

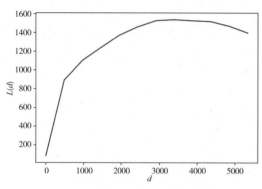

图 3.12　观测数据的 L 函数曲线

（CSR 的 L 函数曲线即为横轴）

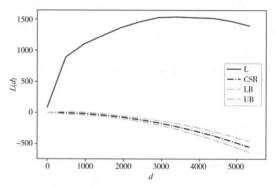

图 3.13　L 函数曲线与 CSR 模拟包络线

3.2　空间聚类算法

3.2.1　K 均值聚类算法（K-means/K-medoids）

　　K-means 算法通过把样本分离成 n 个具有相同方差的类的方式来聚集数据（MacQueen，1966），要最小化惯量或簇内平方和（within-cluster sum-of-squares），该算法需要指定簇的数量。它可以很好地扩展到大量样本（large number of samples），并已经被广泛地用于许多不同的应用领域。K-means 算法原理如下。

　　已知观测集合 $(\boldsymbol{x}_1, \boldsymbol{x}_2, \cdots, \boldsymbol{x}_n)$，其中每个观测都是一个 d 维实向量，K-means 要把这 n 个观测划分到 k 个集合中（$k \leqslant n$），使得组内平方和最小。换句话说，它的目标是找到使得式（3.16）满足的聚类 $\boldsymbol{S}_i$：

$$\arg\min_s \sum_{i=1}^{k} \sum_{\boldsymbol{x} \in \boldsymbol{S}_i} \|\boldsymbol{x} - \boldsymbol{\mu}_i\|^2 \tag{3.16}$$

其中，$\boldsymbol{\mu}_i$ 是 $\boldsymbol{S}_i$ 中所有点的均值。

　　K-means 算法的过程为：①选择 k 个被称为聚类中心的随机点；②计算数据集中每个数据点和 k 个聚类中心的距离，将其与最近的聚类中心聚成一类；③计算每个聚类组的平均值，并将计算结果更新为该组新的聚类中心；④计算旧的聚类中心和新的聚类中心之间的差异；⑤重复上述步骤，直到聚类中心不再显著变化（小于阈值）。

　　K-medoids 算法与 K-means 算法类似，区别在于中心点的选取。K-means 选取的中心点为当前类中所有点的重心；而 K-medoids 法选取的中心点为当前类中存在的一点，准则函数是当前类中所有其他点到该中心点的距离之和最小（Kaufman & Rousseeuw, 2009），这就在一定程度上削弱了异常值的影响，但缺点是计算较为复杂，耗费的计算时间比 K-means 多。

　　K-medoids 算法的过程为：①随机选取 k 个质心的值（质心必须是某些样本点的值，而不是任意值）；②计算各个点到质心的距离；③将点的类划分到距离最近的质心，形成 k 个类；④根据分好的类，在每个类内重新计算质心，计算类内所有样本点到其中一个样本点的曼哈顿距离和的绝对误差，选出使类绝对误差最小的样本点作为质心；⑤重复迭代②~④步骤，直到满足迭代次数或误差小于指定的值。

　　K-medoids 的运行速度较慢，计算质心的步骤时间复杂度是 $O(n^2)$，因为其必须计算任意两点之间的距离，而 K-means 只需计算平均距离即可。但 K-medoids 对噪声的鲁棒性比较好。

　　下面将用两个案例分别介绍 K-means 和 K-medoids 算法的具体操作。

　　此示例旨在说明 K-means 可能生成不直观或不符合预期聚类的情况。表 3.1 介绍了生成聚类数据的函数参数，表 3.2 介绍了 K-means 函数的主要参数。

表 3.1　生成聚类数据的函数参数

make_blobs
sklearn. datasets. make_blobs（$n\_samples = 100$，$n\_features = 2$，$*$，$centers =$ None，$cluster\_std = 1.0$，$center\_box =$（-10.0，10.0），$shuffle =$ True，$random\_state =$ None，$return\_centers =$ False）

	生成用于聚类的各向同性高斯数据
主要参数	$n\_samples$：int or array-like，$default = 100$ 聚类的样本数 $centers$：int or ndarray of shape（$n\_centers$，$n\_features$），$default =$ None 要生成的聚类中心数，默认为 3 类 $cluster\_std$：float or array-like of float，$default = 1.0$ 聚类的标准差 $random\_state$：int，RandomState instance or None，$default =$ None 用于创建数据集的随机种子

表 3.2　**K-means** 函数的主要参数

K-means
classsklearn. cluster. KMeans（$n\_clusters = 8$，$*$，$init = 'K\text{-}means + + '$，$n\_init = 10$，$max\_iter = 300$，$tol = 0.0001$，$verbose = 0$，$random\_state = \text{None}$，$copy\_x = \text{True}$，$algorithm = 'auto'$）

	K-means 聚类函数
主要参数	$n\_clusters$：int，$default = 8$ 聚类的样本数 $centers$：int or ndarray of shape（$n\_centers$，$n\_features$），$default = \text{None}$ 设置要形成的聚类数（质心数，k 值） $random\_state$：int，RandomState instance or None，$default = \text{None}$ 确定质心初始化的随机数生成 $random\_state$：int，RandomState instance or None，$default = \text{None}$ 用于创建数据集的随机种子

实现 K-means 算法的相关代码如下：

```python
# 导入所需要的模块
import numpy as np
import matplotlib. pyplot as plt
from sklearn. cluster import KMeans
from sklearn. datasets import make_blobs

cmap = plt. cm. get_cmap('jet')
marker_size = 45
markers = {0: 'o', 1: '*', 2: '>', 3: 'd'}

# 设置图幅
plt. figure( figsize = (12, 12))
# 用来正常显示中文标签
plt. rcParams[ 'font. sans-serif']  = [ 'SimHei']
# 用来正常显示负号
plt. rcParams[ 'axes. unicode_minus']  = False

# 1. 生成聚类样本

# 设置样本数为1500
n_samples = 1500
random_state = 170

# 生成聚类样本
X, y = make_blobs( n_samples = n_samples,  random_state = random_state)
```

```
# 2. 案例 - 不正确的聚类数(实际聚类数为 3, 在预测中设置聚类数为 2)
y_pred = KMeans(n_clusters = 2, random_state = random_state).fit_predict(X)
plt.subplot(221)
class_num = len(np.unique(y_pred))
colors = [cmap(each) for each in np.linspace(0, 1, class_num)]
for k in range(class_num):
    class_index = np.where(y_pred == k)
    plt.scatter(X[class_index, 0], X[class_index, 1], color = colors[k],
                marker = markers[k], s = marker_size)
plt.title("不正确的聚类数")


# 3. 案例 - 各向异性分布的聚类
transformation = [[0.60834549, -0.63667341], [-0.40887718, 0.85253229]]


# 矩阵乘法, 得到各向异性的数据
X_aniso = np.dot(X, transformation)
y_pred = KMeans(n_clusters = 3, random_state = random_state).fit_predict(X_aniso)


plt.subplot(222)
class_num = len(np.unique(y_pred))
colors = [cmap(each) for each in np.linspace(0, 1, class_num)]
for k in range(class_num):
    class_index = np.where(y_pred == k)
    plt.scatter(X_aniso[class_index, 0], X_aniso[class_index, 1], color = colors[k],
                marker = markers[k], s = marker_size)
plt.title("各向异性分布的聚类")


# 4. 案例 - 不同方差的聚类(设置每一类的方差不同)


# 设置 3 个聚类的方差分别为 1.0, 2.5, 0.5
X_varied, y_varied = make_blobs(
    n_samples = n_samples,
    cluster_std = [1.0, 2.5, 0.5],
    random_state = random_state
    )
y_pred = KMeans(n_clusters = 3, random_state = random_state).fit_predict(X_varied)


plt.subplot(223)
class_num = len(np.unique(y_pred))
colors = [cmap(each) for each in np.linspace(0, 1, class_num)]
for k in range(class_num):
    class_index = np.where(y_pred == k)
    plt.scatter(X_varied[class_index, 0], X_varied[class_index, 1], color = colors[k],
                marker = markers[k], s = marker_size)
```

plt. title("不同方差的聚类")

```
# 5. 案例 – 不同样本数量的聚类
X_filtered = np. vstack( X[ y == 0][ :500], X[ y == 1][ :100], X[ y == 2][ :10])
# X[ y == 0][ :500] 即取出 500 个 y 为 0 的 X 样本
# X[ y == 1][ :100] 即取出 100 个 y 为 1 的 X 样本
# X[ y == 2][ :10] 即取出 10 个 y 为 2 的 X 样本
# np. vstack 按垂直方向堆叠数组构成一个新的数组, 堆叠的数组需要具有相同的维度( 均为 2 列)
y_pred = KMeans( n_clusters = 3, random_state = random_state) . fit_predict( X_filtered)

plt. subplot( 224)
class_num = len( np. unique( y_pred))
colors = [ cmap( each) for each in np. linspace( 0, 1, class_num)]
for k in range( class_num) :
    class_index = np. where( y_pred == k)
    plt. scatter( X_filtered[ class_index, 0], X_filtered[ class_index, 1], color = colors[ k],
                marker = markers[ k], s = marker_size)
plt. title( "不同样本数量的聚类")

plt. show( )
```

　　如图 3.14 所示，在前 3 个子图中，输入数据不符合某些隐含的假设；在第 4 个子图中，尽管数据样本大小不均匀，但 K-means 仍返回预期的聚类。

　　如图 3.14 所示，子图（a）展示的是 k 值设置与实际不符的情况，可见明显有两类被归为一类。子图（b）展示的不是数据各项同性（圆形）的分布，而是各向异性的分布，聚类结果将本归属同类的数据分成了不同类。子图（c）和子图（d）分别展示的是不同方差和不同样本数量的聚类，聚类结果较前两种情况更好。

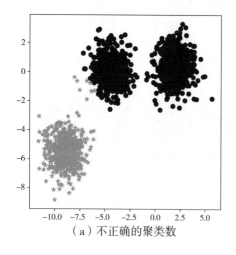

（a）不正确的聚类数

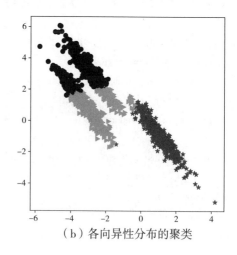

（b）各向异性分布的聚类

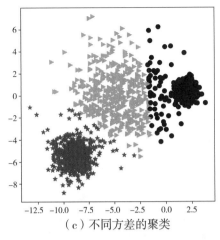
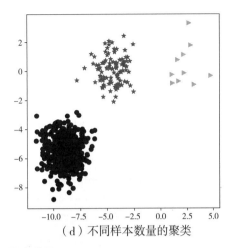

（c）不同方差的聚类　　　　　　　　（d）不同样本数量的聚类

图 3.14　K-means 聚类结果

实现 K-medoids 算法的相关代码如下：

```
from pyclust import KMedoids
import numpy as np
from sklearn. manifold import TSNE
import matplotlib. pyplot as plt

cmap = plt. cm. get_cmap('jet')
marker_size = 10
markers = {0: '.', 1: '1', 2: 'x', 3: '+', 4: 'd'}

plt. rcParams['font. sans-serif'] = ['SimHei']
plt. rcParams['axes. unicode_minus'] = False

# 构造示例数据集(加入少量脏数据)
data1 = np. random. normal(0, 0.9, (1000, 10))
data2 = np. random. normal(1, 0.9, (1000, 10))
data3 = np. random. normal(2, 0.9, (1000, 10))
data4 = np. random. normal(3, 0.9, (1000, 10))
data5 = np. random. normal(50, 0.9, (50, 10))

# 将数据合并
data = np. concatenate(data1, data2, data3, data4, data5)

# 准备可视化需要的降维数据,t-SNE 是一种非线性降维算法,
# 非常适用于高维数据降维到 2 维或者 3 维,进行可视化
data_TSNE = TSNE(learning_rate = 100). fit_transform(data)

# 对不同的 k 进行试探性 K-medoids 聚类并可视化
```

```
plt. figure( figsize = ( 12,  8 ) )
for i in range( 2,  6 ) :
    y_pred  =  KMedoids( n_clusters = i,  distance = 'euclidean',
            max_iter = 1000,  random_state = 301 ) . fit_predict( data)
    plt. subplot( 219  +  i)
    class_num  =  len( np. unique( y_pred ) )
    colors  = [ cmap( each)  for each in np. linspace( 0,  1,  class_num ) ]
    for k in range( class_num ) :
        class_index  =  np. where( y_pred == k)
        plt. scatter( data_TSNE[ class_index,  0] ,  data_TSNE[ class_index,  1] ,  color = colors[ k] ,
                marker = markers[ k] ,  s = marker_size)
    plt. title( '聚类数: { }'. format( str( i) ) )

plt. show( )
```

　　图 3. 15 展示的是 K-medoids 聚类数分别为 2、3、4、5 类的结果。当聚类数增多时，类别之间出现了明显的重叠。

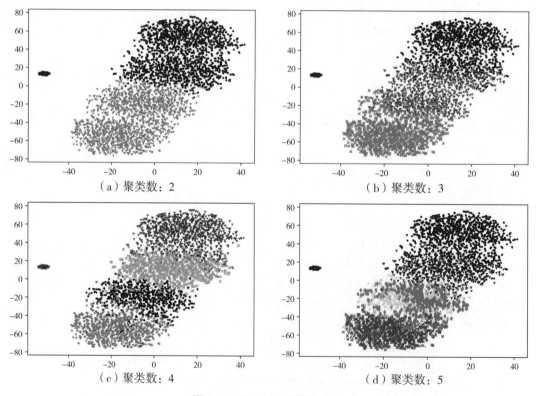

（a）聚类数：2　　　　　　　　　　（b）聚类数：3

（c）聚类数：4　　　　　　　　　　（d）聚类数：5

图 3. 15　K-medoids 聚类结果

3. 2. 2　层次聚类

　　层次聚类（Hierarchical Clustering）代表着一类聚类算法，这种类别的算法通过不断地合并或者分割内置聚类来构建最终聚类（周志华，2016）。聚类的层次可以被表示成树或者树形图（dendrogram）。树根是拥有所有样本的唯一聚类，叶子是仅有一个样本的聚类。

层次聚类较大的优点，就是它一次性地得到了整个聚类的过程，只要得到了聚类树，想要分多少个类都可以直接根据树结构来得到结果，改变类数目不需要再次计算数据点的归属。层次聚类的缺点是计算量比较大，因为每次都要计算多个类内所有数据点的两两距离。另外，由于层次聚类使用的是贪心算法，得到的显然只是局域最优，不一定就是全局最优。

基于层次的聚类算法（Hierarchical Clustering）可以是凝聚的（agglomerative）或者是分裂的（divisive），取决于层次的划分是"自底向上"还是"自顶向下"。

本示例使用聚集聚类和 scipy 中可用的树状图方法绘制分层聚类的相应树状图。层次聚类函数和树状图绘制函数的介绍分别见表 3.3 和表 3.4。

表 3.3 层次聚类函数介绍

AgglomerativeClustering
Class sklearn. cluster. AgglomerativeClustering（$n\_clusters = 2$，$*$，*affinity* = 'euclidean'，*memory* = None，*connectivity* = None，*compute_full_tree* = 'auto'，*linkage* = 'ward'，*distance_threshold* = None，*compute_distance* = False）
层次聚类，递归合并一对样本数据簇；使用连接距离（linkage distance）

主要参数	*distance_threshold*：float，*default* = None 连接距离阈值超过该阈值的集群将不会合并。如果不是"None"，"*n_clusters*"必须是"None"，"*compute_full_tree*"必须是"True" *n_clusters*：int，*default* = 2 要查找的聚类数。如果"*distance_threshold*"不是"None"，则必须为"None"
属性	*children_*：array – like of shape（$n\_samples - 1$，2） 每个非叶节点的子节点。小于"$n\_samples$"的值对应于树叶，即原始样本。大于或等于"$n\_samples$"的节点"i"是非叶节点，其子节点为"*children_* [$i - n\_samples$]"，或者在第 i 次迭代中，子节点 [i] [0] 和子节点 [i] [1] 合并为节点"$n\_samples$" *labels_*：ndarray of shape（$n\_samples$） 每个点的集群标签

表 3.4 树状图绘制函数介绍

dendrogram
将分层聚类绘制为树状图

主要参数	Z：ndarray 连接矩阵对分层聚类进行编码以呈现为树状图 *truncate_mode*：str，optional 当原始观测矩阵很大时，树状图可能难以读取。截断用于压缩树状图。有几种模式： "None"：不执行截断（默认） "level"：显示的树状图的级别不超过"p"。 p：int，optional "*truncate_mode*"的"p"参数

实现层次聚类算法的相关代码如下：

```
#导入所需要的模块
import numpy as np
from matplotlib import pyplot as plt
from scipy. cluster. hierarchy import dendrogram
from sklearn. datasets import load_iris
from sklearn. cluster import AgglomerativeClustering

#自定义绘制树状图的函数
def plot_dendrogram( model, ∗∗ kwargs) :

    #创建每个节点下的样本计数 counts
    counts = np. zeros( model. children_. shape[0])

    n_samples = len( model. labels_)
    for i, merge in enumerate( model. children_) :
        current_count = 0
        for child_idx in merge:
            if child_idx < n_samples:
                current_count + = 1    #叶节点
            else:
                current_count + = counts[ child_idx − n_samples]
        counts[ i] = current_count

    #创建链接矩阵
    linkage_matrix = np. column_stack(
        [ model. children_, model. distances_, counts]
                                    ). astype( float)

    #绘制树状图
    dendrogram( linkage_matrix, ∗∗ kwargs)

#导入莺尾花数据集
iris = load_iris( )
X = iris. data

#设置 distance_threshold =0,确保计算出完整的树
model = AgglomerativeClustering( distance_threshold =0, n_clusters = None)

#拟合要素或距离矩阵的分层聚类
model = model. fit( X)
```

```
#设置绘图的字体
plt. rcParams[ 'font. sans-serif']  = [ 'SimHei']
plt. rcParams[ 'axes. unicode_minus']  = False

#设置图片标题
plt. title( "分层聚类树状图")

#调用自定义函数,绘制树状图的前 3 个级别
plot_dendrogram( model, truncate_mode = "level", p = 3)

#设置图片 x 标签
plt. xlabel( "节点中的点数(如果没有括号,则为点的索引)")
plt. show( )
```

　　如图 3.16 所示, 得到了层次聚类的树状图结果。通过树状图可以得到当聚类数不同时各样本点的聚类情况。如分为两类, 则以（8）为界、左边的节点归为一类, 以（9）为界、右边的节点归为一类。另外需要注意 41 为单个节点的索引, 只包含 1 个节点。

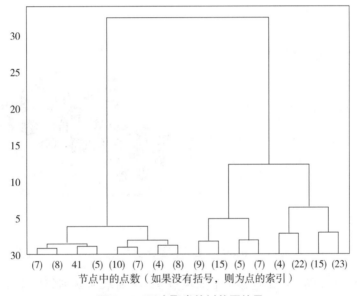

节点中的点数（如果没有括号，则为点的索引）

图 3.16　层次聚类的树状图结果

3.2.3　DBSCAN

　　基于密度、形状和大小等基本标准的聚类非常普遍。以类似的方式, DBSCAN 是基于密度的聚类算法的广泛方法（Ester et al. , 1996）。

1. 1 个核心思想: 基于密度

　　如图 3.17 所示, 直观来看, DBSCAN 算法可以找到样本点的全部密集区域, 并把这些密集区域当作一个个的聚类簇, 如两个矩形区域样本点密集地聚集在一起。

2. 2 个算法参数: 邻域半径和最少点数

　　这两个算法参数实际可以刻画什么叫密集。当邻域半径 R 内的点的个数大于最少点数

目 *MinPoints* 时，就是密集。

3．3 种点：核心点、边界点和噪声点

（1）邻域半径 *R* 内样本点的数量大于等于 *MinPoints* 的点叫作"核心点"。

（2）不属于核心点但在某个核心点的邻域内的点叫作"边界点"。

（3）既不是核心点也不是边界点的，则是"噪声点"。

4．4 种关系：密度直达、密度可达、密度相连、非密度相连

（1）如果 *A* 为核心点，*B* 在 *A* 的 *R* 邻域内，那么称 *A* 到 *B* 密度直达。任何核心点到其自身密度直达。密度直达不具有对称性，如果 *A* 到 *B* 密度直达，那么 *B* 到 *A* 不一定密度直达。

（2）如果存在核心点 *C*、*D*、*E*，且 *A* 到 *C* 密度直达、*C* 到 *D* 密度直达、*D* 到 *E* 密度直达，则 *A* 到 *E* 密度可达。密度可达也不具有对称性。

（3）如果存在核心点 *A*，使得 *A* 到 *E* 和 *F* 都密度可达，则 *E* 和 *F* 密度相连。密度相连具有对称性，如果 *E* 和 *F* 密度相连，那么 *F* 和 *E* 也一定密度相连。密度相连的两个点属于同一个聚类簇。

（4）如果两个点不属于密度相连关系，则两个点非密度相连。非密度相连的两个点属于不同的聚类簇，或者其中存在噪声点。

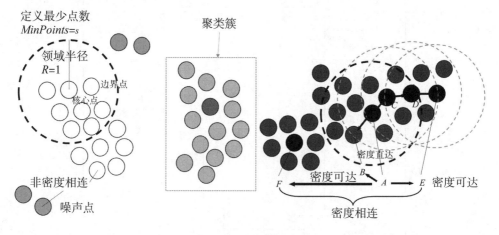

图 3.17　层次聚类概念示意

DBSCAN 算法的步骤为：①选择一个随机点 *p*；②获取从 *p* 到邻域半径 *eps* 和最少点数目 *MinPoints* 的密度可达到的所有点；③如果 *p* 是核心点，则形成聚类；④访问数据集的下一个点，如果 *p* 是边界点，并且所有点都无法从 *p* 获得密度；⑤重复上述过程，直到检查完所有点。

DBSCAN 函数的相关参数见表 3.5。

表 3.5 DBSCAN 函数的相关参数

DBSCAN
classsklearn. cluster. DBSCAN（$eps = 0.5$，$*$，$min\_samples = 5$，$metric = $ 'euclidean'，$metric_ params = $ None，$algorithm = $ 'auto'，$leaf\_size = 30$，$p = $ None，$n_ jobs = $ None）
基于密度空间聚类，查找高密度的核心样本并从中扩展进行聚类，适用于密度相似的数据

主要参数	eps：float, default $= 0.5$
	两个样本之间的最大距离，其中一个样本被视为在另一个样本的邻域中。这是最重要的 DBSCAN 参数
	$min\_samples$：int, $default = 5$
	邻域中要被视为核心点的点的样本数（或总权重），包括该点本身

属性	$labels\_$：ndarray of shape（$n\_samples$）
	数据集中每个点的聚类标签；噪声点的标签为 -1
	$core\_sample\_indices\_$：ndarray of shape（$n\_core\_samples$）
	核心点的索引

实现 DBSCAN 算法的相关代码如下：

```python
import numpy as np
from sklearn. cluster import DBSCAN
from sklearn import metrics
from sklearn. datasets import make_blobs
from sklearn. preprocessing import StandardScaler


# ############################################################################
# 设置数据质心
centers = [[1, 1], [-1, -1], [1, -1]]
# 生产样本数据,labels_true 为生成的样本数据集的实际类别
X, labels_true = make_blobs(
    n_samples = 750, centers = centers, cluster_std = 0.4, random_state = 0
)


# 数据标准化
X = StandardScaler().fit_transform(X)


# ############################################################################
# DBSCAN 聚类
db = DBSCAN(eps = 0.3, min_samples = 10).fit(X)


# 产生一个维度和 db. labels_一样大小的全 False 数组,数组为 bool 型
core_samples_mask = np. zeros_like(db. labels_, dtype = bool)
```

```
# 将核心点的索引改成 True
core_samples_mask[db.core_sample_indices_] = True


# 数据集中每个点的聚类标签
labels = db.labels_


# 标签中的簇数,忽略噪声(如果存在)
n_clusters_ = len(set(labels)) - (1 if -1 in labels else 0)


# 噪声点数
n_noise_ = list(labels).count(-1)


# 聚类评估度量指标
print("Estimated number of clusters: % d" % n_clusters_)
print("Estimated number of noise points: % d" % n_noise_)
print("Homogeneity: %0.3f" % metrics.homogeneity_score(labels_true, labels))
print("Completeness: %0.3f" % metrics.completeness_score(labels_true, labels))
print("V - measure: %0.3f" % metrics.v_measure_score(labels_true, labels))
print("Adjusted Rand Index: %0.3f" % metrics.adjusted_rand_score(labels_true, labels))
print(
    "Adjusted Mutual Information: %0.3f"
    % metrics.adjusted_mutual_info_score(labels_true, labels)
)
print("Silhouette Coefficient: %0.3f" % metrics.silhouette_score(X, labels))


# ###########################################################################
# 对结果进行绘图
import matplotlib.pyplot as plt


# 设置绘图的字体
plt.rcParams['font.sans-serif'] = ['SimHei']
plt.rcParams['axes.unicode_minus'] = False


# Black removed and is used for noise instead.
unique_labels = set(labels)


# 设置四种 RGB 颜色
markers = ['D', 'P', '^', 'H']
markers = [markers[each] for each in range(0, len(unique_labels))]
for k, marker in zip(unique_labels, markers):
    if k == -1:
        # 黑色代表噪声
        col = [0, 0, 0, 1]
        marker = 'o'
```

else：
    col = [1, 1, 1, 1]
class_member_mask = labels = k

xy = X[class_member_mask & core_samples_mask]
plt.plot(
    xy[:, 0],
    xy[:, 1],
    marker,
    markerfacecolor = tuple(col), #tuple(col)
    markeredgecolor = "k",
    markersize = 8,
)

xy = X[class_member_mask & ~ core_samples_mask]
plt.plot(
    xy[:, 0],
    xy[:, 1],
    marker,
    markerfacecolor = tuple(col),
    markeredgecolor = "k",
    markersize = 6,
)

plt.title("估计的聚类数：%d" % n_clusters_)
plt.show()

图 3.18 展示了 DBSCAN 聚类结果。根据 DBSCAN 的参数邻域半径为 0.3，最小样本数为 10，得到的聚类数为 3 类。图中黑色的点为噪声点。

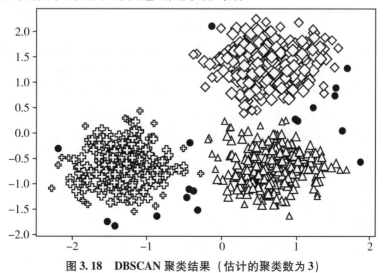

图 3.18　DBSCAN 聚类结果（估计的聚类数为 3）

3.2.4　高斯混合模型

高斯分布（或正态分布）具有钟形曲线，数据点围绕平均值对称分布。而高斯混合模型（GMM）假定存在一定数量的高斯分布，并且每个分布都表示一个聚类（Newcomb，1886），如图 3.19 所示。理论上 GMM 可以拟合出任意类型的分布，通常用于解决同一集合下的数据包含多个不同分布的情况。

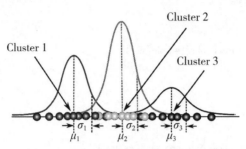

图 3.19　每个高斯分布表示一个聚类

因此，高斯混合模型倾向于将属于单个分布的数据点组合在一起。高斯混合模型是概率模型，能够得到样本点属于不同聚类的概率。

设有随机变量 x ，则高斯混合模型表示为：

$$p(x) = \sum_{k=1}^{K} \pi_k N(x \mid \mu_k, \Sigma_k) \tag{3.17}$$

其中，$N(x \mid \mu_k, \Sigma_k)$ 称为混合模型中的第 k 个分量。如果有两个聚类，可以用二维高斯分布来表示，那么分量数 $K = 2$ ，π_k 是混合系数，且满足：

$$\sum_{k=1}^{K} \pi_k = 1 \quad (0 \leqslant \pi_k \leqslant 1) \tag{3.18}$$

实际上，可以认为 π_k 就是每个分量 $N(x \mid \mu_k, \Sigma_k)$ 的权重。高斯混合模型函数的相关参数见表 3.6。

表 3.6　高斯混合模型函数介绍

GaussianMixture
classsklearn. mixture. GaussianMixture（*n_components* = 1， ∗， *covariance_type* = 'full'，*tol* = 0.001，*reg_covar* = 1E − 06，*max_iter* = 100，*n_init* = 1，*init_ params* = 'kmeans'，*weights_init* = None，*means_init* = None，*precisions_init* = None，*random_state* = None，*warm_start* = False，*verbose* = 0，*verbose_interval* = 10）
找到多维高斯模型概率分布的混合表示，从而拟合出任意形状的数据分布

主要参数	*n_components*：int，*default* = 1
	混合组的数量，即聚类数
方法	fit（*X*，*y* = None）
	使用 EM 算法估计模型参数
	predict（*X*）
	使用训练模型预测 *X* 中数据样本的标签

最大期望算法（expectation-maximization algorithm，EM）是一种迭代算法，用于含有隐变量的概率模型参数的最大似然估计。使用 EM 算法迭代计算高斯混合模型的参数步骤如下。

（1）选择位置和初始形状。定义分量数目 K，对每个分量 k 设置 π_k、μ_k 和 Σ_k 的初始值，然后计算式（3.24）中的对数似然函数。

（2）循环直至收敛。

E 步骤：为每个点分别计算由该混合模型内的每个分量生成的概率。根据当前的 π_k、μ_k 和 Σ_k 计算后验概率 $\gamma(z_{nk})$ 为：

$$\gamma(z_{nk}) = \frac{\pi_k N(x \mid \mu_k, \Sigma_k)}{\sum_{j=1}^{K} \pi_j N(x_n \mid \mu_n, \Sigma_j)} \tag{3.19}$$

M 步骤：调整模型参数以最大化模型生成这些参数的可能性。根据 E 步骤中计算 $\gamma(z_{nk})$，再计算新的 π_k、μ_k 和 Σ_k。

$$\mu_k \text{new} = \frac{1}{N_k} \sum_{n=1}^{N} \gamma(z_{nk}) \, x_n \tag{3.20}$$

$$\Sigma_k \text{new} = \frac{1}{N_k} \sum_{n=1}^{N} \gamma(z_{nk})(x_n - \mu_k \text{new})(x_n - \mu_k \text{new})^{\mathrm{T}} \tag{3.21}$$

$$\pi_k \text{new} = \frac{N}{N_k} \tag{3.22}$$

其中

$$N_k = \sum_{n=1}^{N} \gamma(z_{nk}) \tag{3.23}$$

计算式（3.23）的对数似然函数为：

$$\ln p(x \mid \pi, \mu, \Sigma) = \sum_{n=1}^{N} \ln \left\{ \sum_{k=1}^{K} \pi_k N(x_k \mid \mu_k, \Sigma_k) \right\} \tag{3.24}$$

检查参数是否收敛或对数似然函数是否收敛，若不收敛，则返回上述第（2）步。

该算法保证该过程内的参数总会收敛到一个局部最优解。

实现高斯混合模型的相关代码如下：

```python
# 导入所需要的包
import pandas as pd
from matplotlib import pyplot as plt

# 导入数据
data = pd.read_csv('Clustering_gmm.csv')

# 绘制原始数据散点图
plt.figure(figsize=(7,7))
plt.scatter(data["Weight"],data["Height"])
plt.xlabel('Weight')
plt.ylabel('Height')
plt.title('Data Distribution')
```

```
plt. show( )

# 训练 k-means 模型
from sklearn. cluster import KMeans
kmeans = KMeans( n_clusters = 4)
kmeans. fit( data)

# k-means 聚类
pred = kmeans. predict( data)
frame = pd. DataFrame( data)
frame['cluster'] = pred
frame. columns = ['Weight', 'Height', 'cluster']

# 绘制 k-means 聚类结果
color = ['blue','green','cyan', 'black']
markers = ['o', '*', 'd', 'X']
for k in range( 0 ,4) :
    data = frame[ frame[ "cluster"] == k]
    plt. scatter( data[ "Weight"] ,data[ "Height"] , marker = markers[ k] , color = color[ k] ,
            edgecolor = 'k', linewidths = 0. 3)
plt. savefig( 'KMeans. png', dpi = 300)
plt. show( )



# 训练高斯混合模型
from sklearn. mixture import GaussianMixture
data = pd. read_csv( 'Clustering_gmm. csv')
gmm = GaussianMixture( n_components = 4)
gmm. fit( data)

# 得到各样本的预测标签
labels = gmm. predict( data)
frame = pd. DataFrame( data)
frame['cluster'] = labels
frame. columns = ['Weight', 'Height', 'cluster']

# 绘制高斯混合模型预测结果
color = ['blue','green','cyan', 'black']
markers = ['o', '*', 'd', 'X']
for k in range( 0 ,4) :
    data = frame[ frame[ "cluster"] == k]
    plt. scatter( data[ "Weight"] ,data[ "Height"] , marker = markers[ k] , color = color[ k] ,
            edgecolor = 'k', linewidths = 0. 3)
plt. show( )
```

案例原始数据分布如图 3.20 所示。将 K-means 算法与高斯混合模型的聚类结果进行对比，如图 3.21 所示，K-means 算法无法识别正确的聚类。仔细观察中心的聚类可知，K-means 算法试图构建一个圆形聚类，即使数据分布是椭圆形的。这是因为 K-means 算法聚类的质心是使用平均值迭代的方式更新的。因此，我们需要一种不同的方式将聚类分配给数据点。高斯混合模型便是一种使用基于数据分布的模型，而不是使用基于距离的模型，这也是为什么高斯混合模型相较 K-means 算法结果更优的原因。

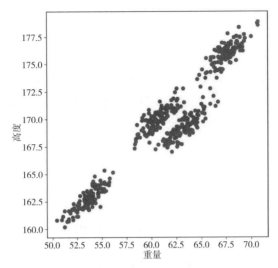

图 3.20　原始数据分布

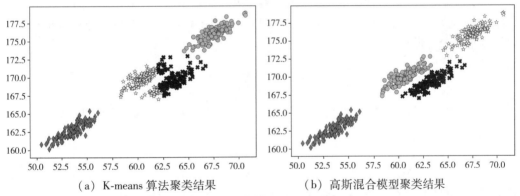

（a）K-means 算法聚类结果　　　　　（b）高斯混合模型聚类结果

图 3.21　不同方法的聚类结果

3.2.5　聚类结果评价

1. 轮廓系数（Silhouette Index）

sklearn. metrics. silhouette_score(X, $labels$, $*$, $metric = 'euclidean'$, $sample_size = $None,

$$random\_state = \text{None}, **kwds)$$

如果不知道真实的类别标签，则必须使用模型本身进行度量。轮廓系数是度量聚类结果的一种方式，其中较高的轮廓系数得分意味着聚类模型更好（Peter, 1987）。轮廓系数是依据每个样本进行定义的，具体由两个得分组成：①样本与同一类别中所有其他点之间的平均距离。②样本与下一个距离最近的类别中的所有其他点之间的平均距离。

单个样本的轮廓系数 s 为：

$$s = \frac{b - a}{\max(a, b)} \qquad (3.25)$$

聚类总的轮廓系数 SC 为：

$$SC = \frac{1}{N} \sum_{i=1}^{N} SC(d_i) \qquad (3.26)$$

优点包括：①得分在 -1（不正确的聚类）到 $+1$（高密度聚类）之间。得分接近 0 表示群集重叠。②当聚类密集且分离良好时，分数较高，这与聚类的标准概念相关。

缺点是，凸聚类的 DB 指数通常高于其他聚类，如从 DBSCAN 获得的基于密度的聚类。

2. Davies-Bouldin 指数（DBI）

sklearn. metrics. davies_bouldin_score（X, *labels*）

Davies-Bouldin 指数（DBI）由 David L. Davies 和 Donald W. Bouldin 于 1979 年引入，是评估聚类算法的指标（Davies & Bouldin, 1979）。

如果实际类别标签未知，则可以使用 Davies-Bouldin 指数来评估模型，其中较低的 Davies-Bouldin 指数与聚类之间具有更好分离的模型相关。此指数表示聚类之间的平均"相似性"，而相似性是将聚类之间的距离与聚类本身的大小进行比较的度量。0 是可能的最低值，值越接近 0 表示聚类效果越好。

n 是样本数，C_i 为样本点的聚类标签，X_j 是对应 C_i 的特征向量。则：

$$S_i = \left(\frac{1}{T_i} \sum_{j=1}^{T_i} \| X_j - A_i \|_p^q \right)^{\frac{1}{q}} \qquad (3.27)$$

其中：S_i 用来度量第 i 类内数据点的离散度；A_i 是第 i 类的中心；T_i 表示第 i 类中数据点的个数。q 取 1 时表示各点到中心的距离的均值，q 取 2 时表示各点到中心的距离的标准差，它们都可以用来衡量分散程度。

$$M_{i,j} = \| A_i - A_j \|_p = \left(\sum_{k=1}^{n} | a_{k,i} - a_{k,j} |^p \right)^{\frac{1}{p}} \qquad (3.28)$$

其中：$M_{i,j}$ 是第 C_i 类与第 C_j 类之间的距离；$a_{k,i}$ 是第 i 类中心点的第 k 个属性的值。

定义一个相似度的值 R_{ij}，衡量第 i 类与第 j 类的相似度为：

$$R_{ij} = \frac{S_i + S_j}{M_{ij}} \qquad (3.29)$$

再从 R_{ij} 中选出最大值 D_i，即第 i 类与其他类的相似度中最大的相似度值为：

$$D_i = \max_{j \neq i} R_{i,j} \qquad (3.30)$$

最终得到 DBI，值越小代表聚类效果越好：

$$DB = \frac{1}{N} \sum_{i=1}^{N} D_i \qquad (3.31)$$

优点包括：①Davies-Bouldin 的计算比 Silhouette 分数的计算更简单。②该指数仅基于数据集固有的数量和特征，因为其计算仅使用逐点距离。

缺点包括：①凸聚类的 DB 指数通常高于其他聚类，如从 DBSCAN 获得的基于密度的聚类。②质心距离的使用将距离度量限制为欧几里得空间。

3. 贝叶斯信息准则

贝叶斯信息准则（Bayesian information criterion，BIC）与 AIC 相似，用于模型选择

（Schwarz，1978）。训练模型时，增加了参数数量，也就是增加了模型复杂度，会增大似然函数，但是也会导致过拟合现象。针对该问题，AIC 和 BIC 均引入了与模型参数个数相关的惩罚项，BIC 的惩罚项比 AIC 的大，考虑了样本数量，样本数量过多时，可有效防止模型精度过高造成的模型复杂度过高。

$$BIC = k\ln(n) - 2\ln(L) \tag{3.32}$$

其中：k 为模型参数个数；n 为样本数量；L 为似然函数。$k\ln(n)$ 惩罚项在维数过多且训练样本数据相对较少的情况下，可以有效地避免出现维度灾难现象。

下面的例子中，将使用 2015 年芝加哥地区关于 Airbnb、社会经济指标和犯罪情况的数据。数据格式为 Shapefile，包含 77 个样本和 20 个变量。可通过访问网页（https://geoda-center. github. io/data-and-lab/airbnb/）下载数据。

案例涉及前文提及的所有聚类数选择方法（轮廓系数、Davies-Bouldin 指数、贝叶斯准则），并且使用了前文除 K-medoids 的所有聚类方法，如 K-means、高斯混合模型、DB-SCAN、层次聚类。最后，将聚类结果进行二维空间和地理空间的可视化。为了方便可视化，案例以人口、犯罪数两个因子组成二维数据样本进行聚类。

具体实现代码如下：

```
#导入所需要的模块
import numpy as np
import pandas as pd
import matplotlib. pyplot as plt
import sklearn. mixture as skl_mi
import sklearn. cluster as skl_cl
import sklearn. metrics as skl_me


#绘图字体设置
plt. rcParams[ 'font. sans-serif']  =  [ 'SimHei']
plt. rcParams[ 'axes. unicode_minus']  =  False


#读取芝加哥爱彼迎数据#################################################
airbnb  =  pd. read_excel( 'airbnb_Chicago 2015. xls')


#为了方便可视化,以人口、犯罪数两个因子组成二维数据样本进行聚类
X  =  airbnb[ 'population',  'num_crimes']
#绘制样本点图
plt. figure( )
plt. scatter( X[ 'population'],  X[ 'num_crimes'])
plt. grid( )
plt. xlabel( '人口数')
plt. ylabel( '犯罪数')
plt. yticks( np. arange( min( X[ 'num_crimes']),  max( X[ 'num_crimes']),  3000))
plt. xticks( np. arange( min( X[ 'population']),  max( X[ 'population']),  10000))


#设置随机种子为22,探查聚类数为 2 ～ 20 时的聚类性能度量指标###################
```

[""]

```
r = 22
n_max = 20


#轮廓系数##############################################################
lst_SC = []
for i in range(2, n_max):
    labels = skl_mi.GaussianMixture(n_components = i,
                                    random_state = r).fit_predict(X)
    SC = skl_me.silhouette_score(X, labels)
lst_SC.append(SC)


#绘制不同类别数轮廓系数结果图
plt.figure()
#横坐标标签
x_label = [str(i) for i in range(1, len(lst_SC) + 1)]
#绘制散点图
plt.plot(x_label, lst_SC,
         color = 'r', linestyle = '-', marker = 'o', linewidth = 1)
#横纵坐标标题
plt.xlabel('类别数')
plt.ylabel('轮廓系数')
#数据标签
for x, y in zip(x_label, lst_SC):
    plt.text(x, y, '%.2f' % y,
        fontdict = {'fontsize': 10},
        horizontalalignment = 'center', verticalalignment = 'bottom')
#设置纵坐标间隔
plt.yticks(np.arange(0, max(lst_SC) + 0.1, 0.05))
plt.grid()


# DB 指数##############################################################
lst_DBI = []
for i in range(2, n_max):
    labels = skl_mi.GaussianMixture(n_components = i,
                                    random_state = r).fit_predict(X)
    DBI = skl_me.davies_bouldin_score(X, labels)
lst_DBI.append(DBI)


#绘制不同类别 DB 指数结果图
plt.figure()
x_label = [str(i) for i in range(1, len(lst_DBI) + 1)]
plt.plot(x_label, lst_DBI,
         color = 'g', linestyle = '-', marker = 'o', linewidth = 1)
plt.xlabel('类别数')
```

```
plt. ylabel('DB 指数')
for x, y in zip( x_label, lst_DBI) :
    plt. text( x, y, '%. 2f' % y,
            fontdict = { 'fontsize': 10} ,
            horizontalalignment = 'center', verticalalignment = 'bottom')
plt. yticks( np. arange( 0, max( lst_DBI) + 0. 1, 0. 15) )
plt. grid( )


#贝叶斯信息准则#####################################################
lst_BIC = [ ]
for i in range( 2, n_max) :
    labels = skl_mi. GaussianMixture( n_components = i,
                                        random_state = r) . fit_predict( X)
    BIC = skl_mi. GaussianMixture( n_components = i) . fit( X) . bic( X)
lst_BIC. append( BIC)


#绘制 BIC 折线图
x_label = [ str( i) for i in range( 1, len( lst_BIC) + 1) ]
plt. figure( )
plt. plot( x_label, lst_BIC, linestyle = ' – ', marker = 'o', linewidth = 1)
for x, yin zip( x_label, lst_BIC) :
    plt. text( x, y, '% d' % y)
plt. xlabel('类别数')
plt. ylabel('BIC')
plt. grid( )


#绘制 BIC 梯度折线图
lst_BIC_g = lst_BIC[ 1: len( lst_BIC) + 1]
BIC_gradient = list( map( lambda x, y: x – y, [ lst_BIC_g, len( lst_BIC) ] ) )
x_label = [ str( i) for i in range( 2, len( BIC_gradient) + 2) ]
plt. figure( )
plt. plot( x_label, BIC_gradient,
            linestyle = ' – ', marker = 'o', linewidth = 1)
for x, y in zip( x_label, BIC_gradient) :
    plt. text( x, y, '% d' % y)
plt. xlabel('类别数')
plt. ylabel('BIC 梯度')
plt. grid( )


#设置随机种子为 228, 并对 4 种聚类进行比较#############################
r = 228
#高斯混合模型#####################################################
labels = skl_mi. GaussianMixture( n_components = 5, te = r) . fit_predict( X)
#绘制样本聚类散点图
```

```
plt. figure( figsize = ( 12, 12) )
plt. subplot( 221)
plt. scatter( X[ 'population'] , X[ 'num_crimes'] , c = labels)
plt. grid( )
plt. xlabel('人口数')
plt. ylabel('犯罪数')
plt. title('高斯混合模型聚类')
plt. yticks( np. arange( min( X[ 'num_crimes']) , max( X[ 'num_crimes']) , 3000) )
plt. xticks( np. arange( min( X[ 'population']) , max( X[ 'population']) , 10000) )


# K-means###############################################################
labels = skl_cl. KMeans( n_clusters = 5, random_state = r). fit_predict( X)
#绘制样本聚类散点图
plt. subplot( 222)
plt. scatter( X[ 'population'] , X[ 'num_crimes'] , c = labels)
plt. grid( )
plt. xlabel('人口数')
plt. ylabel('犯罪数')
plt. title('K-means 聚类')
plt. yticks( np. arange( min( X[ 'num_crimes']) , max( X[ 'num_crimes']) , 3000) )
plt. xticks( np. arange( min( X[ 'population']) , max( X[ 'population']) , 10000) )


#DBSCAN###############################################################
labels = skl_cl. DBSCAN( eps = 5000, min_samples = 5). fit( X). labels_
#绘制样本聚类散点图
plt. subplot( 223)
plt. scatter( X[ 'population'] , X[ 'num_crimes'] , c = labels)
plt. grid( )
plt. xlabel('人口数')
plt. ylabel('犯罪数')
plt. title('DBSCAN 聚类')
plt. yticks( np. arange( min( X[ 'num_crimes']) , max( X[ 'num_crimes']) , 3000) )
plt. xticks( np. arange( min( X[ 'population']) , max( X[ 'population']) , 10000) )


#层次聚类###############################################################
labels = skl_cl. AgglomerativeClustering( n_clusters = 5). fit_predict( X)
#绘制样本聚类散点图
plt. subplot( 224)
plt. scatter( X[ 'population'] , X[ 'num_crimes'] , c = labels)
plt. grid( )
plt. xlabel('人口数')
plt. ylabel('犯罪数')
plt. title('层次聚类')
plt. yticks( np. arange( min( X[ 'num_crimes']) , max( X[ 'num_crimes']) , 3000) )
```

```
plt. xticks( np. arange( min( X[ 'population']) ,  max( X[ 'population']) ,  10000) )
```

```
plt. show( )
```

案例所用原始数据的人口数与犯罪数分布如图 3.22 所示。

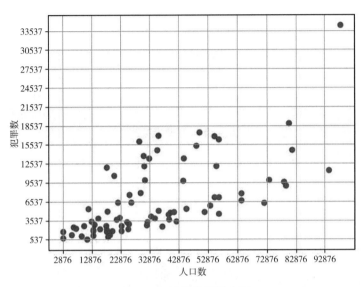

图 3.22　原始数据散点图

判断聚类数如图 3.23 所示。由图 3.23（a）可以看出，轮廓系数值越高越好，在聚类数为 4 时轮廓系数达到了局部最高值，随后下降，4、5、6 可作为备选聚类数。由图 3.23（b）可以看出，DB 指数越低越好，在聚类数为 4 时达到了局部最低值，之后缓慢上升，4、5、6 可作为备选聚类数。由图 3.23（c）和图 3.23（d）也可以看出，根据 BIC 和 BIC 梯度可以判断出聚类数在 4 左右最佳。由于这些结果和随机数种子以及样本 X 的选择有关，案例选择聚为 5 类来展示聚类结果。

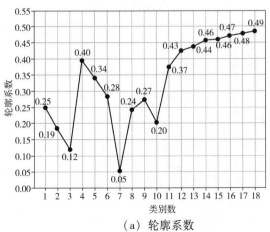

（a）轮廓系数

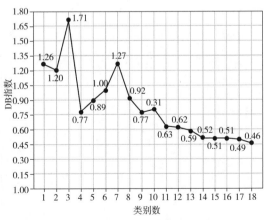

（b）DB 指数

147

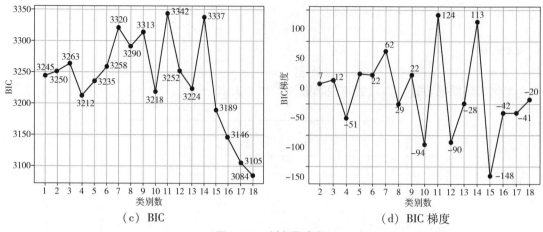

（c）BIC   （d）BIC 梯度

图 3.23 判断聚类数

图 3.24 分别展示了高斯混合模型、K-means、DBSCAN、层次 4 种不同聚类方式的聚类结果。其中，DBSCAN 的参数半径为 5000，最小样本数为 5，最终得到了 4 类。层次聚类和 K-means 聚类的结果较为相似，和高斯混合模型聚类的结果有较大差异。

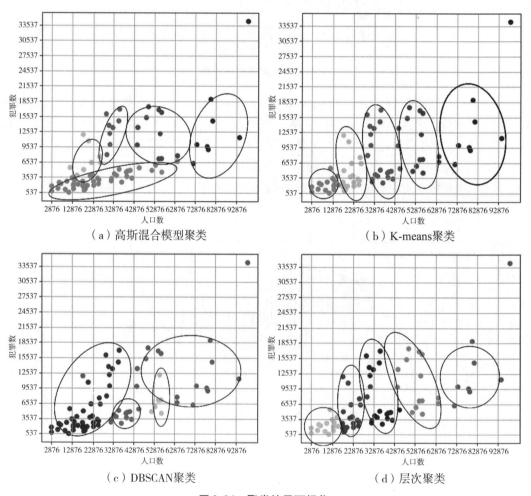

（a）高斯混合模型聚类   （b）K-means聚类

（c）DBSCAN聚类   （d）层次聚类

图 3.24 聚类结果可视化

为了更加直观地看出各类在空间上的分布，通过 ArcGIS 软件将聚类结果进行地理可视化，如图 3.25、图 3.26 所示。地图中的颜色对应二维坐标平面点的颜色，统计图表是各类人口数和犯罪数的均值。从 4 种聚类结果可以看出，以人口数和犯罪数为因变量进行聚类，各社区在空间分布上呈现一定的聚集性，DBSCAN 聚类的噪声点较多，但是第 1 类的空间聚集性最明显。为了进一步探究各社区的特点，可以通过增加因子以及更改其他聚类数的方式来深入研究。

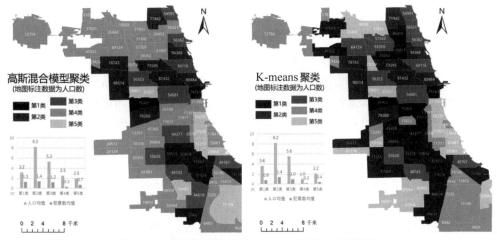

图 3.25 高斯混合模型、K-means 聚类地理可视化

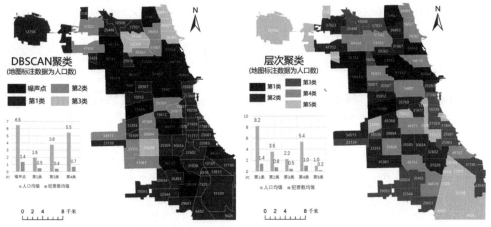

图 3.26 DBSCAN、层次聚类地理可视化

3.2.6 空间分区算法

与 3.2 节前几种聚类算法不同，空间分区算法是一种加入了空间邻接约束的聚类算法。这种算法是在优化目标函数的同时，将一组空间样本划分为多个空间上相邻的区域，以此保证样本的连续性，其中，目标函数通常是这些区域的同质性（或异质性）度量。本小节首先介绍将空间约束引入凝聚层次聚类（spatially constrained hierarchical clustering，SCHC）的方法，接着介绍了两种常见的算法——SKATER（spatial 'K' luster analysis by tree edge removal）、REDCAP（regionalization with dynamically constrained agglomerative clustering and partitioning)。同时，将在 GeoDa 软件中对相关算法进行操作演示，比较各类算法的不同聚类效果。

1. 空间约束分层聚类

凝聚聚类是一种自下而上的层次聚类方法，其根据指定的相似度或某种距离计算出类之间的距离，找出距离最近的两个集群进行合并，并不断重复直到达到预设的集群个数。空间约束层次聚类（SCHC）则是一种特殊的凝聚聚类，其约束性基于样本的空间邻接特征（含有公共边界），即在合并两个集群时，需要保持样本的空间连续性。该算法的聚类逻辑与无约束层次聚类相同，并且使用了相同的链接公式和集群更新法则，根据对样本间距离的不同定义，可将该聚类方法分为不同类型，如 single linkage、complete linkage、average linkage 和 Ward's linkage，唯一的不同之处就是加入了空间邻接约束。

具体而言，只有两个样本的距离最小，且在空间上相连时，才能进行合并操作，空间相连也表现为空间权重矩阵中的值不为零。合并之后，空间权重矩阵也需要更新，以此来反映新的邻接结构。合并邻接集群的过程也将通过树状图来表达。将空间邻接约束加入凝聚层次聚类的想法最初在 20 世纪被提出，Lankford（1969）、Murtagh（1985）和 Gordon（1996）曾对该算法中涉及的原则进行了详细概述。

下面以 GeoDa 软件为例，继续使用 2015 年芝加哥地区关于 Airbnb、社会经济指标和犯罪情况的数据集，示范 SCHC 的几种基本类型。该数据集包含 77 个样本和 20 个变量。

（1）Ward's linkage。Ward's linkage 基于欧氏距离计算样本的距离矩阵，在每个样本各自为一个类别时，数据的误差平方和（error sum of squares，ESS）为 0，依次合并任意两个空间邻接的样本，此时的误差平方和增大，选择使误差平方和增加最小的两个样本进行合并得到新的集群，重复此步骤直到所有的样本归为一类为止。Ward's linkage 方法使用较多，因为其倾向于产生紧凑的集群，而其他链接法则往往会产生很多不平衡的集群及单样本集群。误差平方和的计算式为：

$$ESS = \sum_{i=1}^{n} x_i^2 - \frac{1}{n} \left(\sum_{i=1}^{n} x_i \right)^2 \tag{3.33}$$

在 GeoDa 中打开数据 airbnb_Chicago 2015.shp，选择菜单栏中的【空间权重管理】工具，点击【创建】（如图 3.27），在弹出的窗口中选择权重矩阵的 ID 变量为 AREAID（必须具有唯一性），并以 Queen 邻接为例，点击【创建】得到空间权重矩阵 airbnb_Chicago 2015.gal。

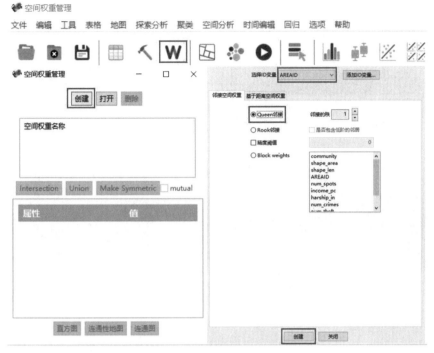

图 3.27 创建空间权重矩阵

点击菜单栏中的【聚类】，选择【SCHC】进行聚类（如图 3.28）。本案例选择 poverty（家庭贫困率）、crowded（住房拥挤率）、income_pc（人均收入）、unemployed（失业率）、population（人口数）、without_hs（高中学历以下占比）、num_spots（民宿数量）7 个变量，使用 Z 标准化形式的变量，空间权重选择 airbnb_Chicago 2015.gal，聚类数设置为 6，聚类方法为 Ward's linkage，点击【运行】进行聚类，得到树状图如图 3.29 所示。

图 3.28 选择 SCHC 工具

151

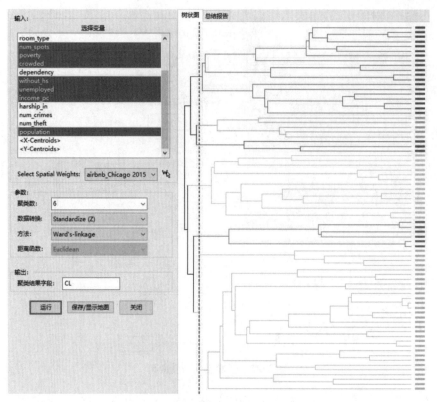

图 3.29　聚类参数设置及树状图

此时，点击【保存/显示地图】得到图 3.30。如图 3.30 所示，聚类结果中最大的集群包含 30 个样本，接着是含有 19、14、6、5 个样本的集群，最小的集群中有 3 个样本。鉴于 SCHC 的空间约束性，所有集群都由空间相邻的样本组成。

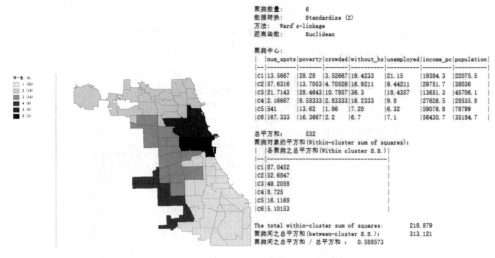

图 3.30　SCHC Ward's linkage 聚类图及集群特征（$k=6$）

点击聚类结果中的【总结报告】可以显示一些常用的特征指数，包括集群中心、每个集群的集群内平方和、集群间平方和、整体平方和等。本案例得到集群间平方和与总平方和的比值为 0.588573。

为了突出 SCHC 的空间约束性，再用无约束的 Ward 邻接方法进行层次聚类，得到聚类结果如图 3.31 所示。可以发现，在 SCHC 结果中较大的集群被分为几个较小的集群，集群中的样本并非完全相邻。由于不再为实现空间连续性付出代价，无约束聚类得到的集群间平方和比总平方和要大得多，为 0.713635。

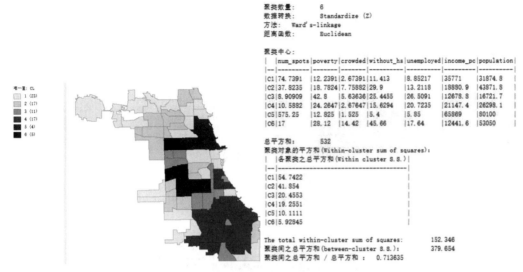

图 3.31 无约束 Ward 层次聚类图及集群特征（$k = 6$）

（2）single linkage。single linkage 在合并集群时考虑的是集群间的最短距离，即两个集群中距离最近的两个样本点间的距离，若该距离最小，则进行合并操作。此方法在有噪声的数据中往往效果不好。此方法在 GeoDa 中的操作与 Ward's linkage 类似，聚类方法选择 single linkage，距离函数选择欧氏距离，其余参数设置不变，得到聚类结果如图 3.32 所示。

聚类结果为一个包含 72 个样本的大型集群和 5 个单样本集群，集群间平方和与总平方和的比值为 0.261791，相较于 Ward's linkage，此种聚类方法表现不佳。

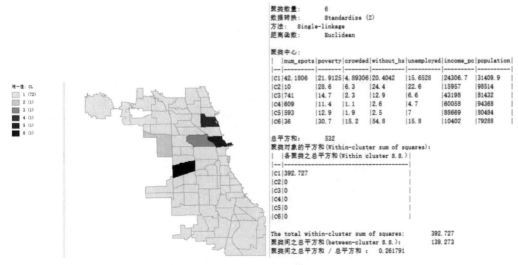

图 3.32 SCHC single linkage 聚类图及集群特征（$k = 6$）

（3）complete linkage。complete linkage 在合并集群时考虑的是集群间的最长距离，即两个集群中距离最远的两个样本点间的距离，该距离取到最小值时进行合并操作。同样，在 GeoDa 的 SCHC 工具中方法选择 complete linkage，距离函数选择欧氏距离，其余参数设置不变，得到聚类结果如图 3.33 所示。聚类结果中的集群分布较均衡，仅有一个单样本集群，集群间平方和与总平方和的比值为 0.544399，聚类结果相对较好。

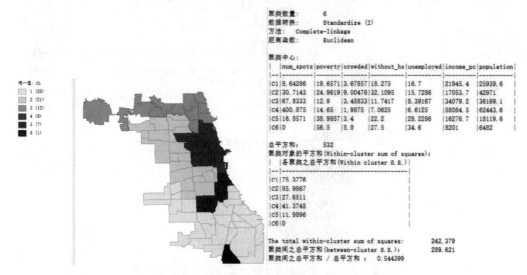

图 3.33　SCHC complete linkage 聚类图及集群特征（$k=6$）

（4）average linkage。average linkage 着重关注集群间的平均距离，在平均距离为最小值时进行合并。平均距离的定义与计算为：假设有 A、B 两个集群，A 中有 n 个样本，B 中有 m 个样本，在 A 和 B 中各取一个样本计算其距离，将 $n \times m$ 个这样的距离相加后，除以 $n \times m$，即可得到 A、B 两个集群间的平均距离。在 GeoDa 的 SCHC 工具中选择 average linkage 方法，距离函数选择欧氏距离，其余参数设置不变，得到聚类结果如图 3.34 所示。聚类结果包括 1 个含有 66 个样本的大型集群和 3 个单样本集群，其余集群的样本数分别为 5、3。集群间平方和与总平方和的比值为 0.383803，仅略优于 single linkage。

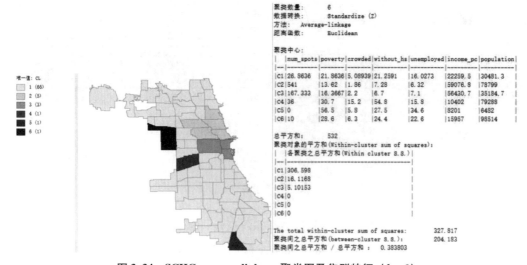

图 3.34　SCHC average linkage 聚类图及集群特征（$k=6$）

2. SKATER 算法

SKATER 算法由 Assunção 等提出（Assunção et al., 2006），该算法基于最小生成树（minimum spanning tree，MST）的最优修剪，能够反映样本之间的邻接结构。与 SCHC 一样，这是一种带有空间邻接约束的层次聚类方法，但这种方法是自上而下进行分裂（divisive）的而不是凝聚（agglomerative），即从单个集群开始，找到最优分割得到子集群，重复该步骤直到达到所需的集群数量 k。

该算法需要的距离矩阵是一个仅包含邻接样本权重的矩阵，即只对在空间上相邻的两个样本进行距离计算。此矩阵用图来表示，其中样本是节点（nodes），邻接关系是边（edges）。整个图被简化为最小生成树，即存在一条连接所有样本（节点）的路径，且路径中每个样本仅被访问一次，n 个节点由 $n-1$ 条边连接，从而使节点间的整体差异最小化。SKATER 的目标是减少总偏差平方和（sum of squared deviations，SSD），其计算公式为：

$$SSD = \sum_{i}^{n-1} (x_i - \bar{x})^2 \qquad (3.34)$$

其中，$\bar{x}$ 是整体平均值。对于每个树 T，在 $SSD_T - (SSD_a + SSD_b)$ 值最大的地方进行修剪，其中 SSD_a 和 SSD_b 是每个子树的偏差平方和。重复修剪分支直到达到 k 个集群为止。

应注意不要将此 SKATER 算法与解释深度学习结果的工具 SKATER 混淆。

本案例仍使用 airbnb_Chicago 2015. shp 数据，在 GeoDa 的【聚类】菜单栏中选择【skater】工具，输入变量与 SCHC 案例中一致，空间权重矩阵选择 airbnb_Chicago 2015. gal，聚类数仍为 6，点击【运行】得到聚类结果如图 3.35 所示。

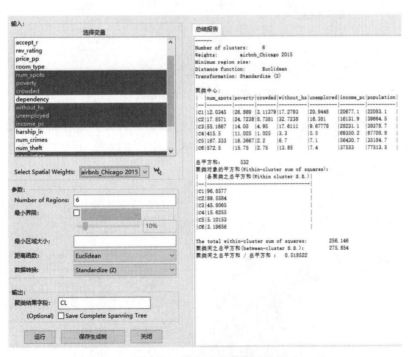

图 3.35　SKATER 聚类设置及集群特征（$k=6$）

如图 3.36 所示，将聚类结果图与聚类数 $k=4$ 时进行比较可以发现，SKATER 生成的空间集群遵循最小生成树原理，新的集群由原来的大集群分割而成。$k=6$ 时，聚类结果含有 3 个大型集群和 3 个小型集群，集群间平方和与总平方和的比值为 0.518522。

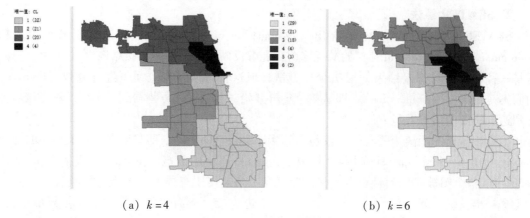

（a）$k=4$　　　　　　　　　　　（b）$k=6$

图 3.36　SKATER 聚类结果

SKATER 工具还可以预先设置最小集群的大小，GeoDa 中有两种方法实现此约束（如图 3.37）。一种方法是通过【最小界限】设置，可以选择某变量来约束最小边界，本案例选择 population（人口数）的 10% 作为最小界限，聚类结果如图 3.38 所示。另一种方法是指定每个集群应包含的最小样本数，在【最小区域大小】中进行设置，这也是一种确保所有集群具有相似大小的方法，但应注意若此值设置得太高，会影响最终聚类的集群数。

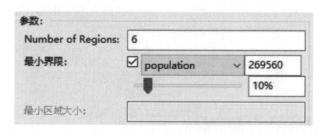

图 3.37　最小集群大小设置

加入最小集群约束的 SKATER 聚类与无约束的结果有差异，集群间平方和与总平方和的比值降为 0.435522。但由于每个集群中的样本数量相对更均衡，6 个区域的集群间平方和分布比无约束方法中的更加均匀。

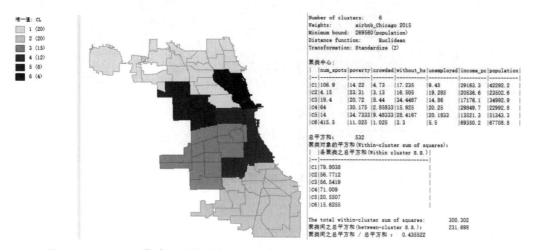

图 3.38　SKATER 聚类图及集群特征（$k=6$），Minimum bound：269560（population）

3. REDCAP 算法

Guo（2008）提 出 的 REDCAP 是 一 种 结 合 了 SCHC 凝聚聚类和 SKATER 分裂聚类思想的聚类方法。他指出，作为 SKATER 算法基础的最小生成树只考虑了样本间的一阶连续性（first order contiguity），与 SCHC 不同，其邻接关系并不会随着新集群的产生而更新。固定的和更新的空间权重矩阵分别称为 FirstOrder 和 FullOrder，与链接函数（single、complete、average）分别结合便形成了 REDCAP 中的 6 种方法。single linkage 树状图与最小生成树相对应，因此 RED-CAP 中的 FirstOrder-SingleLinkage 与 SKATER 是相同的。由于 FullOrder 方法通常优于 FirstOrder，GeoDa 的 REDCAP 工具中主要提供了 FullOrder 的方法。

由此可知，REDCAP 算法主要由两个步骤组成：首先，基于链接函数构建具有空间邻接约束的层次聚类树状图，其结果与 SCHC 生成的树状图完全一致；其次，将该树状图转换为生成树，采用 SKATER 中的切割思想获得最优修剪，直到达到所需的集群数 k。

本案例仍使用 airbnb_Chicago 2015. shp 数据，在 GeoDa 的【聚类】菜单栏中选择【redcap】工具，输入变量与 SCHC 案例中一致，空间权重矩阵选择 airbnb_Chicago 2015. gal，聚类数仍为 6，方法选择默认的【FullOrder-WardLinkage】，【最小界限】和【最小区域大小】的原理与 SKATER 中相同，此处暂不设置（如图 3.39）。点击【运行】得到聚类结果如图 3.40 所示。

图 3.39　REDCAP FullOrder-WardLinkage 聚类设置（$k=6$）

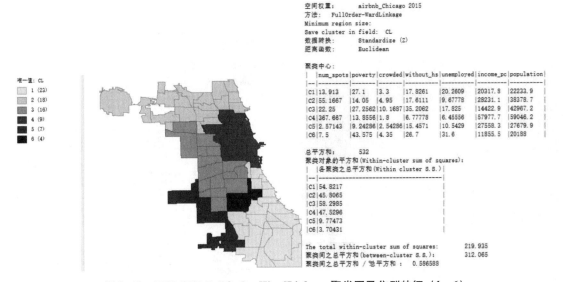

图 3.40　REDCAP FullOrder-WardLinkage 聚类图及集群特征（$k=6$）

可以发现，聚类结果图接近于使用 Ward's linkage 的 SCHC 聚类，部分集群汇总统计数据也基本一致，集群间平方和与总平方和的比值略低于 SCHC，为 0.586588（SCHC Ward's linkage 中为 0.588573）。

将 REDCAP 中的方法分别修改为 FullOrder-AverageLinkage、FullOrder-CompleteLinkage 和 FullOrder-SingleLinkage，得到不同的聚类结果。与 REDCAP 的 WardLinkage 相比，AverageLinkage 的集群更加均衡（如图 3.41），且没有任何单样本的集群，明显优于 SCHC 中的 Average Linkage 方法，集群间平方和与总平方和的比值为 0.585883，比 WardLinkage 中的稍差。

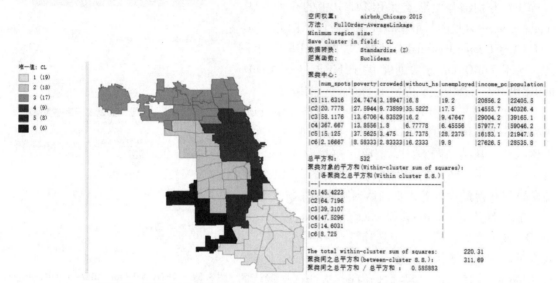

图 3.41　REDCAP FullOrder-AverageLinkage 聚类图及集群特征（$k=6$）

FullOrder-CompleteLinkage 聚类结果（如图 3.42）中也不再出现单样本的集群，且其空间模式与前两种相似，均为南北部两个较大集群和中部 4 个集群，集群间平方和与总平方和的比值为 0.546376，略低于前两种方法。

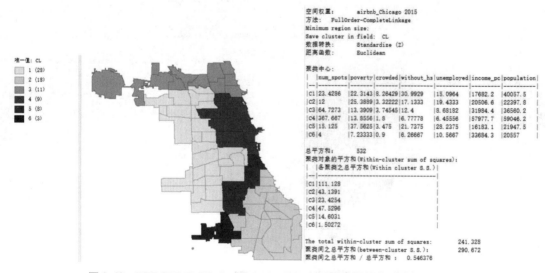

图 3.42　REDCAP FullOrder-CompleteLinkage 聚类图及集群特征（$k=6$）

FullOrder-SingleLinkage 的聚类图（如图 3.43）明显区别于前几种方法，最南部的 1 号集群向中部延伸，聚类效果也相对最差，集群间平方和与总平方和的比值为 0.498023。

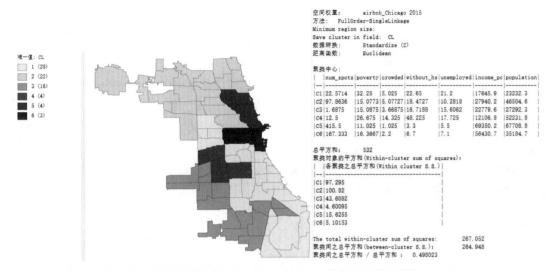

图 3.43　REDCAP FullOrder-SingleLinkage 聚类图及集群特征（$k=6$）

由此可见，不同的假设和算法会产生截然不同的聚类结果，但这些方法并不能保证得到全局最优解，因此，针对不同的实验数据，可以采用一种以上的方法以洞察数据对于不同算法的敏感性。值得注意的是，聚类结果可以根据许多不同的准则来评估，GeoDa 中主要参考的是集群间平方和与总平方和的比值，此外还有紧凑性、平衡性等指标可以采纳。

3.3　空间共位模式识别

空间共位的概念起源于区位理论，该理论解释了地理位置与不同的经济活动和经济过程之间的关系。空间共位模式是指频繁发生在邻近空间位置的事件集合。通过对空间共位模式的识别，可以深入理解不同空间要素间的关联模式与依赖关系，其在公共安全、城市规划、环境研究等领域有重要的应用。

3.3.1　空间共位指数

与空间自相关相比，空间关联分析需要同时考虑多种模式和过程。Cressie 提出了交叉 k 函数度量两个群体之间的空间关联（Cressie，1991），但它不适用于分类个体来自单一群体的情况。因此 Leslie 和 Kronenfeld 提出了空间共位指数（Co-location Quotient，CLQ）的概念（Leslie & Kronenfeld，2011），旨在量化本身可能表现出空间自相关的群体类别之间（可能不对称）的空间关联。CLQ 是根据两个类别（例如，类别 A 和类别 B）定义的，度量了一个类别子集在空间上依赖于另一个类别子集的程度。具体来说，设 P 表示一个点群，其中每个个体被唯一地分配到了一个共 k 类的分类系统 X 中，设 $A \in X$ 和 $B \in X$ 表示 X 中的（可能是相同的）子类，$CLQ_{A \to B}$ 定义为 A 的最邻近中 B 的观测值与预期值的比值，计算公式为：

$$CLQ_{A \to B} = \frac{C_{A \to B} / N_A}{N'_B(N-1)} \tag{3.35}$$

159

式中：N 为所有点的数量；N_A 为 A 类点的数量或规模；N'_B 表示 B 类点的数量或规模（如果 $A \neq B$）或 $B-1$ 的群体大小（如果 $A = B$）；$C_{A \to B}$ 为 A 类点中最邻近 B 类点的点的数量。因此式（3.35）中分子为 B 类点在 A 类点的最邻近中所占的比例（即观测到的比例），分母为 B 类点在 A 类点的每个最邻近中所占的比例（即期望的比例）。为了计算期望的比例，分母上用的是 $N-1$ 而不是 N，因为一个点不可能是它自己的最邻近。

$CLQ_{A \to B}$ 表示了 A 对 B 的空间吸引力，或者 B 对 A 的吸引力程度，若 $CLQ_{A \to B} > 1$，表明 A 类点和 B 类点具有空间关联性。$CLQ_{A \to B}$ 所表达的吸引力是单向的，因为它依赖于最邻近关系，可能是不对称的。如果在很多情况下，A 的最邻近是 B，但 B 的最邻近不是 A，那么 $CLQ_{A \to B} > CLQ_{B \to A}$，相较 B 被 A 吸引，A 更容易被 B 吸引。$CLQ_{A \to A} = 0.67$ 表明 A 只有 2/3 的可能是它自己的最邻近，在这种情况下，吸引力是双向的。

从网站（http://seg.gmu.edu/clq）下载并安装 Leslie 开发的 CLQ Analysis Engine 软件。该软件可以计算任意点 Shapefile 的 CLQ，软件界面如图 3.44 所示。

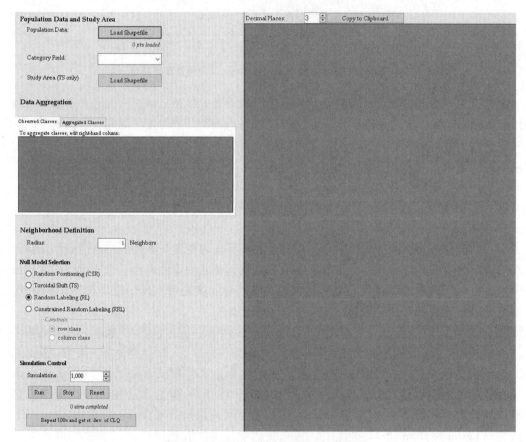

图 3.44　CLQ Analysis Engine 加载界面

以某市儿童用品店和幼儿园的数据为例，探讨儿童用品店和幼儿园的空间关联。获取高德地图的 POI 数据，如图 3.45 所示。其中，儿童用品店的数据有 714 条，typecode 为 61207；幼儿园的数据有 504 条，typecode 为 141204。

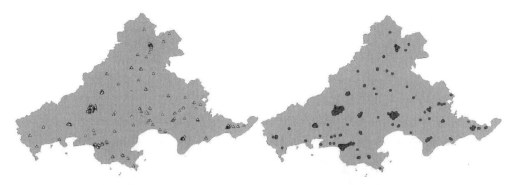

图 3.45 某市儿童用品店（左）和幼儿园（右）的 POI 数据

具体操作如下：①打开软件，点击【Load Shapefile】，加载写字楼和住宅 POI 数据；②点击 (select field) ▼ 下拉菜单，选择 type［str］，此时 Data Aggregation 区域如图 3.46 所示；③ 改变 Neighbors 的数量可以改变带宽，首先填取 1；④设置 Simulations 的次数为 1000，点击【Run】按钮运行。

图 3.46 CLQ Analysis Engine 加载数据

运行完毕后，在软件的右侧显示运行结果，结果高度显著（p-value ＜0.001）。分别改变 Neighbors 的数量为 10 和 25，得到运行结果如图 3.47 所示。由图 3.47 可以看出，随着带宽的增加，儿童用品店和幼儿园的 CLQ 越来越大，但是仍小于 1，即它们在空间分布上呈现出相对独立的特征。在各个带宽下，幼儿园被儿童用品店吸引的程度都大于儿童用品店被幼儿园吸引的程度，尤其在带宽为 25 时，幼儿园被儿童用品店吸引的程度为 0.89，说明在一定程度上幼儿园有依附于儿童用品店分布的倾向。

CO-LOCATION QUOTIENT	购物服务;专卖店;儿童用品店	科教文化服务;学校;幼儿园
购物服务;专卖店;儿童用品店	1.370	0.478
科教文化服务;学校;幼儿园	0.742	1.368
P-VALUES	购物服务;专卖店;儿童用品店	科教文化服务;学校;幼儿园
购物服务;专卖店;儿童用品店	0.000	0.000
科教文化服务;学校;幼儿园	0.000	0.000

（a）1 阶最邻近

CO-LOCATION QUOTIENT	购物服务;专卖店;儿童用品店	科教文化服务;学校;幼儿园
购物服务;专卖店;儿童用品店	1.217	0.693
科教文化服务;学校;幼儿园	0.867	1.188
P-VALUES	购物服务;专卖店;儿童用品店	科教文化服务;学校;幼儿园
购物服务;专卖店;儿童用品店	0.000	0.000
科教文化服务;学校;幼儿园	0.000	0.000

（b）10 阶最邻近

CO-LOCATION QUOTIENT	购物服务;专卖店;儿童用品店	科教文化服务;学校;幼儿园
购物服务;专卖店;儿童用品店	1.175	0.752
科教文化服务;学校;幼儿园	0.890	1.156
P-VALUES	购物服务;专卖店;儿童用品店	科教文化服务;学校;幼儿园
购物服务;专卖店;儿童用品店	0.000	0.000
科教文化服务;学校;幼儿园	0.000	0.000

（c）25 阶最邻近

图 3.47 CLQ Analysis Engine 软件的运行结果

3.3.2　Q 统计法

在之前的研究中，学者们对定量变量的空间关联研究得较多，而对空间定性变量的探索性分析相对较少，因此 Ruiz 等提出的 Q 统计是针对定性变量的分析而开发的统计量（Ruiz, López & Páez, 2010），可用于检测在各种环境下定性变量的空间共位模式。其来源于符号动力学，将空间定性变量的分布作为离散的空间过程，并借用符号动力学定义空间过程的符号，即得该空间过程的符号熵。Q 统计量本质上是在一个随机空间序列的零假设下，观察到的模式的符号熵与系统的熵之间的似然比检验。

设分布于空间的定性变量 Y，其取值为 $\{a_1, a_2, \cdots, a_k\}$，其分布位置为 $s_i(i = 1, 2, \cdots, N)$，这些位置是固定的，则 $\{Y_{s_i}\}(s_i \in s)$ 是一个离散空间过程。换句话说，过程的每个实现 Y 可以取 k 个不同值中的一个，比如，这些值记录在 $i = 1, 2, \cdots, N$ 的坐标 s_i 处。为了捕获空间变量实现之间的接近关系，我们为位置 s_i 定义了一个大小为 m 的局部邻域，称为 m-环绕。由于一个 m-环绕包括 m 个位置，而每个位置可取 k 个值，所以一个 m-环绕具有 k^m 个可能的值。将每一个可能的值定义为一个标准符号，记作 $\sigma_j(j = 1,2,\cdots,k^m)$，$r$ 为所有标准符号的集合。为了控制重叠，选择观察样本 N 中的一部分位置进行符号化，R 是符号化样本数。符号化样本数的最大值 R_{max} 与重叠度 r 的关系为：

$$R_{max} = \frac{N - m}{m - r} + 1 \tag{3.36}$$

对于任意两个位置 s_i 和 s_j，s_i 的 m-环绕与 s_j 的 m-环绕的最大重叠数，记为 r，且 $0 \leqslant r < m$。符号 σ_j 的绝对频率是分布位置中符号为 σ_j 类型的位置总数，记作 n_{σ_j}；相对频率是绝对频率与符号化样本数之商，记作 p_{σ_j}。符号熵 $h(m)$ 是空间过程中包含的信息量，计算公式为：

$$h(m) = -\sum_{\sigma_j \in \Gamma} p_{\sigma_j} \ln(p_{\sigma_j}) \tag{3.37}$$

η 是在定性变量取值相对频率不等的情况下符号熵的上界：

$$\eta = -\sum_{i=1}^{k^m} \frac{n_{\sigma_j}}{R} \sum_{j=1}^{k} \alpha_{ij} \ln(q_j) \tag{3.38}$$

式中：α_{ij} 为值 α_j 在符号 σ_i 出现的次数；q_j 为值 α_j 出现的相对频率。

则 Q 统计为：

$$Q(m) = 2R[\eta - h(m)] \tag{3.39}$$

如果空间过程是独立（随机）的，则 Q 统计服从近似的自由度为 $k^m - 1$ 的卡方分布 $\chi^2_{k^m-1}$。设 $0 \leqslant \beta \leqslant 1$，在置信水平 $100(1-\beta)\%$ 下，如果 $Q(m) > \chi^2_{(k^m-1,\beta)}$，则拒绝空间独立的假设；否则不拒绝空间独立的假设。

在实际应用中，要设定 m 和 r 的值。根据 Ruiz 等提出的参数设定原则，m 的取值范围是 $2 \leqslant m < \dfrac{\ln\left(\dfrac{N}{5}\right)}{\ln k}$，且 m 为整数。当 m 确定后，可以确定重叠度 r。

以某市的家电电子购物类型 POI 中的卖场、数码电子、手机销售 3 种数据为例，分析该类型机构是否独立于其邻居，或者是否倾向于吸引或排斥相同类型的机构。共有 1657 条数据、分为 3 类，即 $N = 1657$，$k = 3$，则有 $\dfrac{\ln\left(\dfrac{N}{5}\right)}{\ln k} = 5.28$，$m$ 可取 5、4、3、2。这里选取 $m =$

5，此时 $r=4$。R 取最大值 R_{max}，参数的设定和计算结果见表 3.7。最后计算得到的 Q 值为 549.1330，服从自由度为 242 的卡方分布，此时在置信水平接近 99.5% 的情况下，拒绝空间独立的假设。因此该市的家电电子购物不独立，存在着空间关联。该市的家电电子购物分布如图 3.48 所示。

表 3.7　设定和计算的参数结果

样本大小 N	1657		
符号化样本数 R	1653		
定性变量取值数 k	3		
m - 环绕的维数 m	5		
重叠度 r	4		
$5k^m$	1215		
类别的相对频率 q_j	0.4281	0.4016	0.1703
Q 统计的结果	Q 值	卡方分布自由度	p 值
	549.1330	242	0.000

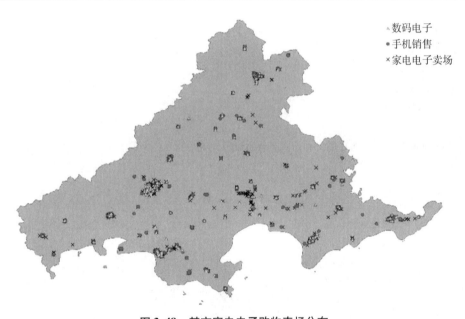

图 3.48　某市家电电子购物卖场分布

使用 Python 语言进行操作，主要代码如下：

```
import pandas as pd
import numpy as np
import math
import heapq
import copy
from scipy import stats
```

```python
def neighbors( points, number, type, m, k) :    #统计邻域点的类型
    distance = np. zeros( ( number, number) ) #距离矩阵
    for i in range( number) :
        for j in range( number) :
            if( i == j) :
                distance[ i, j] = float( "inf")
            else:
                distance[ i, j] = math. sqrt( ( points[ i, 2] − points[ j, 2]) ** 2 + ( points[ i, 2] − points[ j,
2]) ** 2) #计算距离


    a = np. zeros( ( number, m) ) #返回 m − 环绕的邻域点
    for i in range( number) :
        a[ i, ] = sorted( map( distance[ i, ]. tolist( ). index, heapq. nsmallest( m, distance[ i, ]) ) )
    b = np. zeros( ( number, m) ) #返回 m − 环绕的邻域点的类型
    for i in range( number) :
        for j in range( m) :
            b[ i, j] = points[ int( a[ i, j] − 1) , 1]


def neighbortype( m, k) : #所有 m − 环绕的邻域类型
    neighbortype = [ ]
    a = [ 0] * m
    generate( m, k, 0, a, neighbortype)
    return neighbortype


def generate( m, k, i, a, b) : #生成所有 m − 环绕的邻域类型
    if( i == m) :
        return
    for j in range( k) :
        a[ i] = j + 1
        if ( i == m − 1) :
            b. append( copy. copy( a) )
        generate( m, k, i + 1, a, b)


def Q_statistics( neighbors, R, m, k) : #计算 Q 统计值
    ntype = np. array( neighbortype( m, k) ) #邻域类型
    counts = [ 0] * ( k ** m)
    sum = [ 0] * ( k ** m)
    e = 0
    con = [ 0] * k
    r = [ 0] * k
    for neighbor in neighbors:
        for i in range( m) :
            for j in range( k) :
                if ( neighbor[ i] == j + 1) :
```

```
                        con[j] + = 1
    for j in range(k): #统计值出现的相对频率
        r[j] = con[j]/(neighbors.shape[0] * neighbors.shape[1])
    for neighbor in neighbors: #统计每一类邻域类型的数量
        c = [0] * k
        for i in range(k ** m):
            if(ntype[i] == neighbor).all():
                counts[i] + = 1
                for j in range(k):
                    for n in neighbor:
                        if(n == j + 1): #统计值出现的频率
                            c[j] + = 1
                    sum[i] + = c[j] * math.log(r[j], math.e)
    for i in range(k ** m): #计算符号熵的上界
        e + = - sum[i]/R
    h = 0
    for count in counts: #计算符号熵 h(m)
        if (count ! = 0):
            h + = - count/R * math.log(count/R, math.e)
    Q = 2 * R * (e - h) #计算 Q(m)
    return Q


def chisq_statics(Q, k, m, q): #卡方检验
    crit = stats.chi2.ppf(q, df = k ** m - 1)
    if(Q > crit):
        P_value = 1 - stats.chi2.cdf(x = Q, df = k ** m - 1)
        print('置信水平:{:.4f}下拒绝空间独立的假设,存在着空间关联'.format(q.item()),
                'p_value: {:.4f}'.format(P_value))
    else:
        print("接受空间独立的假设,不存在着空间关联")
```

3.3.3　共位模式挖掘算法

空间共位模式挖掘是空间数据挖掘领域中的一个研究热点,是从一个点数据集识别不同类型的空间事件/特征之间的空间共位关系,对于揭示地理现象间的共位关系具有重要价值,学者们也在此领域开发了各种高效的算法。随着 POI 数据的广泛获取,利用该方法捕捉不同城市功能的共生关系是可行的 (Chen et al., 2020)。相较于 CLQ 方法的结果不能直接代表两种以上类型的共位关系,Q 统计法仅适用于单个实例,且当数据类型过多时,这两种方法的结果难以解释,导致产生模式数量爆炸问题,该方法支持对多个类型的共位关系的检测,应用范围更广。

设一组 POI 类型 $F = \{f_1, f_2, f_3, \cdots, f_n\}$ 和它们的实例对象 $O = \{o_1, o_2, \cdots, o_m\}$,其中 f_n 表示第 n 种 POI 类型,o_m 表示 f_i 类型中的第 m 个 POI 实例对象,表示方法为 "〈编号 ID, POI 类型 f_i, 位置 (X, Y)〉"。

共位模式挖掘的实现包括以下 4 个步骤。

首先，基于 Voronoi 图方法识别不同类型的 POI 对。对于 i 类型的 POI 点 f_i，生成以 f_i 作为内核的 Voronoi 图，在 Voronoi 图的每个多边形中，其他 j 类型（$j \neq i$）的 POI（记为 f_j）连接到核，形成 POI 对 $\{f_i, f_j | j \neq i\}$ 的集合。通过这种方式，j 类型的 POIs 被连接到 i 类型的最邻近，即一个最邻近约束。此外，还可以确定每个 POI 对的欧氏距离。

其次，建立一个大小为 2 的实例表 T 来存储 POI 对，具有哈希表结构，并以 POI 类型作为索引。POI 对结构为 "$\langle o_i, o_j, d(o_i, o_j) \rangle$"，$d(o_i, o_j)$ 表示 POI 对（o_i, o_j）的欧氏距离。只有距离小于阈值的实例对被保留，距离大于阈值的实例对被排除在后续分析之外。T 中的这些 POI 对被认为是候选大小为 2 共位模式。

然后，使用流行度指数（PI）验证候选大小为 2 共位模式的重要性，检索出大小为 n（$n > 2$）的候选最大共位模式。PI 的计算公式为：

$$P(CP) = \min_{f_i \in CP} \{ Pr(CP, f_i) \}$$
$$Pr(CP, f_i) = N(CP, f_i) / N(f_i) \tag{3.40}$$

式中：$P(CP)$ 是给定共位模式的 PI 值；$Pr(CP, f_i)$ 是 f_i 在共位模式中的参与比例；$N(CP, f_i)$ 是共位模式的实例中 f_i 实例的数量；$N(f_i)$ 是数据集中类型 f_i 实例的总数。

最后，根据候选最大共位模式的 PI 值对其进行评估或删除。如果一个大小为 n 的候选共位模式的 PI 值大于 Min-prev，则将其视为最终的共位模式；否则，它被划分为大小为 $n-1$ 的子集。PI 值小于 Min-prev 的子集，继续进行除法，直到找到所有普遍存在的 $n \geq 3$ 的共位模式子集（Liu et al.，2021）。

以某市的公司企业为例，共包含电信公司、广告装饰、机械电子、工厂、农林牧渔基地等 11 类 1606 个 POI。需要输入的数据为 ".csv" 格式的表格，如图 3.49 所示，包括表头和数据，共 4 列，分别是 FID、type、x 坐标和 y 坐标，其中 FID 是地物编号，type 是地物的类别代号，类别代号应为以 1 开头的连续整数。

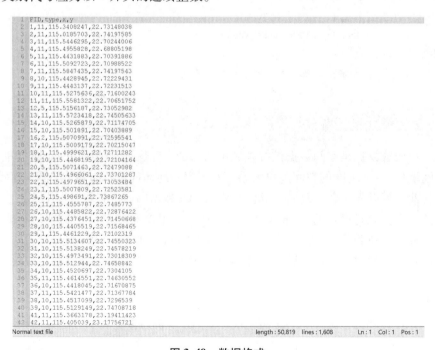

图 3.49　数据格式

使用 Python 语言进行操作，主要代码如下：

```python
def group( Path, data)： #统计 POI 类型数量
    f = open( data)
    data = pd. read_csv( f)
    N = 0
    if not os. path. exists( Path + '/group')：
        os. makedirs( Path + '/group')
    for name, group in data. groupby( 'type')：
        push = Path + '/group/' + str( name) + '. csv'
        with open( push, 'w', newline = '') as f2：
            group. to_csv( f2, header = 0, index = 0)
            f2. close( )
        N = N + 1
    f. close( )


def cal_n( Path, N)：   #计算每类点的数量
    push = Path + '/number. csv'
    out = open( push, 'a')
    for i in range( 1, N + 1)：
        f = open( Path + '/group/' + str( i) + '. csv', 'r')
        data = f. read( )
        n = 0
        rows = data. split( '\n')
        for row in rows：
            n = n + 1
        output = str( n) + '\n'
        out. write( output)


def disthreshold( dir, th, N)： #计算距离阈值
    indir = dir + '/quchong'
    outdir = dir + '/dis_threshold'

    if not os. path. exists( outdir)：
        os. makedirs( outdir)
    for i in range( 1, N + 1)：
        for j in range( i + 1, N + 1)：
            if os. path. exists( indir + '/' + str( i) + "_" + str( j) + '. csv')：
                f = open( indir + '/' + str( i) + "_" + str( j) + '. csv')
                data = csv. reader( f, delimiter = ', ')
                push = outdir + '/' + str( i) + "_" + str( j) + '. csv'
                f2 = open( push, 'a')
                for line in data：
                    if float( line[ 2]) < th：
```

```
            output = line[0] + ',' + line[1] + ',' + line[2] + '\n'
            f2. write( output)
        f2. close( )
        f. close( )


def PI( dir, N): #计算 PI 值
    number = open( dir + '/number. csv', 'r')
    data = number. read( )
    s = [ ]
    rows = data. split( '\n')
    for row in rows:
        elements = row. strip( ). split( ',')
        for e in elements:
            s. append( e)
    indir = dir + '/dis_threshold'
    outdir = dir + '/participate_index. csv'
    out = open( outdir, 'a')
    for i in range(1, N + 1):
        for j in range( i + 1, N + 1):
            dir_dis_th = indir + '/' + str( i) + "_" + str( j) + '. csv'
            if os. path. exists( dir_dis_th): #判断文件是否存在
                if os. path. getsize( dir_dis_th): # 判断文件是否为空
                    f = open( dir_dis_th)
                    data = pd. read_csv( f, header = None)
                    a = len( np. unique( data[0]))
                    b = len( np. unique( data[1]))
                    output = str( min( a / float( s[ i - 1]), b / float( s[ j - 1]))) + '\n'
                    out. write( output)
                    f. close( )

                else:
                    output = '0' + '\n'  #为空的对 participate index 赋为 0
                    out. write( output)
            else:
                output = '0' + '\n'  #为不存在的对 participate index 赋为 0
                out. write( output)

    out. close( )
```

得到各类型 POI 之间的 PI 值如图 3.50 所示，最大的跨部门连接存在于广告装饰与建筑公司、商业商贸、冶金化工、网络科技，建筑公司与商业商贸，冶金化工与工厂之间，表明这些产业之间存在着潜在的合作关系。设定流行度阈值为 0.6，挖掘完成后，得到满足条件的所有 $n \geqslant 3$ 的共位模式子集，分别是商业商贸 - 建筑公司 - 广告装饰、商业商贸 - 机械电子 - 广告装饰、商业商贸 - 冶金化工 - 广告装饰、商业商贸 - 网络科技 - 广告装饰，挖掘完

成后生成的文件如图 3.51 所示。

```
1  0.8773006134969326
2  0.696319018404908
3  0.6779141104294478
4  0.7935483870967742
5  0.7944785276073619
6  0.9069767441860465
7  0.6625766871165644
8  0.20245398773006135
9  0.7263581488933601
10 0.20491803278688525
11 0.6037735849056604
12 0.6226415094339622
13 0.432258064516129
14 0.660377358490566
15 0.8023255813953488
16 0.5471698113207547
17 0.1320754716981132
18 0.4305835010060362
19 0.15846994535519127
```

图 3.50　各类型 POI 之间的 PI 值

```
1  流行度阈值,流行同位模式,类别数,流行度
2  0.6,7_2_1,3,0.6196319018404908
3  0.6,7_4_1,3,0.6042944785276073
4  0.6,7_5_1,3,0.6258064516129033
5  0.6,7_6_1,3,0.6976744186046512
```

图 3.51　挖掘完成生成的文件

3.4　景观格局分析

　　景观格局是指景观要素的类型、数目及其在景观空间内的配置和组合形式，最为明显的空间分布构型包括均匀型格局、团聚型格局、线状格局、平行格局和特定组合或空间连接格局。景观格局分析是对景观结构组成特征和空间配置关系的研究，通过研究空间格局能够更好地理解生态学过程（傅伯杰、陈利顶，1996）。以"斑块–廊道–基质"理论为基础发展起来的景观指数能够高度浓缩景观格局信息，是景观格局分析的主要工具。本书将常用的景观指数归纳为 3 种类型，分别是景观特征指数、景观异质性指数和景观空间关系指数。本节将介绍各指数的计算公式及相关含义，并用 Fragstats 软件进行景观指数计算的演示。

3.4.1　景观特征指数

　　景观特征指数包括描述斑块的面积、周长、形状、数量等参数，是分析景观格局的基础，可体现景观内各要素的类型和斑块特征。根据指数的描述功能，可将其分为斑块大小类指数、斑块密度类指数和斑块形状类指数。各指数的具体介绍见表 3.8。

表 3.8　景观要素的特征指数

指数类型	具体指数	公式	意义
斑块大小类	斑块平均面积（average patch area）	$AREA\_MN = \dfrac{\sum\limits_{i=1}^{m}\sum\limits_{j=1}^{n} a_{ij}}{N}$ a_{ij} 为第 i 类景观要素第 j 个斑块的面积，m 为斑块类型的总数，n 为某类型斑块的总数，N 为斑块总数（下同）	等于斑块总面积/斑块总数，可在类型和景观两个尺度下计算，能够揭示景观破碎化程度，一般认为其值越小景观越破碎
	斑块面积均方差（variance of patch area）	$AREA\_CV = \dfrac{SD\left(\sum\limits_{n=1}^{m}\sum\limits_{j=1}^{n} a_{ij}\right)}{MN\left(\sum\limits_{n=1}^{m}\sum\limits_{j=1}^{n} a_{ij}\right)}$ $SD\left(\sum\limits_{n=1}^{m}\sum\limits_{j=1}^{n} a_{ij}\right)$ 为面积的标准差； $MN\left(\sum\limits_{n=1}^{m}\sum\limits_{j=1}^{n} a_{ij}\right)$ 为面积的平均值	通过方差分析，能够揭示斑块面积分布的均匀性程度
	斑块面积加权指数（area-weighted index）	$AREA\_AM = \sum\limits_{j=1}^{n}\left[x_{ij}\left(\dfrac{a_{ij}}{\sum\limits_{j=1}^{n} a_{ij}}\right)\right]$	为指数添加面积权重，体现面积大小的影响
	最大斑块指数（largest patch index）	$LPI = \left[\dfrac{\max(a_{ij})}{A}\right] \times (100)$ A 为景观总面积	等于某一类型中的最大斑块占整个景观面积的比例，其值大小决定着景观中的优势种、内部种的丰度等生态特征
斑块密度类	斑块数（number of patch）	$NP = N$ N 为斑块个数	在类型尺度上等于某类斑块的总个数，在景观尺度上等于景观中所有斑块个数，反映了景观的空间格局，对许多生态过程都有影响
	斑块密度（patch density）	$PD = \left[\dfrac{n_i}{A}\right] (10000) \times (100)$ n_i 为第 i 类景观要素的斑块数；A 为景观总面积	单位面积上的斑块数，单位为斑块数/100 公顷，是描述景观破碎化的重要指标，PD 越大破碎化程度越大
斑块形状类	景观形状指数（landscape shape index）	$LSI = \dfrac{0.25\sum\limits_{i=1}^{m}\sum\limits_{j=1}^{n} e_{ij}}{\sqrt{A}}$（参照物为正方形时） $LSI = \dfrac{\sum\limits_{i=1}^{m}\sum\limits_{j=1}^{n} e_{ij}}{2\sqrt{\pi A}}$（参照物为圆形时） e_{ij} 为第 i 类景观要素第 j 个斑块的边界长度；A 为景观总面积（下同）	通过计算区域内某斑块形状与相同面积的正方形或圆形之间的偏离程度，来测量形状的复杂程度。一般系数为 0.25，由栅格的基本形状为正方形而确定的

续表3.8

指数类型	具体指数	公式	意义
斑块形状类	面积加权平均形状指数（area-weighted mean shape index）	$AWMSI = \sum\limits_{i=1}^{m} \sum\limits_{j=1}^{n} \left[\left(\dfrac{0.25\,e_{ij}}{\sqrt{A}} \right) \left(\dfrac{a_{ij}}{A} \right) \right]$ （参照物为正方形）	度量景观空间格局复杂性的重要指标之一，该公式表明面积大的斑块比面积小的斑块具有更大的权重。当其值为1时，说明所有斑块均为正方形；其值增大时，斑块形状变得更复杂
	边缘密度（edge density）	$ED = \dfrac{\sum\limits_{j=1}^{n} e_{jk}}{A}$ $\sum\limits_{j=1}^{n} e_{jk}$ 为 k 类型斑块的总边长；n 为该类型斑块的总数	可在类型和景观两个尺度下进行计算，能够揭示景观或类型被边界分割的程度，是景观破碎化程度的直接反映
	周长面积比（perimeter-area ratio）	$PARA = \dfrac{e_{ij}}{a_{ij}}$ e_{ij} 为第 i 类景观要素第 j 个斑块的周长	斑块周长与斑块面积之比，显示斑块边缘效应强度
	分维度指数（fractal dimension index）	$FRAC = \dfrac{2\ln(0.25\,e_{ij})}{\ln a_{ij}}$	分维数可直观地理解为不规则几何形状的非整数维数，其值越大，表明斑块形状越复杂。分维数理论范围为 $1.0 \sim 2.0$，1.0 代表形状为最简单的正方形斑块，2.0 表示等面积下周边最复杂的斑块

3.4.2 景观异质性指数

不同大小和内容的斑块、廊道、基质共同构成了异质性景观，形成了构型各异的景观格局。景观异质性指数能够度量景观多样性、景观丰富度、边缘对照度、景观破碎度等指标，描述景观不同要素的属性，常用的景观异质性指数如下。

1. 景观多样性指数

（1）Shannon 多样性指数（Shannon diversity index，SHDI）。SHDI 在景观尺度下进行计算，对景观中各斑块类型的非均衡分布状况较为敏感，即强调稀有斑块类型对信息的贡献。如果景观由两种以上的类型斑块组成，且各斑块类型所占的面积比例相同，则此时该景观多样性最高，随着各斑块类型所占面积比例的差异增大，景观多样性会随之下降。在比较和分析不同景观或同一景观不同时期的多样性与异质性变化时，SHDI 也是一个敏感指标。如在一个景观系统中，土地利用越丰富，破碎化程度越高，其不定性的信息含量也越多，计算出的 SHDI 值也就越高。其表达式为：

$$SHDI = -\sum_{i=1}^{m}(p_i \ln p_i) \qquad (3.41)$$

其中：p_i 为第 i 类景观类型在整个景观中的比例，m 为景观中斑块类型的总数（下同）。

（2）Simpson 多样性指数（Simpson diversity index，SIDI）。SIDI 描述从一个景观中连续两次抽样所得到的斑块数属于同一种类型的概率，其最小值为 0，此时景观中只有一种类型的斑块，值越大表明景观多样性越丰富。其表达式为：

$$SIDI = 1 - \sum_{i=1}^{m} p_i^2 \qquad (3.42)$$

（3）景观百分比（percentage of landscape，PLAND）。PLAND 是某一斑块类型的总面积占整个景观面积的百分比，用于度量景观的组分，是帮助确定景观中优势景观元素的依据之一。其值趋于 0 时，说明景观中此斑块类型变得十分稀少；其值等于 100 时，说明整个景观只由一类斑块组成。其表达式为：

$$PLAND = \frac{\sum_{j=1}^{n} a_{ij}}{A} \times (100) \qquad (3.43)$$

其中：a_{ij} 为第 i 类景观要素的第 j 个斑块的面积，A 为景观的总面积。

2. 景观破碎度

景观破碎度（landscape fragmentation，C_i）表征景观被分割的破碎程度，反映景观空间结构的复杂性，在一定程度上反映了人类对景观的干扰程度。它是自然或人为干扰所导致的景观由单一、均质、连续的整体趋向于复杂、异质、不连续的斑块镶嵌体的过程，景观破碎化是生物多样性丧失的重要原因之一。其表达式为：

$$C_i = \frac{N_i}{A_i} \qquad (3.44)$$

其中：N_i 为第 i 类景观类型的斑块数，A_i 为第 i 类景观类型的总面积。

3. 景观优势度

景观优势度（landscape dominance，D）与多样性指数成反比，对于景观类型数目相同的不同景观，多样性指数越大，其优势度越小，优势度较大则表明景观由一种或几种斑块类型占主导地位。其表达式为：

$$D = H_{\max} + \sum_{i=1}^{m}(p_i \ln p_i) \qquad (3.45)$$

其中：$H_{\max}$ 为多样性指数的最大值。

4. 景观均匀度

景观均匀度（landscape evenness，E）和景观优势度一样，也是描述景观由少数几个主要景观类型控制的程度，这两个指数可以彼此验证。以 Shannon 均匀度为例，其表达式为：

$$E = \frac{H}{H_{\max}}(100) = \frac{-\sum_{i=1}^{m}(p_i \ln p_i)}{\ln m} \times (100) \qquad (3.46)$$

其中：H 为 Shannon 多样性指数，$H_{\max}$ 为其最大值。

5. 斑块相对丰富度

斑块相对丰富度（relative patch richness，R_r）以景观中景观类型数与景观中最大可能的类型数比值的百分比来表示，其值越大，表示斑块类型相对越丰富。其表达式为：

$$R_r = \frac{M}{M_{\max}} \times (100) \tag{3.47}$$

其中：M 为景观中现有景观类型数，$M_{\max}$ 为景观中最大可能的类型数。

6. 平均邻近度指数

平均邻近度指数（mean proximity index，MPI）用以度量同种景观类型各斑块间的邻近程度，反映了景观格局的破碎度，其值越大，表明连接度越高，破碎化程度越低。其表达式为：

$$MPI_i = \frac{1}{n_i} \sum_{j=1}^{n} \frac{a_{ij}}{h_{ij}^2} \tag{3.48}$$

其中：n_i 为景观中的斑块数量，a_{ij} 为斑块面积，h_{ij} 为从斑块 i 到同类型斑块 j 的距离。

7. 干扰强度

干扰强度 W_i 表示人类的干扰作用，干扰强度越小，越有利于生物的生存，因此其对受体的生态意义越大。其表达式为：

$$W_i = \frac{L_i}{S_i} \tag{3.49}$$

其中：L_i 为 i 类生态系统内廊道（公路、铁路、堤坝、沟渠）的总长度，S_i 为 i 类生态系统的总面积。

3.4.3 景观空间关系指数

景观空间关系包括同类型要素之间的空间关系和不同类型要素之间的空间关系。同类型要素之间关系的指数主要是斑块间的各种空间距离，不同类型要素之间关系的指数主要包括斑块聚合度、蔓延度、景观分离度、邻近度等指标。

1. 平均最邻近距离

平均最邻近距离（mean Euclidean nearest distance，MNN）表示某种类型斑块间的平均邻近距离，能够度量景观的空间格局。一般来说，MNN 值越大，反映出同类型斑块间的相隔距离越远，分布较离散；反之，说明同类型斑块间相距越近，呈团聚分布。另外，斑块间距离的远近对干扰也有影响，如距离近，相互间更容易发生干扰。其表达式为：

$$MNN = \frac{1}{N} \sum_{i=1}^{m} \sum_{j=1}^{n} h_{ij} \tag{3.50}$$

其中：m 为景观中斑块类型的总数，n 为斑块数目，h_{ij} 为第 i 类景观要素的第 j 个斑块与其最邻近体的距离，N 为景观中具有邻体的斑块总数。

2. 斑块聚合度

斑块聚合度（aggregation index，AI）基于同类型斑块像元间的公共边界长度来计算，当某类型中所有像元间不存在公共边界时，该类型的聚合程度最低；而当类型中所有像元间存在的公共边界达到最大值时，具有最大的聚合指数。其表达式为：

$$AI = \left[\sum_{i=1}^{m} \left(\frac{g_{ii}}{\max \to g_{ii}} \right) P_i \right] \times (100) \tag{3.51}$$

其中：g_{ii} 为 i 类型相似邻接斑块数量，P_i 为 i 类型斑块占整个景观的比例。

3. 散布与并列指数

散布与并列指数（interspersion and juxtaposition index，IJI）计算各斑块类型间的总体散布与并列状况，取值小时表明此斑块类型仅与少数几种其他类型相邻接。IJI 是描述景观空间格局最重要的指标之一，如山区的各种生态系统严重受到垂直地带性的作用，其分布多呈环状，IJI 值一般较低；而干旱区中的许多过渡植被类型受制于水的分布与多寡，彼此邻近，IJI 值一般较高。其表达式为：

$$IJI = \frac{-\sum_{k=1}^{n}\left[\left(\dfrac{e_{ik}}{\sum_{k=1}^{n} e_{ik}}\right)\ln\left(\dfrac{e_{ik}}{\sum_{k=1}^{n} e_{ik}}\right)\right]}{\ln(n-1)} \times (100) \tag{3.52}$$

其中：e_{ik} 为斑块类型 i 与相邻的斑块类型 k 的邻接边长，n 为景观中的斑块类型总数。

4. 蔓延度

蔓延度（CONTAG）可以描述景观里斑块类型的团聚程度或延展趋势，包含了空间信息。其值较大，表明景观中的优势斑块类型形成了良好的连接；反之，则表明景观是具有多种要素的散布格局，景观的破碎化程度较高。蔓延度与边缘密度呈负相关，与优势度和多样性指数高度相关。其表达式为：

$$CONTAG = \left[1 + \frac{\sum_{i=1}^{n}\sum_{k=1}^{n}\left[(p_i)\left(\dfrac{g_{ik}}{\sum_{k=1}^{n} g_{ik}}\right)\right]\left[\ln(p_i)\left(\dfrac{g_{ik}}{\sum_{k=1}^{n} g_{ik}}\right)\right]}{2\ln(n)}\right] \times (100) \tag{3.53}$$

其中：p_i 为第 i 类景观类型在整个景观中的比例，g_{ik} 为第 i 类斑块和第 k 类斑块毗邻的数目，m 为景观中斑块类型的总数。

5. 景观分离度

景观分离度（landscape split）表示斑块的空间分布离散程度，可以反映出斑块内受干扰的程度，当其值越趋于 1 时，斑块内的景观类型越少，反之则表明斑块内的破碎化程度越高。其表达式为：

$$SPLIT = \frac{A^2}{\sum_{i=1}^{m}\sum_{j=1}^{n} a_{ij}^2} \tag{3.54}$$

其中：A 为景观总面积，a_{ij} 为斑块面积。

本书使用 Fragstats 4.2 软件进行景观指数的计算。Fragstats 由 Kevin McGarigal 教授的团队开发，是一款能够计算多种景观格局指数的桌面软件程序，其官方网站还提供了附带的 ArcGIS 插件，空间分析模块最高可兼容 ArcGIS10.1。Fragstats 包含两种版本：第一种版本支持 GRID、GeoTIFF、IMG、ASCII 文本等格式的栅格文件，第二种商业版本支持矢量数据输入。Fragstats 对输入的数据从斑块（Patch）、类型（Class）和景观（Landscape）3 个尺度进行分析。数据中的一个图层包含多个要素，每个要素包含一个或多个地块，斑块尺度是指对要素的每个地块进行分析，类型尺度是指对所有要素进行分析，而景观尺度则是对整个图层进行分析。不同的尺度下可以计算不同的景观指数，有的景观指数能够在多个尺度下进行度量。

本案例采用官网的教程数据（网址为 http://www.umass.edu/landeco/research/fragstats/downloads/fragstats_downloads.html），数据包含空地（open space）、居民区（residential）、河流（water）、森林（forest）、湿地（non-forested wetland）和城市地区（urban）6 种地物类型，有 GeoTIFF 和 GRID 格式。以支持栅格数据的 Fragstats 版本为例进行操作演示。

打开软件，如图 3.52 所示，点击【New】新建工程（允许多窗口共存），在新建的工程页面中点击【Add layer】加载图层，选择好数据的格式后再加载数据文件（如图 3.53）。注意加载数据的名称和路径不能包含中文字符或空格，且最好存储在二级目录。本案例选用 GeoTIFF 格式的文件。

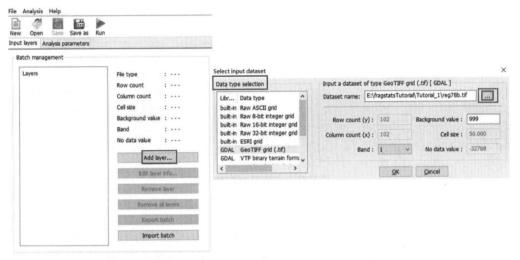

图 3.52　Fragstats 中新建工程

图 3.53　加载单个数据

若需要导入多个数据，点击【Import batch】添加后缀名为 .fbt 的 batch 文件即可，batch 文件存储数据信息的格式如图 3.54 所示。

geotiffbatch.fbt - 记事本

文件(F)　编辑(E)　格式(O)　查看(V)　帮助(H)

C:\Work\Fragstats\Tutorial\Tutorial_3\reg21b.tif, x, 999, x, x, 1, x, IDF_GeoTIFF
C:\Work\Fragstats\Tutorial\Tutorial_3\reg66b.tif, x, 999, x, x, 1, x, IDF_GeoTIFF
C:\Work\Fragstats\Tutorial\Tutorial_3\reg78b.tif, x, 999, x, x, 1, x, IDF_GeoTIFF

图 3.54　batch 文件格式

点击用户界面左侧中的【Analysis parameters】进行模型设置（如图 3.55），默认选择 8-cell 邻域法则，采样的策略选择不采样（No sampling），勾选需要计算的参数尺度：Patch、Class、Landscape，三者至少勾选一项。另外也可以选择穷举采样（Exhaustive sampling）或部分采样（Partial sampling），设置数据划分规则后进行子景观的分析，具体内容读者可以查阅 Fragstats V4.2.1 官方教程第四章、第六章。

不同尺度对应不同的景观指数，如多样性指数仅在景观尺度下可以计算。在用户界面右侧勾选需要计算的景观指数，如图 3.56 所示，首先是斑块尺度，包括面积—边、形状、核心面积、对

图 3.55　模型分析参数设置

175

比度、聚集度等类型指标，景观尺度中还包含各种多样性指数。需要注意的是，如果选择了邻近度指数（proximity index）、相似度指数（similarity index）、连接指数（connectance index）等功能性指标，还需要指定搜索半径或阈值距离，如 500 m。若要计算多样性中的相对丰富度（relative patch richness），需要指定类型（或斑块）的最大数量，本次设置为 6。

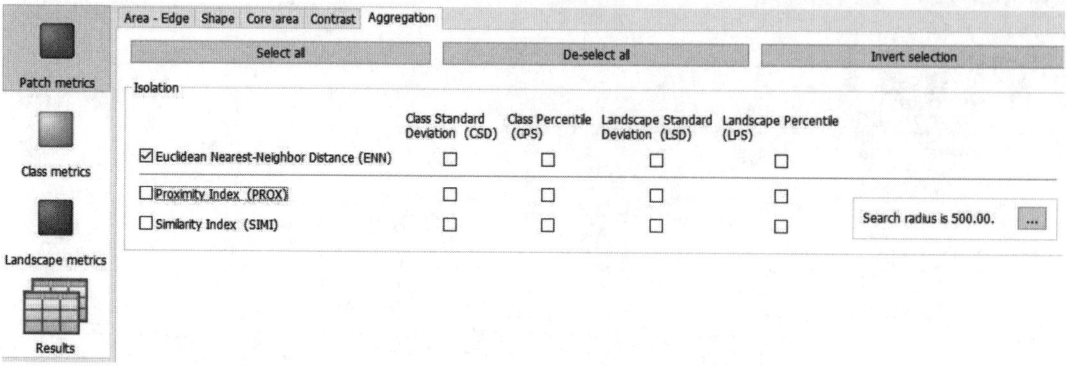

图 3.56　勾选景观指数页面

另外，如果需要计算核心面积（core area）、对比度（contrast）中的指数或相似度指数（similarity index），还需要创建并输入包含其他参数的辅助表，否则将分析失败。回到“Input layers”页面，在【Common tables】中添加拓展名为 . fsq 的辅助表（如图 3. 57），以“edgedepth. fsq”为例，该文件记录了类型（或斑块）每一对组合的边缘深度效应距离（depth-of-edge effect）。文件的第一行必须是 FSQ_TABLE。随后一行包括每个类型的字符描述或数值，取其一即可，若两者都给出（如图 3. 58），则只使用前一行的数据。最后的矩阵是每对类型组合之间的边缘深度效应距离，矩阵的行表示焦点类型、列表示相邻类型。因此，图 3. 58 中矩阵的第 4 行是 forest 这一土地利用类型，作为焦点类型，这一行的每一个元素都表示从相邻类型渗透到 forest 的边缘深度效应距离。本教程为了示范，仅给出了对 forest 类型的渗透效应，其余数值为 0 并不代表没有渗透效应。

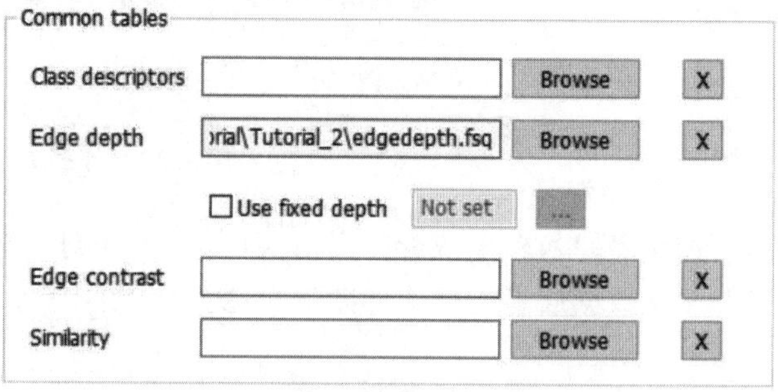

图 3. 57　加载参数辅助表

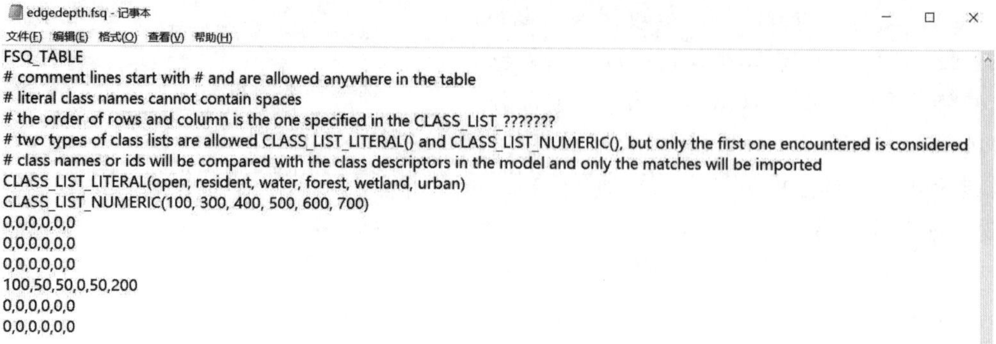
edgedepth.fsq - 记事本
文件(F) 编辑(E) 格式(O) 查看(V) 帮助(H)

```
FSQ_TABLE
# comment lines start with # and are allowed anywhere in the table
# literal class names cannot contain spaces
# the order of rows and column is the one specified in the CLASS_LIST ???????
# two types of class lists are allowed CLASS_LIST_LITERAL() and CLASS_LIST_NUMERIC(), but only the first one encountered is considered
# class names or ids will be compared with the class descriptors in the model and only the matches will be imported
CLASS_LIST_LITERAL(open, resident, water, forest, wetland, urban)
CLASS_LIST_NUMERIC(100, 300, 400, 500, 600, 700)
0,0,0,0,0,0
0,0,0,0,0,0
0,0,0,0,0,0
100,50,50,0,50,200
0,0,0,0,0,0
0,0,0,0,0,0
```

图 3. 58　边缘深度参数辅助表

设置好参数后，可点击【Save】保存模型以便以后在其他数据上使用。点击【Run】运行模型，确认信息无误后点击【Proceed】，即可在"Result"页面中查看计算结果（如图 3.59）。点击【Save run as】可以保存结果表格，运行结果如图 3.60 所示。

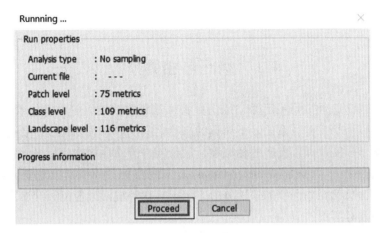

图 3.59 运行模型

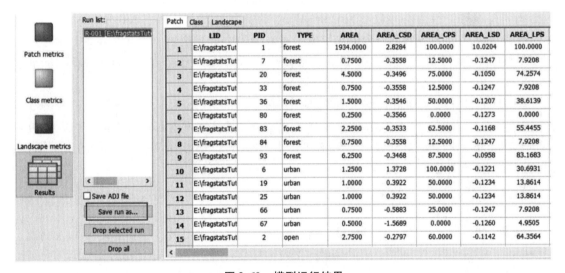

图 3.60 模型运行结果

第 4 章　空间统计分析

4.1　空间自相关分析

由 Tobler 提出的地理学第一定律"任何事物都是相关联的,越相近的事物关联更紧密"可知,空间中的事物都是有联系的,距离近的事物之间的联系紧密程度,要高于距离远的事物之间的联系紧密程度,即有更多的相似性,这种同一分布区域内变量之间的潜在相互依赖关系,称为空间自相关(spatial autocorrelation)。空间自相关分析是度量变量在空间上的分布是否具有相关性及其相关程度的一种分析方法,它在环境污染监测、地质灾害预防、疾病传播分析等方面具有广泛的应用。

本书使用 GeoDa 软件进行空间自相关分析的相关操作。GeoDa 是由 Luc Anselin 博士和其团队开发的一款空间数据分析软件,致力于为软件使用者提供免费、开源和用户友好的空间分析研究服务,包括空间自相关分析和基本的空间回归分析等(Anselin et al, 2006)。GeoDa 自 2003 年 2 月发布第一个版本以来一直在开发,并且提供了中文版本,目前已经发行了最新的 1. 20 版本。具体介绍和下载链接可登录 GeoDa 官网查看:http://geodacenter. github. io。

GeoDa 软件支持多种格式的矢量数据(. shp、. kml、. gml、. geojson 等)和表格数据(. csv、. dbf、. xls、. ods)。在加载文件时,可以通过打开文件所在文件夹的方式,也可以直接拖拽文件。GeoDa 软件上方的菜单栏列出了它的功能,重要的功能在工具条内部都有图标对应(如图 4.1)。

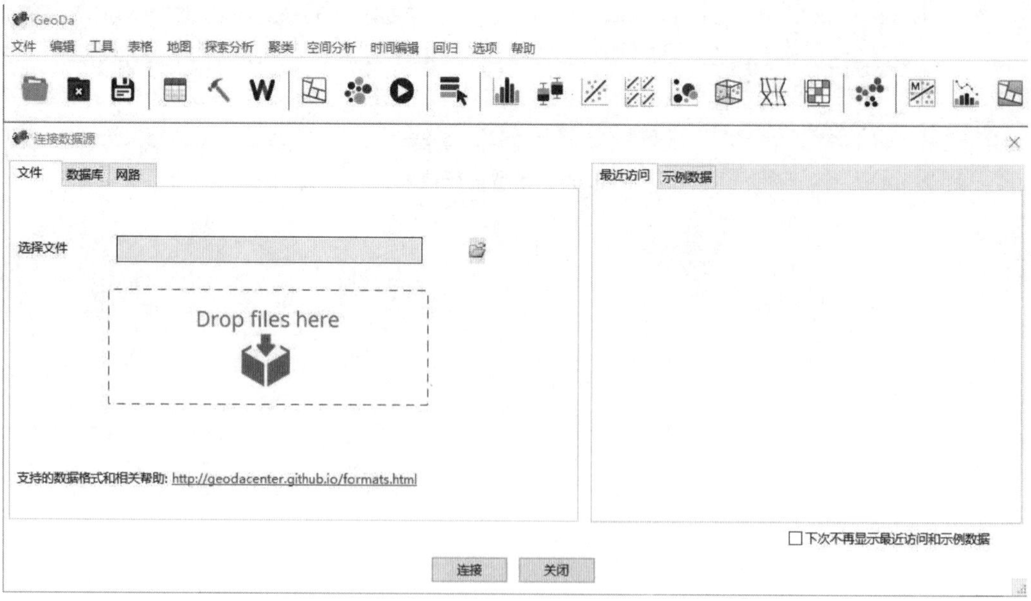

图 4.1　GeoDa 启动界面

4.1.1 单变量和双变量 Moran's I

1. 单变量 Moran's I

计算空间自相关的方法有很多种，最常用的指标有 Moran's I、Greary's C、Getis 等。其中 Moran's I 是由澳大利亚统计学家帕克·莫兰提出的度量整体空间相关性的一个重要指标（Moran，1950），它是一个相关系数，取值范围为 -1 到 1。其计算公式为：

$$I = \frac{\sum\limits_{i=1}^{n}\sum\limits_{j=1}^{m} w_{ij}(x_i - \bar{x})(x_j - \bar{x})}{s^2 \sum\limits_{i=1}^{n}\sum\limits_{j=1}^{m} w_{ij}} \tag{4.1}$$

式（4.1）中：x_i 为 i 处的值，x_j 为临近点 j 的值；w_{ij} 为用于量测空间自相关的权重；n 为点的数目；s^2 为 x 值与其均值的方差。$I>0$ 表示空间正相关，值越大，空间相关性越强；$I<0$ 表示空间负相关，值越小，空间差异性越大；$I=0$ 表示在空间呈随机分布。

使用 GeoDa 软件实现单变量 Moran's I 的计算：

（1）所用数据来源于 GeoDa 官网上的 cleveland.zip 文件，它是包含 2015 年第四季度美国俄亥俄州克利夫兰核心区域 205 套房屋的位置和销售价格的数据集。该文件属性表的字段数据中，unique_id 用来标记每套房屋，sale_price 表示房屋的销售价格。

（2）创建空间权重矩阵是空间相关性横截面分析的关键，是构建空间自相关统计的基本要素。空间权重矩阵可以描述变量之间的关联程度，按照空间权重的取值可以分为邻接矩阵和距离矩阵。根据空间相邻关系，相邻既可以是有共同边界又可以是有共同顶点。因此，邻接关系可分为 Bishop 邻接、Rock 邻接和 Queen 邻接共 3 种（如图 4.2）。一般实际操作过程中，多数都是选 Queen 邻接。基于距离的空间权重包括距离带、K-邻近、Kernel 共 3 种，是为了避免孤立问题而设置的。

 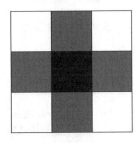 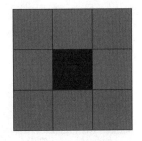

（a）Bishop 邻接　　　　（b）Rock 邻接　　　　（c）Queen 邻接

图 4.2　空间相邻关系

在 GeoDa 中创建空间权重矩阵的步骤如下：①加载 clev_sls_154.shp 文件（如图 4.3）；②选择菜单中的【工具】→【空间权重管理器】调用权重创建；③选择【创建】按钮，开始构建权重（如图 4.4）；④选择【unique_id】作为 ID 变量，勾选【Queen 邻接】，其他保持不变，点击【创建】，保存为 clev_sls_154_core.gal 文件（如图 4.5）。

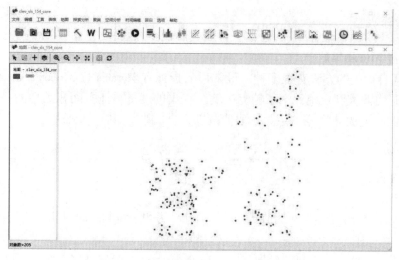

图 4.3　打开的 clev_sls_154. shp 文件

图 4.4　权重管理

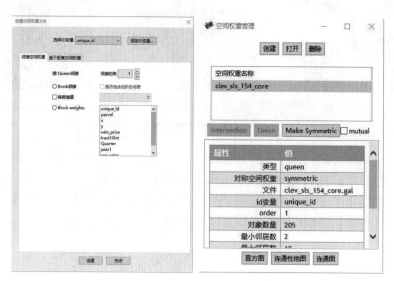

（a）Queen 邻接　　　　　（b）Queen 邻接权重管理

图 4.5　创建 Queen 邻接

以创建基于距离的空间权重矩阵，前三步操作相同，第四步操作为：选择【基于距离空间权重】。选择【距离带】，点击【创建】，创建距离带空间权重（如图4.6）。点数据的临界距离约为3598英尺，这是确保每个点（房屋销售）至少有一个邻居的距离。或是选择【K-邻近】，默认邻居数是4，我们选择6，点击【创建】，创建 K-邻近空间权重（如图4.7）。

图 4.6　距离带空间权重

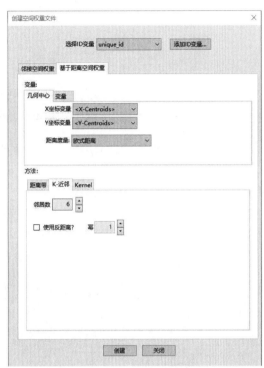

图 4.7　K-邻近空间权重

（3）启动 Moran 散点图。单击工具栏上空间分析组中的按钮 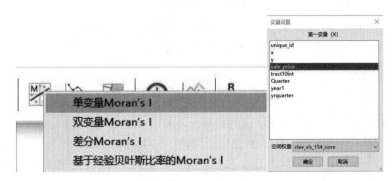，出现了不同分析类型，选择【单变量 Moran's I】，从变量设置对话框中选择【sale_price】，【权重】下拉列表显示当前活动的权重（如图4.8）；点击【确定】，得到 Moran 散点图（如图4.9）。

图 4.8　Moran's I 选择

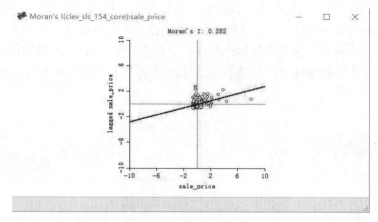

图 4.9　Moran 散点图

在图 4.9 中，水平轴表示房价，垂直轴表示空间滞后房价，二者均已标准化为平均值为 0、标准差为 1 的数值。在默认设置的情况下，有对点云的线性拟合，这条线的斜率对应于 Moran's I，其值（0.282）列在图的顶部。

（4）进行统计检验。线性拟合的斜率仅提供了 Moran's I 的估计值，但没有关于检验统计意义的信息，在图片上单击鼠标右键可以生成完整的选项列表。如图 4.10 所示，选择【随机化】以及【999 次置换】，即 pseudo p-value 可能为 0.001，置信度很高。

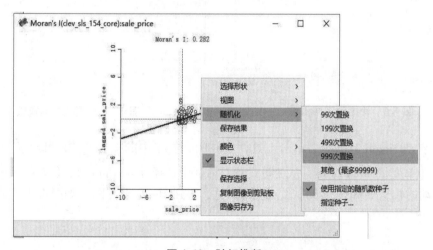

图 4.10　随机推断

统计的参考分布由直方图表示，竖线表示实际数据的统计值，位于参考分布的右侧，这表明强烈反对无效假设。左上角显示了用于构造参考分布（999）和 pseudo p-value 的排列数。后者是等于或大于观测值的统计值的数量（示例中，观测到的统计值本身仅为 1）与生成的样本数（999）相对于实际样本的比率。因此，结果为 $1/(999+1)=0.001$。图表底部的状态栏中显示了 Moran's I 统计的几个描述性指标。第一个是实际观测值，$I=0.2823$。第二个是理论期望值 $E[I]$，它等于 $-1/(n-1)$，-0.0049 的值实际上是 $-1/204$（数据集中有 205 个观测值）。第三个平均值是参考分布的平均值。示例中，该结果为 -0.0071，稍微偏离理论预期值。第四个参考分布的标准偏差为 0.0372，而分析随机化方法下的理论值为 0.00158（未在 GeoDa 中计算）。

点击图中的【运行】按钮将生成一个新的经验分布，如图 4.11 所示，对结果进行敏感性分析。特别是当仅使用 99 个排列时，汇总统计数据可能会有所不同，但对于 999 及更大的值较为稳定。

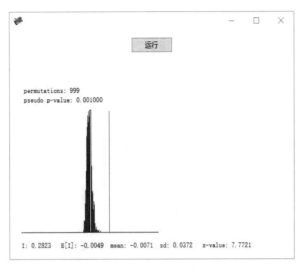

图 4.11　Moran's I 的参考分布

（5）保存散点图变量。在散点图上单击右键，选择【保存结果】，即可保存 Moran 散点图。默认名称为 MORAN_STD，对于其空间滞后，默认名称为 MORAN_LAG。单击【确定】将这两个变量添加到数据表中（如图 4.12）。

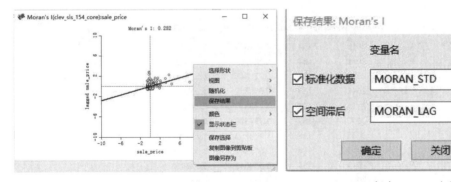

（a）保存 Moran 散点图　　　　　　　（b）保存 Moran'I 变量

图 4.12　保存 Moran 散点图和 Moran'I 变量

如图 4.13 所示，在菜单栏里选择【表格】，在其下拉菜单里选择【计算器】，计算标准化的销售价格及其空间滞后，从而快速地验证结果。

前者为标准化变量，选择【STANDARDIZED（Z）】和【sale_price】，添加 MORAN_STD 作为新变量（如图 4.14）。后者为空间滞后，指定权重文件 clev_sls_154_core 和先前标准化的变量 MORAN_STD，添加 MORAN_LAG 作为新变量（如图 4.15）。点击【应用】，再点击工具条中的【表格】图标，会发现多了两列值（如图 4.16）。

图 4.13　选择计算器

183

图 4.14 标准化变量

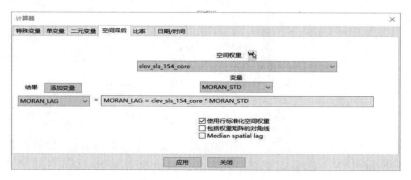

图 4.15 空间滞后变量

year	rquarte	MORAN_STD	MORAN_LAG
2015	154	3.191911	0.682404
2015	154	0.380900	1.170827
2015	154	0.826046	0.631147
2015	154	-0.608312	1.098903
2015	154	1.225852	0.271675
2015	154	1.287678	0.905457
2015	154	1.479750	1.215136
2015	154	0.652933	-0.006482
2015	154	-0.633042	0.294050
2015	154	0.562256	0.628615
2015	154	1.592685	0.113577
2015	154	-0.196140	1.135174
2015	154	0.380900	1.007401

图 4.16 表格中新增变量

2. 双变量 Moran's I

二元空间相关性通常被认为是一个变量与另一个变量的空间滞后之间的相关性，但这并没有考虑到这两个变量之间的内在相关性，因此它可能高估了空间方面的相关性。在其原始概念中，双变量莫兰散点图将 x 轴上有变量且 y 轴上有空间滞后的 Moran 散点图的概念扩展到双变量环境。根本区别在于，在双变量情况下，空间滞后属于不同的变量。本质上，这种二元空间相关性的概念衡量的是给定变量在某个位置的值与其不同变量的相邻值之间的相关性程度，能够较为有效地描述两个地理要素的空间关联和依赖特征。

使用 GeoDa 软件实现双变量 Moran's I 的计算:

(1)在 GeoDa 官网上下载 Natregimes. zip 文件,它包括 1960—1990 年美国 3085 个县的凶杀率值和若干社会经济数据,共有 73 个变量。其中 HR(60、70、80、90)表示每 10 万人的凶杀率(1960 年、1970 年、1980 年、1990 年)。

(2)创建空间权重矩阵。加载 natregimes. shp 文件后,我们获得了 3085 个美国县的底图。按照之前的步骤,选择 FIPSZ 作为 id 变量,创建一阶 Queen 邻接矩阵 natregimes_q。

(3)启动 Moran 散点图。单击工具栏上空间分析组中的按钮,出现了不同的分析类型,选择【双变量 Moran's I】。如图 4.17 所示,在变量设置对话框中,第一变量(x)选择 1990 年的凶杀率【HR90】,第二变量(y)选择 1980 年的凶杀率【HR80】,单击【确定】,可以得到双变量 Moran 散点图。x 轴上的空间滞后为 HR90,y 轴上的空间滞后为 HR80,线性拟合的斜率为双变量 Moran's I,大约为 0.360,表示两者的相关性(如图 4.18)。

其他操作与单变量 Moran 散点图的操作相同。

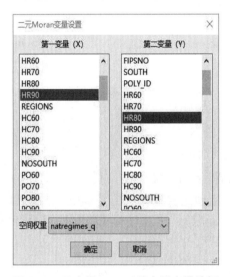

图 4.17 双变量 Moran 散点图变量选择

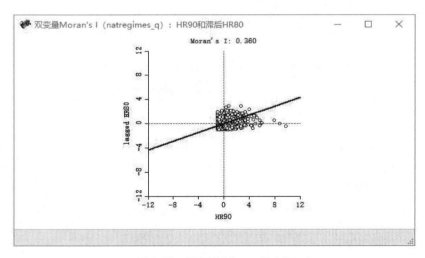

图 4.18 双变量 Moran 散点图

4.1.2　单变量和双变量 Local Moran's I

1. 单变量 Local Moran's I

Anselin（1995）提出了 Local Moran's I，作为识别局部聚类和局部空间异常值的一种方法。相较于全局空间自相关，局部空间自相关更能反映局部区域内的空间异质性与不稳定性。I_i 代表第 i 个地区的 Local Moran's I，计算公式为：

$$I_i = \frac{\sum_{i=1}^{n} \sum_{j=1}^{m} w_{ij}(x_i - \bar{x})(x_j - \bar{x})}{\sum_{i=1}^{n}(x_i - x)^2} \tag{4.2}$$

这与全局 Moran's I 的操作方式相同，对每个观测依次进行排列，生成的 pseudo p-value 可用于评估显著性。显著性指标与 Moran's I 散点图中每个观测的位置相结合时，可以将显著性位置分类为高 – 高空间聚类和低 – 低空间聚类，以及高 – 低空间异常值和低 – 高空间异常值。

使用 GeoDa 软件实现单变量 Local Moran's I 的计算。

（1）在 GeoDa 官网上下载 guerry. zip 文件，是 Andre-Michel Guerry 对 1830 年的法国进行的经典社会科学基础研究产生的数据，包含了 85 个法国省份和 23 个变量，例如犯罪、自杀、识字和其他"道德统计"。

（2）创建空间权重矩阵。加载 guerry. shp 文件，按照之前的步骤创建一个一阶 Queen 邻接的 guerry_q. gal 文件。

（3）启动聚类地图和显著性地图。单击 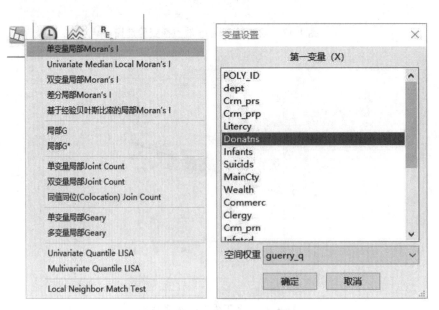 【聚类地图】图标，选择【单变量局部 Moran's I】，从变量设置对话框中选择【Donatns】，即向穷人捐款的数量（如图 4.19）。【空间权重】下拉列表显示当前活动的权重，点击【确定】，弹出对话框，如图 4.20 所示，勾选【显著性地图】和【聚类地图】，再次点击【确定】，则会出现 LISA 显著性地图和 LISA 聚类地图（如图 4.21）。

图 4.19　Local Moran's I 选择

图 4.20 打开窗口选择

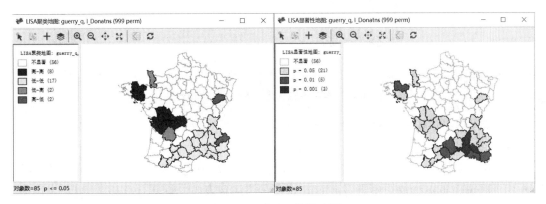

图 4.21 默认显著性地图

图 4.21 中给出了默认设置 999 排列和 p 值为 0.05 的结果，聚类地图在左边，相应的显著性地图在右边。聚类地图根据 Moran 散点图中的值位置及其空间滞后，通过指示空间关联类型来增加显著性位置。在本例中，4 个类别都分别被表示出来，颜色由浅至深依次为"高 – 高聚类"（8 个省份）、"高 – 低空间异常值"（2 个省份）、"低 – 高空间异常值"（2 个省份）、"低 – 低聚类"（17 个省份）。显著性地图显示了具有显著局部统计的位置，显著性程度以越来越深的颜色反映。该图分别以 $p = 0.05$、$p = 0.01$、$p = 0.001$ 进行划分，显示对给定排列数有意义的所有显著性类别。

（4）随机化选项。右键单击生成的地图，选择【随机化】选项，选择【其他（最多 99999）】（如图 4.22），会导致两个微小的更改，但显著性位置的总数保持不变。如图 4.23 所示，现在有 21 个位置在 $p < 0.05$ 处显著，4 个在 $p < 0.01$ 处显著，3 个在 $p < 0.001$ 处显著，1 个在 $p < 0.0001$ 处显著。聚类图在相同的两个位置受到影响，一个高 – 低空间异常值消失（毗邻该国南部的大型低 – 低聚类，999 个排列在 $p < 0.05$ 时显著），并添加了一个新的高 – 高聚类（位于布列塔尼地区现有高 – 高聚类的西部，在 $p < 0.05$ 时也显著）。一般来说，改变

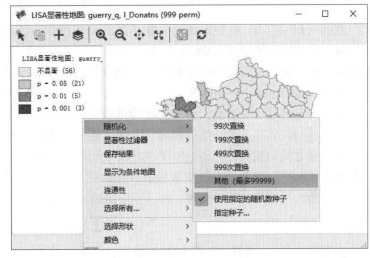

图 4.22 随机化选项

排列数量是一种较好的评估显著性位置敏感性的做法。

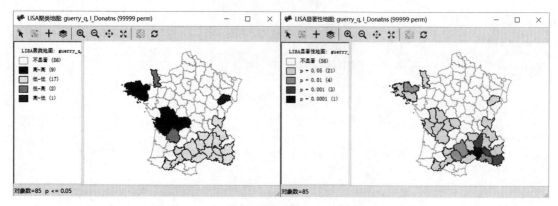

图 4.23　聚类地图和显著性地图（99999）

（5）保存 Local Moran 统计。Local Moran 功能具有【保存结果】的选项，它位于图 4.22 选项中的第三项。点击【保存结果】，出现一个对话框，其中包含 3 个要保存到表中的潜在变量（如图 4.24）。Lisa 指数是统计数据的实际值，通常用处不大，下面两项分别是聚类和显著性，即 pseudo p-value。单击【确定】将变量添加到表中，打开【表格】，可以发现多了 3 列数据（如图 4.25）。

Save Results: LISA	×
变量名	
☑ Lisa Indices	LISA_I
☑ Clusters	LISA_CL
☑ Significance	LISA_P

| 确定 | 关闭 |

图 4.24　LISA 变量选项

LISA_I	LISA_CL	LISA_P
0.242433	2	0.023930
-0.124561	0	0.262310
0.113472	0	0.325600
0.565504	2	0.033520
-0.035425	0	0.050500
0.590036	2	0.000160
0.014171	0	0.398750
0.164011	0	0.364860
0.356211	0	0.071870
0.385766	0	0.132680

图 4.25　表中的 LISA 变量

聚类（LISA_CL）由指定空间关联类型的整数标识：0 表示不显著（对于当前选择的 p-value，即我们示例中的 0.05），1 表示"高 – 高"，2 表示"低 – 低"，3 表示"低 – 高"，4 表示"高 – 低"。显著性（LISA_P）是从随机排列计算得到的 pseudo p-value。

2. 双变量 Local Moran's I

在多变量环境中计算空间自相关统计量较为困难。最常见的统计数据 Moran's I 基于叉积关联，这与二元相关统计数据相同。因此，很难弄清楚相邻位置的多个变量之间的相关性是由于变量之间的相关性，还是由于在空间中相邻而导致的相似性。双变量 Local Moran's I 的处理方法与对应的全局方法非常相似，它捕获了位置 i、x_i 上的一个变量的值与另一个变量的相邻值的平均值之间的关系，即其空间滞后，计算公式为：

$$I_i^B = c \, x_i \sum_j w_{ij} \, y_j \tag{4.3}$$

实现双变量 Local Moran's I 计算的操作，需要之前的 natregimes. shp 文件，以及它的空间权重矩阵。

单击 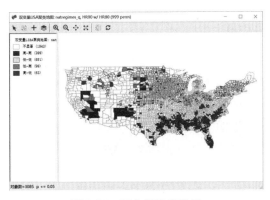【聚类地图】图标，选择【双变量局部 Moran's I】，在变量选择对话框中，第一变量（x）选择【HR90】，第二变量（y）选择【HR80】，单击【确定】，弹出窗口只勾选【聚类地图】，再次单击【确定】，得到双变量 LISA 聚类地图（如图 4.26）。其他操作与单变量 Local Moran's I 相同。

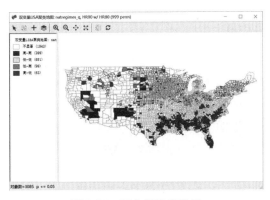

图 4.26　双变量聚类地图

如前所述，双变量 Local Moran 聚类图的解释需要谨慎，因为它不控制每个位置两个变量之间的相关性（即 x_i 和 y_i 之间的相关性）。为了说明这个问题，需要考虑时空情况，可以将图中的高－高和低－低聚类的结果解释为时间 t 处高/低值的位置（在我们的示例中，为 1990 年的凶杀率）在时间 $t-1$（1980 年的凶杀率）被高/低值包围。这可能是因为过去的周围位置影响了当前时间的中心位置（扩散效应的一种形式），但也可能是因为较强的惯性作用。换句话说，如果所有地点的凶杀率随着时间的推移高度相关，如果 $t-1$ 时的周围值与 $t-1$ 中 i 处的值相关，那么它们也倾向于与 t 时 i 处的值相关（$y_{j,t-1}$ 和 $y_{j,t}$ 之间的相关性）。虽然这些发现可能与扩散效应相符合，但情况并非一定如此。同样的情况会影响对同一时间点两个变量之间的双变量 Local Moran's I 的解释。

为了说明双变量 Local Moran 聚类图的问题，我们以空间异常值为例。除了双变量结果，还考虑了变量分别在 $t-1$ 时和在 t 时的单变量 Local Moran 聚类图，即 HR（80）（如图 4.27）和 HR（90）（如图 4.28）。

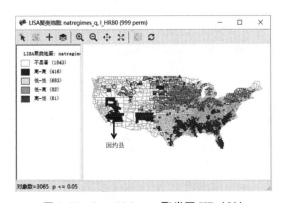

图 4.27　Local Moran 聚类图 HR（80）

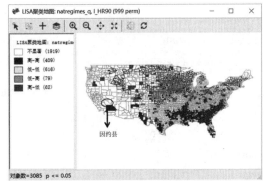

图 4.28　Local Moran 聚类图 HR（90）

突出显示的县是因约县（CA），它在图 4.26 中被确定为低－高空间异常值。1980 年，该县是高－高聚类的一部分，而在 1990 年，它并不显著。在这种情况下，可以将时空聚类图中的空间异常值解释为，该县 1990 年的凶杀率相较于 1980 年（当时该县被高凶杀率县包围）有所下降。但是，我们不能断定，1990 年其周边县的凶杀率是否仍然很高。

4.2　空间回归模型

4.2.1　全局空间回归模型

在空间上相邻的地理单元可能存在空间依赖性。当自变量或者因变量存在空间依赖性的时候，若用传统的线性回归方法会导致残差存在空间相关性，使得回归系数、拟合优度 R_2 都产生比较大的偏差。因此在数据存在空间依赖性的情况下，应使用空间回归模型（Anselin，2009）。空间回归模型的通用方程为：

$$y = \rho \, W_1 y + X\beta + \varepsilon \tag{4.4}$$

$$\varepsilon = \lambda \, W_2 \varepsilon + \mu, \mu \sim N(0, \sigma^2 I), Var[\varepsilon_i] = \sigma^2, i = 1, \cdots, n \tag{4.5}$$

式中：y 为 $n \times 1$ 因变量列向量；X 为 $n \times k$ 的自变量矩阵；W_1 是因变量的 $n \times n$ 阶权重矩阵；ρ 为空间滞后变量 $W_1 y$ 的系数；β 是和 X 相关的 $k \times 1$ 参数向量；ε 是随机误差项向量。

在式（4.5）中：W_2 是残差的 $n \times n$ 阶权重矩阵；λ 为空间自回归结构 $W_2\varepsilon$ 的系数，一般情况下 $0 \le \rho < 1, 0 \le \lambda < 1$；$\mu$ 为正态分布的随机误差向量；σ^2 是 ε_i 的方差，I 是单位矩阵，n 是样本数，k 是变量数。

当 $\rho = 0$、$\lambda = 0$ 时，为普通线性回归模型（ordinary least squares，OLS），即模型中不存在空间依赖性的影响。

当 $\rho \ne 0$、$\lambda = 0$ 时，为空间滞后模型（spatial lag model，SLM），即因变量受其自变量和相邻区域因变量的影响。如本地区雾霾不仅和当地工业生产、人类活动有关，由于雾霾在空气流动作用下易扩散，还受相邻地区雾霾的影响。

当 $\rho = 0$、$\lambda \ne 0$ 时，为空间误差模型（spatial error model，SEM），即因变量受其自变量和相邻地区自变量的影响。如犯罪率对房价的影响，若某居民区周围小区的犯罪率很高，也会对该居民区居民的安全感以及居住体验感造成负面影响，导致该居民区的房价偏低。

使用 GeoDa 软件实现全局空间回归模型的计算。

（1）使用 2015 年芝加哥地区关于 Airbnb、社会经济指标和犯罪情况的数据。数据格式为 Shapefile，包含 77 个样本和 20 个变量。可通过访问网页（https://geodacenter.github.io/data-and-lab/airbnb/）下载数据。本书 4.2 节的所有案例都将围绕该数据展开，用于研究各解释变量和犯罪率的关系。数据的变量描述见表 4.1。

表 4.1　数据的变量描述

变量英文名	变量中文名	描述
community	社区名称	Name of community area
shape_area	面积	Polygon area
shape_len	周长	Polygon perimeter
AREAID	社区 ID	ID number associated with the community area
response_r	房东回应的比例	Response rate of airbnb host
accept_r	房东接受预订请求的比例	Acceptance rate of airbnb host
rev_rating	评价	Host's rating

续表 4.1

变量英文名	变量中文名	描述
price_ pp	人均价格	Price per person
room_type	房间类型	1 is entire home/apartment，2 is private room，and 3 is shared room
num_spots	爱彼迎点数	Number of airbnb spots
poverty	家庭贫困率	Percent households below poverty
crowded	住房拥挤率	Percent housing crowded
dependency	年龄小于 18 或大于 64 占比	Percent under 18 or over 64 years old
without_hs	25 岁以上且无高中文凭的占比	Percent aged 25 + without high school diploma
unemployed	16 岁以上失业率	Percent unemployed above 16 years old
income_pc	人均收入	Per capita income
hardship_in	困难指数	Hardship index
num_crimes	犯罪总数	Total number of crimes
num_theft	盗窃总数	Total number of thefts
population	社区人口数	Community area population in 2010

（2）添加文件。启动 GeoDa，通过选择窗口或者直接拖拽添加 ".shp" 文件。若添加成功，则会出现图 4.29 右侧展示的矢量地图（如图 4.29）。除了 ".shp" 格式外还支持 ".gdb"".json" 和 ".xls" 等文件格式。

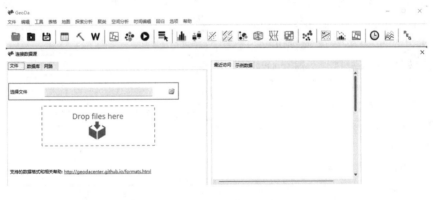

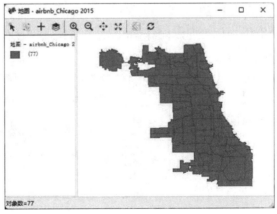

图 4.29　启动 GeoDa 软件并添加 shp 文件

（3）构建空间权重矩阵。如图 4.30 所示，选择工具栏的【空间权重管理】，点击【创建】按钮可创建空间权重矩阵。在弹出的窗口中【选择 ID 变量】，注意选择的 ID 变量必须具有唯一性。选择【Rook 邻接】（或根据需要选择【Queen 邻接】），点击【创建】后完成。

在空间邻接矩阵创建成功后，可以查看邻接属性表、直方图、连通性地图和连通图（如图 4.31）。

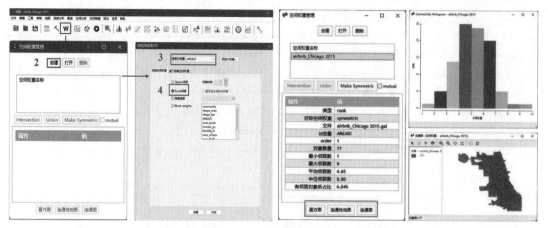

图 4.30　构建空间权重矩阵的步骤　　　　图 4.31　邻接数统计等邻接属性（连通图）

（4）最小二乘线性回归（OLS）。在进行空间回归前，要先进行最小二乘线性回归并查看效果。选择需要参与回归的因变量和自变量。本案例选择 *num_crimes*（犯罪数）为因变量，选择 *poverty*（家庭贫困率）、*crowded*（住房拥挤率）、*income_pc*（人均收入）、*unemployed*（失业率）、*population*（人口数）、*without_hs*（高中学历以下占比）、*num_spots*（民宿数量）这 7 个因子为自变量。

如图 4.32 所示，在工具栏选择【回归】后将弹出名为【回归分析】的窗口。可以通过　▸　按钮分别添加因变量和自变量到相应的栏目中。选择好变量后，勾选【权重文件】，并选择【经典线性回归模型】，点击【运行】，得到最小二乘线性回归（OLS）分析报告（如图 4.33）。

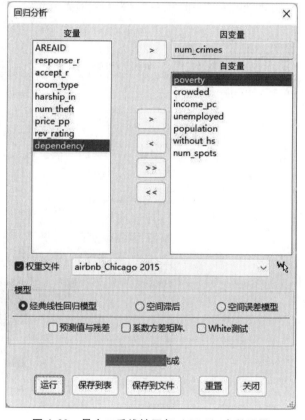

图 4.32　最小二乘线性回归（OLS）参数设置

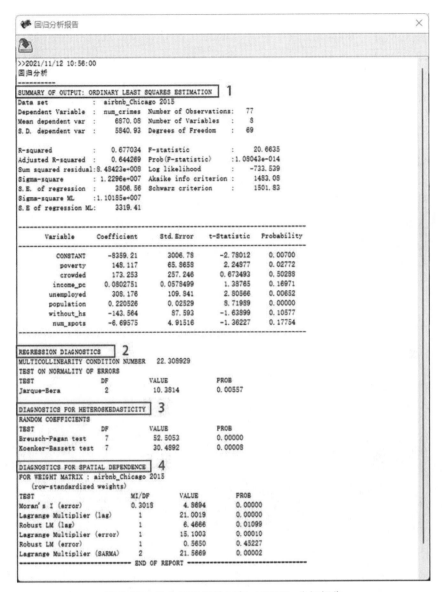

图4.33 最小二乘线性回归（OLS）分析报告

回归分析报告结果如下。

第一部分，OLS 的总体概况（summary of output）。这部分展示了因变量的均值、标准差，模型的决定系数（R^2）、F-检验概率、对数似然值（Log likelihood）等。下方表格展示的是各解释变量的系数、标准差、t-统计量和显著性。可以看到，在7个解释变量中，*poverty*、*unemployed*、*population* 和 *num_crimes* 呈显著正相关关系；*crowded*、*income_pc*、*without_hs*、*num_spots* 和 *num_crimes* 没有通过显著性检验。

第二部分，OLS 回归诊断（regression diagnostics）。当多重共线性条件数（multicollinearity condition number）大于等于30的时候，需要警惕回归中出现的多重共线性问题。Jarque-Bera 检验用来检验误差分布的正态性，若 p 值很小则意味着误差项是非正态分布的。

第三部分，异质性诊断（diagnostics for heteroskedasticity）。用来检验误差项的方差是否如 BLUE（最佳线性无偏估计）的要求一样是稳定的。越小的 p 值越意味着存在异质性。

第四部分，空间依赖诊断（diagnostics for spatial dependence）。这部分有 6 个指标用来评估模型的空间依赖性。Moran's I 指数显著且值为 0.3018，表明残差有较强的空间自相关。simple LM test［Lagrange Multiplier（Lag）］检验滞后依赖性。simple LM test［Lagrange Multiplier（error）］检验误差依赖性。Robust LM（Lag）和 Robust LM（error）用来监测 LM 的鲁棒性。portmanteau test（SARMA）若显著，则表明空间滞后模型和空间误差模型其中有一个是合适的。

从以上结果可以看到，空间滞后模型和空间误差模型的 simple test 都是显著的，表明存在空间依赖性。鲁棒测试（robust test）可以帮助我们了解哪种类型的空间依赖可能起作用。空间滞后（Lag）的鲁棒性显著，而空间误差（error）的鲁棒性不显著，这意味着当存在 error 的依赖变量时，Lag 依赖性就会消失。基于 OLS 的回归诊断过程，图 4.34 给出了空间回归模型的选择决策流程。

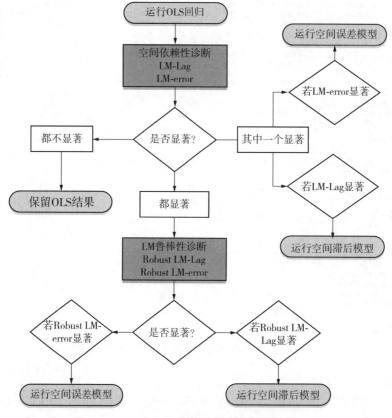

图 4.34　选择适合空间回归模型的决策树

（改编自 GeoDa Workbook，第 199 页）

（5）空间滞后模型。和第（4）步类似，将模型的选项修改为"空间滞后"（如图 4.35）。点击【运行】得到空间滞后模型（SLM）分析报告（如图 4.36）。

图 4.35　运行空间滞后模型

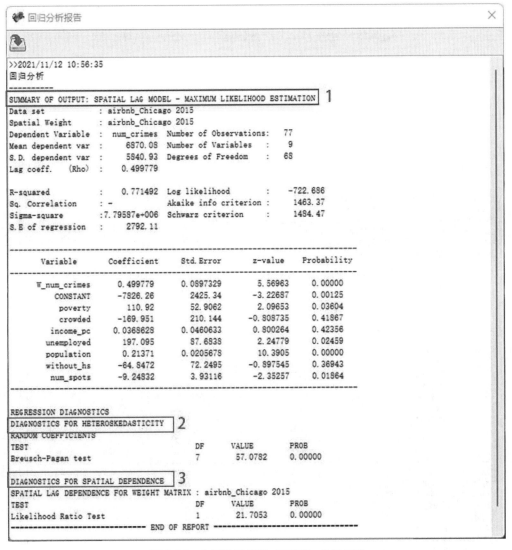

图 4.36 空间滞后模型（SLM）分析报告

回归分析报告结果如下。

第一部分，和 OLS 一样，分析报告展示了一些回归的基本信息，如因变量的均值、标准差，模型的决定系数（R^2）、F-检验概率、对数似然值（*Log likelihood*）等。在下方表格中，除了 7 个解释变量和常数项外，还多了一个关于犯罪数的空间滞后部分——*W_num_crimes* 作为附加指标。它的系数（*Rho*）用来反映数据集中固有的空间依赖性，可以测度相邻区域观测值对本区域的平均影响。在 7 个解释变量中，*num_spots* 由不显著变为显著，和 *num_crimes* 呈现负相关关系，其他变量的显著性和相关性基本不变。相较 OLS 结果，空间滞后模型的 R^2 和 *Log likelihood* 变大，说明模型拟合效果有所提升。

第二、第三部分，可以看到，异质性诊断和空间依赖性诊断两部分的统计指标仍然显著，说明在引入空间滞后变量后依旧没有完全消除空间效应。

（6）空间误差模型。和第（4）步类似，将模型的选项修改为"空间误差模型"（如图 4.37）。点击【运行】得到空间误差模型（SEM）分析报告（如图 4.38）。

图 4.37　运行空间误差模型

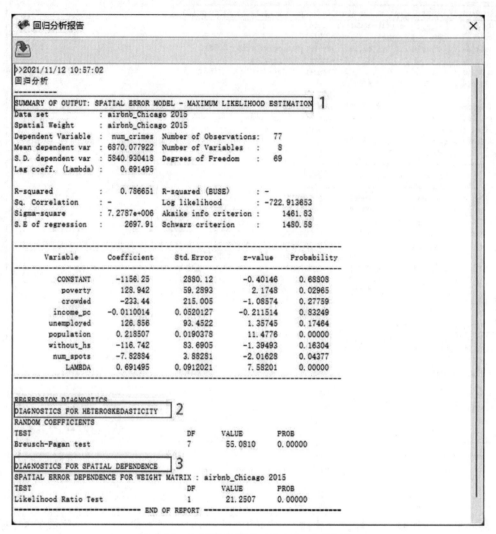

图 4.38　空间误差模型（SEM）分析报告

回归分析报告结果如下。

第一部分，空间误差模型中引入了 *LAMBDA* 系数作为附加指标，用来衡量和空间相关的误差。相较 SLM，SEM 的 7 个解释变量中，*unemployed* 由显著变得不显著，其他系数的显著性和相关性基本不变。空间滞后模型的 R^2 略增，*Log likelihood* 略降，拟合效果和 SLM 差不多。

第二部分，可以看到，异质性诊断和空间依赖性诊断两部分的统计指标仍然显著，说明在引入空间误差变量后依旧没有完全消除空间效应。

（7）对 3 种回归模型进行比较分析（见表 4.2）。从结果中可以得出，空间滞后模型和空间误差模型相较原来的 OLS 模型都有所改进。因此可以得出结论：控制空间依赖性可以提升模型的性能。至于具体选择哪一种模型，需要根据和实验相关的理论基础来选择。在理论不太清楚时，可以通过比较模型的性能参数（R^2 和 *Log likelihood*）来决定使用哪个模型。

表 4.2　3 种回归系数、p 值、R^2、*Log likelihood* 比较

变量	OLS	p-Value	SLM	p-Value	SEM	p-Value
poverty	148. 117	0. 028	110. 920	0. 036	128. 942	0. 030
crowded	173. 253	0. 503	− 169. 951	0. 419	− 233. 440	0. 278
income_ pc	0. 080	0. 170	0. 037	0. 424	− 0. 011	0. 832
unemployed	308. 176	0. 007	197. 095	0. 025	126. 856	0. 175
population	0. 221	0. 000	0. 214	0. 000	0. 219	0. 000
without_hs	− 143. 564	0. 106	− 64. 847	0. 369	− 116. 742	0. 163
num_spots	− 6. 700	0. 178	− 9. 243	0. 019	− 7. 829	0. 044
W/LAMBDA	—	—	0. 500	0. 000	0. 691	0. 000
R^2	0. 677		0. 771		0. 787	
Log likelihood	− 733. 539		− 722. 656		− 722. 914	

注：阴影数据为显著性变量。

4.2.2　地理加权回归模型

空间回归模型仍然是一个全局回归模型，其回归系数唯一，不随空间位置的变化而变化。有时候自变量对因变量的影响并不是全局性的，如工厂对其附近区域的土壤污染严重，而随着距离工厂越来越远，土壤的污染程度逐渐降低，因此使用地理加权回归模型更加合适（Brunsdon et al，1998）。地理加权回归是典型的局部模型，其回归系数会随着空间位置的变化而变化。其表达式为：

$$y_i = \beta_0(u_i, v_i) + \sum_{k=1}^{p} \beta_k(u_i, v_i) x_{ik} + \varepsilon_i \qquad (4.6)$$

其中：(u_i, v_i) 为第 i 个点的坐标；$\beta_k(u_i, v_i)$ 为第 i 个采样点上第 k 个回归参数，若其保持不变，则模型退化为普通的全局线性回归模型；ε_i 为第 i 个区域的随机误差。

使用 MGWR 软件实现地理加权回归模型的计算。

（1）数据来源和 4.2.1 节的实验相同。

（2）数据处理。由于使用 MGWR 软件需要坐标信息，因此在 ArcGis 中添加了 X 和 Y 字段，并通过计算几何求得各样本的坐标（投影坐标或地理坐标）。

（3）添加文件（Data Files）。如图 4.39 所示，打开 MGWR 软件，在【Data File】处可以添加文件。MGWR 支持的文件格式有 ". xls"" . xlsx"" . csv"" . dbf"。需要注意的是，MGWR 将默认文件的首行为变量名，同时缺失值必须作为空白值存储，而不是 "NULL" 或 "NAN"。成功添加文件后，【Variable List】变量列表处将会展示所有变量。

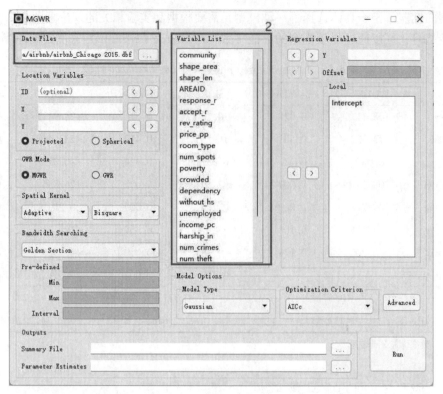

图 4.39　向 MGWR 添加文件

（4）添加回归变量。如图 4.40 所示，通过 ⟩ 按钮可将选择的变量添加到因变量（*Y*）或者自变量（Local）栏。选择自变量的时候可以通过 Control 按键一次选择多个变量，然后再一起添加到 Local 栏中。若想移除某个变量，可在选择该变量后通过 ⟨ 按钮移除。

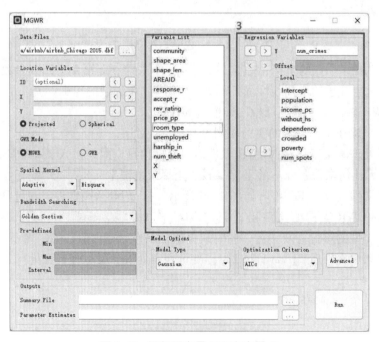

图 4.40　添加因变量 *Y* 和自变量 *X*

（5）添加位置变量。如图 4.41 所示，类似添加回归变量的过程，将 *ID*、*X* 坐标、*Y* 坐标通过 〈 按钮添加到【位置变量栏】（【Location Variables】）。然后根据数据预处理时坐标的属性选择【投影坐标】（Project）或者【地理坐标】（【Spherical】）。

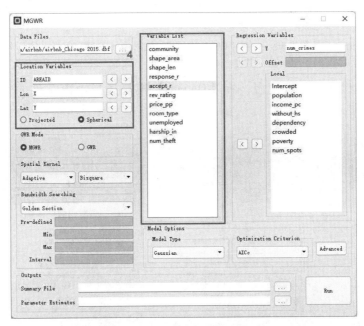

图 4.41　添加位置变量并设置坐标系

（6）设置 GWR 模式和参数。

GWR Mode：MGWR 软件可以选择【MGWR】和【GWR】两种模型，案例选择【GWR】模型（如图 4.42）。

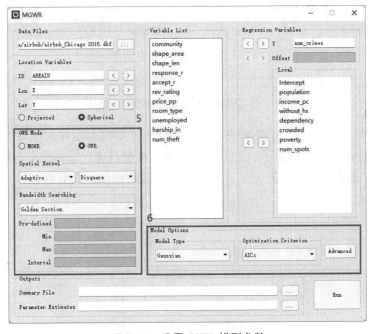

图 4.42　设置 GWR 模型参数

【Spatial Kernel】设置空间核函数，默认是自适应双重平方函数（Adaptive Bisquare），如果数据中含有均匀分布的点，则固定高斯函数（Fixed Gaussian）更加合适。案例选择自适应双重平方函数。

【Bandwidth Searching】带宽搜索选项允许用户在校准 GWR 或 MGWR 模型时定义用于选择最佳带宽的算法。默认是黄金搜索法则。

【Model Options】模型选项允许用户定义用于校准模型的模型类型以及优化标准，并提供了高级选项。

（7）选择输出文件保存路径。在【Outputs】模块选择输出文件的保存位置（如图 4.43）。

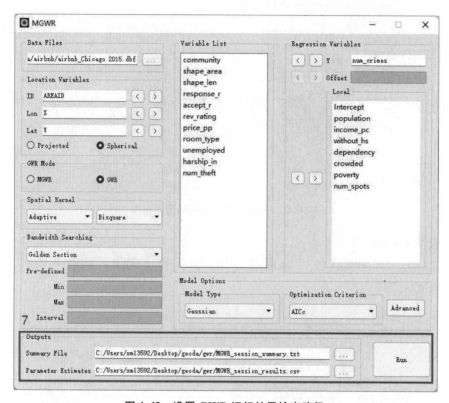

图 4.43　设置 GWR 运行结果输出路径

（8）运行 MGWR 程序，将得到输出结果报表 ".txt" 文件和回归详情 ".csv" 文件（如图 4.44）。报表分为 5 个部分，分别为：①GWR 模型概述；②传统全局回归模型的拟合结果；③基于黄金搜索法则的最优化带宽；④模型诊断指标；⑤局部估计系数的总体统计指标。

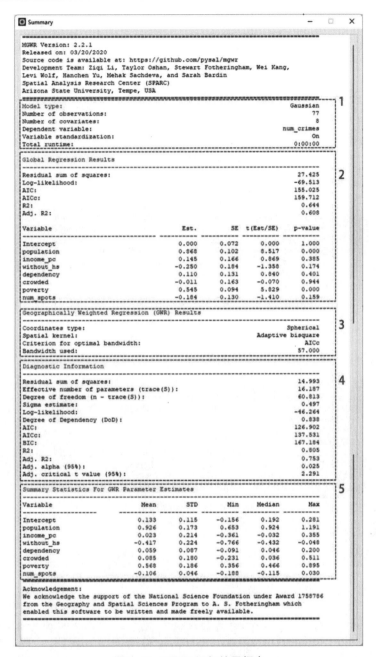

图 4.44 GWR 运行结果报表

（9）打开得到的".csv"文件，可以看到每个样本点的回归详情（如图 4.45 至图 4.49）。

	A	B	C	D	E	F	G	H	I	J
1	AREAID	x_coor	y_coor	y	ols_residual	gwr_yhat	gwr_residual	localR2	influ	CooksD
2					OLS残差	GWR预测值	GWR预测残差	局部R2	影响度量	cook距离
3	35	-87.61867772	41.83511834	-0.317942141	-0.115973816	-0.094135407	-0.223806734	0.761863989	0.180986959	0.003386561
4	36	-87.60321641	41.82375035	-0.952601302	-0.790532695	-0.512504386	-0.440096916	0.769337892	0.181916827	0.013192331
5	37	-87.63242457	41.80908549	-0.874189137	-0.961916612	-0.412068136	-0.462121002	0.778152039	0.309076621	0.034646927
6	38	-87.61785969	41.81294936	-0.077740683	-0.107225344	0.082660198	-0.160400881	0.775629772	0.075217604	0.000567023
7	39	-87.59618358	41.80891637	-0.711715022	-0.365477775	-0.297929929	-0.413785063	0.784713063	0.119894289	0.006640877
8	4	-87.68751544	41.97517153	-0.547871262	-0.26001636	-0.578924288	0.031053026	0.773472977	0.111144893	3.40E-05
9	40	-87.61793123	41.79235757	-0.246035789	-0.267143795	-0.217932946	-0.028102842	0.796880098	0.146808647	3.99E-05
10	41	-87.59231092	41.79409031	-0.657271641	-0.41285806	0.094129575	-0.751401216	0.800257033	0.231960177	0.055633536

图 4.45 样本的坐标、OLS 回归残差、GWR 回归残差、局部 R^2 等信息

	K	L	M	N	O	P	Q	R
1	beta_Intercept	beta_population	beta_income_pc	beta_without_hs	beta_dependency	beta_crowded	beta_poverty	beta_num_spots
3	0.161832731	0.918158817	-0.027409512	-0.722315567	-0.037174512	0.381490803	0.485772207	-0.156446953
4	0.193310491	1.008306905	-0.028706626	-0.649939842	-0.014598905	0.282394378	0.466058777	-0.170645779
5	0.221880192	1.019864733	-0.048368521	-0.617888947	0.030586229	0.225522091	0.444094054	-0.116864868
6	0.217541097	1.034627199	-0.039917917	-0.613009976	0.017335176	0.225362633	0.446480522	-0.138132705
7	0.223266918	1.091305363	-0.02844092	-0.558375333	0.018752171	0.168084522	0.443979298	-0.167568616
8	-0.03216994	0.692830959	0.34395193	-0.077919339	0.177331247	-0.051033877	0.791135274	-0.078131509
9	0.2269949	1.093935799	-0.054336584	-0.519282031	0.040810218	0.118434687	0.434391621	-0.117893371
10	0.233411233	1.134117867	-0.041666564	-0.492207244	0.030203938	0.090984052	0.42858207	-0.154786856
11	0.232713438	1.146830616	-0.0709436	-0.453677695	0.025135972	0.045157253	0.414916826	-0.136062456

图 4.46 解释变量系数

	S	T	U	V	W	X	Y	Z
1	se_Intercept	se_population	se_income_pc	se_without_hs	se_dependency	se_crowded	se_poverty	se_num_spots
3	0.093504072	0.121799298	0.17253284	0.198899309	0.155899309	0.167305872	0.109573976	0.12654994
4	0.089372899	0.127437834	0.180292588	0.205165946	0.15060767	0.174234524	0.105100678	0.132455298
5	0.083043822	0.123222218	0.189163987	0.199713223	0.149670955	0.170099559	0.097305115	0.133882241
6	0.085549937	0.126101288	0.188025114	0.204161973	0.149796274	0.174083236	0.100209015	0.135322589
7	0.085465799	0.128579146	0.189567327	0.211386621	0.148672032	0.182215684	0.101700422	0.138697845
8	0.093818209	0.103021266	0.149475475	0.186736964	0.13322259	0.17511274	0.109841407	0.114860628
9	0.081195595	0.124842433	0.197563919	0.207610962	0.148050973	0.179152235	0.095122453	0.140932756
10	0.082911012	0.12772106	0.195514315	0.216025486	0.146555376	0.187762531	0.09756149	0.143324616
11	0.081410047	0.12669157	0.200572518	0.217861617	0.144997338	0.189728697	0.093613499	0.146191611

图 4.47 估计标准误差

	AA	AB	AC	AD	AE	AF	AG	AH
1	t_Intercept	t_population	t_income_pc	t_without_hs	t_dependency	t_crowded	t_poverty	t_num_spots
3	1.730755979	7.538293155	-0.15886548	-3.631563979	-0.238451961	2.28019972	4.433280812	-1.236246758
4	2.16296544	7.912147249	-0.159222442	-3.167873889	-0.096933341	1.62077166	4.43440315	-1.288327316
5	2.671844662	8.27663019	-0.255696242	-3.093881007	0.204356477	1.325824078	4.563933297	-0.872892973
6	2.542855145	8.204731426	-0.212300985	-3.002566865	0.115725017	1.294568266	4.455492593	-1.020766051
7	2.612353968	8.487421182	-0.150030709	-2.641488522	0.126131126	0.922448159	4.365560061	-1.208155871
8	-0.342896542	6.725125671	2.301059294	-0.41726789	1.331089921	-0.291434403	7.202523094	-0.680228815
9	2.795655372	8.76253189	-0.275032935	-2.501226453	0.275649778	0.661084063	4.566657046	-0.836522148
10	2.815201841	8.879646511	-0.2131126	-2.278468399	0.206092324	0.484569801	4.392943041	-1.07997398

图 4.48 t 检验结果

	AI	AJ	AK	AL	AM	AN	AO	AP	AQ
1	p_Intercept	p_population	p_income_pc	p_without_hs	p_dependency	p_crowded	p_poverty	p_num_spots	sumW
3	0.087553674	8.38E-11	0.874196265	0.000508961	0.812172342	0.025400317	3.08E-05	0.220173966	25.28535973
4	0.033688373	1.62E-11	0.873915999	0.00221193	0.923034501	0.109208639	3.07E-05	0.201540511	25.23406417
5	0.009225239	3.25E-12	0.798876172	0.002764021	0.838621208	0.188869235	1.90E-05	0.385471011	28.36915873
6	0.013028042	4.46E-12	0.832440592	0.003622053	0.908175711	0.199388723	2.84E-05	0.310603675	27.08423776
7	0.010832192	1.28E-12	0.881137843	0.010015931	0.899961214	0.359214082	3.95E-05	0.230733262	26.62234246
8	0.732622924	2.88E-09	0.024130936	0.677658852	0.187138799	0.771513057	3.64E-10	0.49842656	27.95208811
9	0.006555031	3.80E-13	0.784037256	0.014528272	0.783565177	0.510557535	1.88E-05	0.405483793	30.50112163
10	0.006205084	2.27E-13	0.831809764	0.025508276	0.837269884	0.629375184	3.57E-05	0.283569153	28.81504493
11	0.005489622	1.06E-13	0.724538956	0.040669958	0.862833507	0.812514161	3.09E-05	0.354948995	31.33932645

图 4.49 显著性检验 p 值

（10）对 GWR 回归结果进行可视化。为了使 GWR 回归结果更加易读，利用 ArcGis 软件对回归结果进行可视化。从图 4.50 中发现局部 R^2 呈现空间聚集现象，芝加哥南部社区模型拟合得更好，东北部模型拟合效果稍差。而从 GWR 预测残差来看，中南部主要是正向误差，北部主要是负向误差，预测误差范围在 $-0.85 \sim 1.7$。

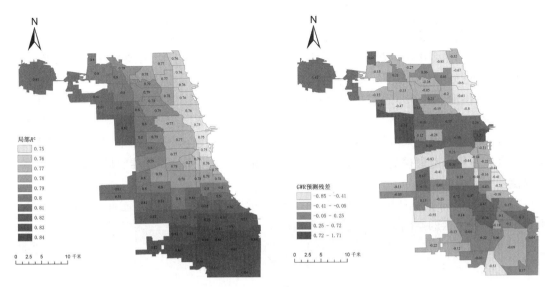

图 4.50　GWR 回归局部 R^2 图和 GWR 预测残差图

（11）对 GWR 回归各因子系数进行可视化。将局部回归系数显著的因子进行分级展示，若局部系数不显著，则赋值为 0 并设置为灰色。如图 4.51 所示，从左至右、从上至下分别展示了无高中文凭率、家庭贫困率、人均收入、社区人口数、住房拥挤率的局部系数；两幅小图示意了爱彼迎点数和年龄两个因子，它们在所有地区都不显著。

图 4.51　GWR 回归各因子系数分布

4.2.3　地理探测器

地理探测器是由中国科学院地理科学与资源研究所首席研究员王劲峰及其团队提出的，它是探测空间分异性，以及揭示其背后驱动力的一组统计学方法（王劲峰、徐成东，2017）。地理探测器的基本思想是假设研究区分为若干子区域，如果子区域的方差之和小于区域总方差，则存在空间分异性；如果两变量的空间分布趋于一致，则两者存在统计关联性。地理探测器可以用来度量给定数据的空间分异性、寻找变量最大的空间分异、寻找因变量的解释变量等。地理探测器包括分异及因子探测器、交互作用探测器、风险区探测器和生态探测器，它们的原理如下。

（1）分异及因子探测器，主要用来探测因变量 Y 的空间分异性，还可以探测因子 X 多大程度上解释了 Y 的空间分异。主要用 q 值度量：

$$q = 1 - \frac{\sum_{h=1}^{L} N_h \sigma_h^2}{N \sigma^2} = 1 - \frac{SSW}{SST} \tag{4.7}$$

$$\begin{cases} SSW = \sum_{h=1}^{L} N_h \sigma_h^2 \\ SST = N \sigma^2 \end{cases} \tag{4.8}$$

式（4.7）和式（4.8）中：$h = 1, 2, \cdots, L$ 为变量 Y 或因子 X 的分层，即分类或分区；N_h 和 N 分别为层 h 和全区的单元数；σ_h^2 和 σ^2 分别是层 h 和全区 Y 值的方差。SSW 和 SST 分别是层内方差之和和全区总方差。q 的值域为 $[0, 1]$，值越大说明 Y 的空间分异越明显。如果分层是由自变量 X 生成的，则 q 值越大表示自变量 X 对属性 Y 的解释力越强；反之则越弱。在极端情况下，q 值为 1 表明因子 X 完全控制了 Y 的空间分布，q 值为 0 则表明因子 X 与 Y 没有任何关系，q 值表示 X 解释了 $100 \times q\%$ 的 Y。另外，将 q 值变换为非中心 F 分布后，可以用来检验 q 值是否显著。

（2）交互作用探测器，可以识别不同风险因子 X_s 之间的交互作用，即评估因子 X_1 和 X_2 共同作用时是否会增加或减弱对因变量 Y 的解释力，或者这些因子对 Y 的影响是相互独立的（如图 4.52）。

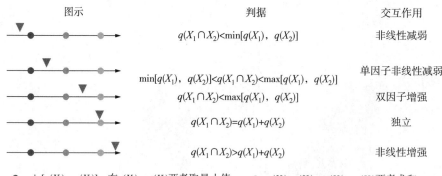

图 4.52　两个自变量对因变量交互作用的类型

（资料来源：王劲峰、徐成东：《地理探测器：原理与展望》，载《地理学报》2017 年第 1 期，第 118 页）

（3）风险区探测器，用于判断两个子区域间的属性均值是否有显著的差别，用 t 统计量来检验。

$$t\bar{Y}_{h=1-}\bar{Y}_{h=2} = \frac{\bar{Y}_{h=1} - \bar{Y}_{h=2}}{\left[\dfrac{Var(\bar{Y}_{h=1})}{n_{h=1}} + \dfrac{Var(\bar{Y}_{h=2})}{n_{h=2}}\right]^{1/2}} \qquad (4.9)$$

式（4.9）中：$\bar{Y}_h$ 表示子区域 h 内的属性均值（因变量 Y 均值），n_h 为子区域 h 内样本数量，Var 表示方差。零假设 $H_0 : \bar{Y}_{h=1} = \bar{Y}_{h=2}$，如果在置信水平 α 下拒绝 H_0，则认为两个子区域间的属性均值存在着明显的差异。

（4）生态探测器，用于比较两个因子 X_1 和 X_2 对属性 Y 的空间分布的影响是否有显著的差异，以 F 统计量来衡量：

$$F = \frac{N_{X_1}(N_{X_2} - 1)SWW_{X_1}}{N_{X_2}(N_{X_1} - 1)SWW_{X_2}} \qquad (4.10)$$

$$\begin{cases} SWW_{X_1} = \displaystyle\sum_{h=1}^{L_1} N_h\,\sigma_h^2 \\[2ex] SWW_{X_2} = \displaystyle\sum_{h=1}^{L_2} N_h\,\sigma_h^2 \end{cases} \qquad (4.11)$$

式（4.10）和式（4.11）中：N_{X_1} 及 N_{X_2} 分别表示两个因子 X_1 和 X_2 的样本量；SWW_{X_1} 和 SWW_{X_2} 分别表示由 X_1 和 X_2 形成的分层的层内方差之和；L_1 和 L_2 分别表示变量 X_1 和 X_2 的分层数目。其中零假设 $H_0 : SWW_{X_1} = SWW_{X_2}$，如果在 α 的显著性水平上拒绝 H_0，则表明两因子 X_1 和 X_2 对属性 Y 的空间分布的影响存在着显著的差异。

使用地理探测器完成相关操作。

（1）数据预处理。在地理探测器中，因变量 Y 为数值型数据，自变量 X 为类型数据。若自变量也为数值型数据，需要对其进行离散化处理。离散可以基于专业知识，也可以直接用已有分类方法。官方文档给出了一些离散化方法的建议：①根据一些已有的标准和共识进行分类，如联合国人均 GDP 分类标准贫穷、中等……；②排序后等分为 $2 \sim 7$ 类，可以根据 q 的最大值找到合适的分类；③采用 K-means 等聚类方法。

案例采用 ArcGIS "重分类字段工具" 中的自然间断点分级法（Jenks）将 7 个解释变量都分为 5 类（见表 4.3）。经过分类后，不同因子的分区结果如图 4.53 所示。

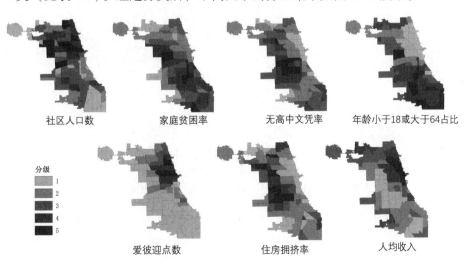

图 4.53　自然间断点分级法因子分区 - 分级图

表 4.3　自然间断点分级法因子分区 – 分级区间表

变量名称	变量解释	1	2	3	4	5
population	社区人口数	2876～15612	15612～26493	26493～45368	45368～64124	64124～98514
poverty	家庭贫困率	3.3～8.9	8.9～15.6	15.6～24.0	24.0～34.4	34.4～56.5
without_hs	无高中文凭率	2.5～7.4	7.4～16.9	16.9～25.40	25.4～37.3	37.3～54.8
dependency	年龄小于 18 或大于 64 占比	13.5～26.2	26.2～34.0	34.0～38.1	38.1～41.2	41.2～51.5
num_spots	爱彼迎点数	0～22	22～75	75～170	170～404	404～741
crowded	住房拥挤率	0.3～2.3	2.3～4.1	4.1～6.3	6.3～9.6	9.60～15.8
income_ pc	人均收入	8201～14685	14685～20588	20588～28887	28887～44689	44689～88669

　　数据离散化后，将地理属性表导出为 Excel 表格，删去冗余的字段，留下第一列为因变量 *Y*，剩下几列为解释变量 *X*。

　　（2）运行地理探测器。下载地理探测器后，打开压缩包内的样例 Excel，这是一个包括样例数据和地理探测器插件的 xlsm 文件。打开后即可见到工作簿 "Input Data" 里的样例数据和 GeoDetector 窗口（如图 4.54）。将样例数据替换成自己处理好的数据。

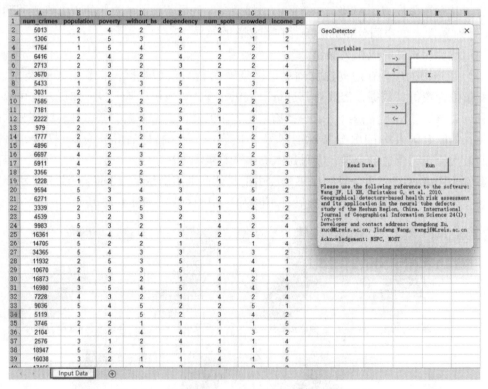

图 4.54　打开样例 Excel 文件弹出地理探测器窗口

　　点击【Read Data】按钮可以将工作簿 "Input Data" 里的数据导入到地理探测器中，然后通过 → 按钮将因变量和解释变量添加到 *Y* 和 *X* 窗口内（如图 4.55）。点击【Run】运行地理探测器。

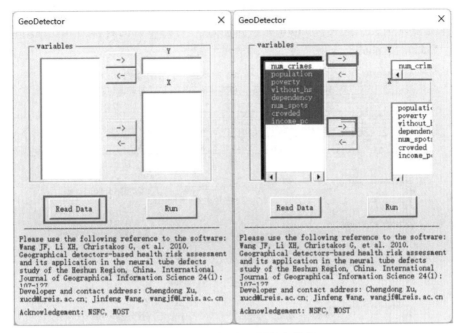

图 4.55 向地理探测器添加数据

（3）输出地理探测器运行结果。地理探测器运行结束后，会新建 4 个工作簿，分别是"Interaction_detector""Ecological_detector""Factor_detector""Risk_detector"（如图 4.56），对应地理探测器交互作用探测、生态探测、分异及因子探测和风险区探测 4 个探测器的输出结果。

35	3746	2	2	1	1	1	1	5
36	2104	1	5	4	4	1	3	2
37	2576	3	1	2	4	1	1	4
38	18947	5	2	1	1	5	1	5
39	16038	3	2	1	1	4	1	5

| Interaction_detector | Ecological_detector | Factor_detector | Risk_detector | Input Data | ⊕ |

图 4.56 运行地理探测器后自动创建 4 个新工作簿

一是分异及因子探测——自变量 X 对因变量的解释力。如图 4.57 所示，展示了分异及因子探测的结果。其中只有社区人口数和家庭贫困率 2 个因子的 q 统计量具有显著性，剩下 5 个因子的 q 统计量不具有显著性。即在社区人口数的分区下，犯罪数的空间分异明显，社区人口数解释了 41.17% 犯罪数的空间分异，是决定犯罪数空间格局最主要的因子；在家庭贫困率的分区下，犯罪数的空间分异明显，家庭贫困率解释了 22.45% 犯罪数的空间分异。

	A	B	C	D	E	F	G	H
1		population	poverty	without_hs	dependency	num_spots	crowded	income_pc
2	q statistic	0.41173	0.22448	0.00416	0.05139	0.14067	0.02762	0.13488
3	p value	0.000	0.00394	0.99054	0.49041	0.39837	0.77854	0.09486

图 4.57 各因子的 q 值和 p 值

二是交互作用探测——自变量对因变量影响的交互作用。图 4.58 展示了各因子之间交互后的 q 值表格，以及部分因子之间的交互作用类型。表格上对角线的值即为单因子的 q

值，其他值为双因子交互后的 q 值。条形图展示的是因子交互后对因变量的影响。例如社区人口数和家庭贫困率交互后（ $population \cap poverty$ ）对犯罪数的解释力非线性增强（Interact Result：Enhance，nonlinear－）。

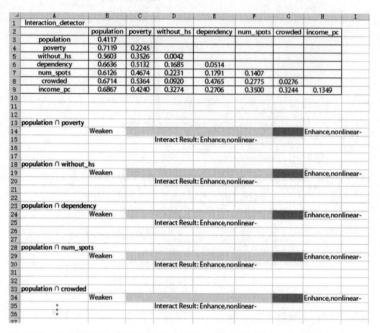

图 4.58 各因子直接交互作用的 q 值表、共同作用对 Y 解释力的变化图

三是风险区探测——比较两区域因变量均值是否有显著差异。图 4.59 展示了社区人口数和家庭贫困率 2 个因子的风险区探测结果。社区人口数下方的第一个表格展示的是社区人口数分区内，因变量 Y 的均值。第二个表格则列出了各分区之间是否有显著差别（以 0.05 为显著性水平），Y 表示有显著差别，N 表示无显著差别。由结果可知，社区人口数第 3 分区和第 4 分区、第 4 分区和第 5 分区、第 3 分区和第 5 分区之间的犯罪数无显著差异，其他分区间的犯罪数有显著差异。

	A	B	C	D	E	F
1	population					
2	1	2	3	4	5	
3	2243.5625	4194.47	8030.05	10203.4	14287.8	
4						
5	Sig. t test: 0.05					
6		1	2	3	4	5
7	1					
8	2	Y				
9	3	Y	Y			
10	4	Y	Y	N		
11	5	Y	Y	N	N	
12						
13						
14						
15	poverty					
16	1	2	3	4	5	
17	2009.333333	6162.25	5704.29	11191.6	7380.89	
18						
19	Sig. t test: 0.05					
20		1	2	3	4	5
21	1					
22	2	Y				
23	3	Y	N			
24	4	Y	Y	Y		
25	5	Y	N	N	N	

图 4.59 各因子分区间的差异性是否显著

四是生态探测——不同自变量对因变量的影响是否有显著差异。图 4.60 展示的是比较两因子对因变量 Y 的空间分布的影响是否有显著差异。从结果可得，社区人口数和除家庭贫困率以外的其他因子对犯罪数的影响是有显著差异的。

	population	poverty	without_hs	dependency	num_spots	crowded	income_pc
population							
poverty	N						
without_hs	Y	N					
dependency	Y	N	N				
num_spots	Y	N	N	N			
crowded	Y	N	N	N	N		
income_pc	Y	N	N	N	N	N	

Sig. F test: 0.05

图 4.60 各因子对 Y 解释的差异是否显著

4.3 时空回归模型

时间是地理过程的固有维度。时空数据是对现实世界的抽象描述，包括时间过程和空间特征，但比单独的时间数据或空间数据表达更复杂，具有海量特征、高维特征、动态特征、多尺度特征和非线性特征。

时空模型，相较于空间模型最明显的区别在于时间维度的延伸。时空模型在传染病学、气候、环境监测、农产品价格、公共卫生等领域有着广泛的应用。

时空分析和建模能力是地理信息系统的关键和核心，提高时空分析和建模能力一直是地理信息科学的重大挑战。从具有海量、高维、噪声的时空数据中挖掘出隐含的、有用的信息及知识，展现地理对象的横向空间分布规律和纵向时间变化过程，解决当前空间数据挖掘遇到的瓶颈，提升地理关系的分析挖掘能力，对于深入理解社会过程和地理现象具有重要的理论价值与实践意义。

时空回归分析是在对地理要素进行大量观测的基础上，利用数理统计方法建立地理要素因变量与自变量之间的回归关系函数表达式，是时空建模的研究热点。时空回归将空间和时间信息同时纳入回归预测的影响因素，本章类比空间回归模型，介绍时空回归模型。

空间回归模型能够处理数据中隐含的空间自相关或者空间异质性特征，成为探测地理空间变量之间定量关系的主流方法。考虑到空间的非平稳性，空间回归分为全局空间回归和局域空间回归。

全局空间回归权衡截距项或残差项的空间自相关效应来提升模型表现，如空间滞后 SLM（自回归）、空间误差 SEM（自相关）等。对应时空模型，时空自回归模型（spatiotemporal autoregressive regression，STAR）以混合空间截面数据作为分析数据，兼顾了空间维度的多向效应和时间维度的单向效应。

时空自回归模型 STAR 的形式如下：

$$y_{it} = \rho\, y_{jt} + \varphi\, y_{jt-1} + \varepsilon_{it} \tag{4.12}$$

其中：空间滞后项为：

$$y_{jt} = \sum_{j=1}^{N} w_{ij} \times y_{jt} \tag{4.13}$$

209

时间滞后项为：

$$y_{jt-1} = L \times y_{jt} \tag{4.14}$$

矩阵形式表示为：

$$y = \rho \boldsymbol{S} y + \varphi \boldsymbol{W} y + \varepsilon \tag{4.15}$$

$$\boldsymbol{W} = \boldsymbol{S} \times \boldsymbol{T} = \begin{pmatrix} 0 & s_{12} \times t_{12} & s_{13} \times t_{13} & \cdots & s_{1N} \times t_{1N} \\ s_{21} \times t_{21} & 0 & s_{23} \times t_{23} & \cdots & s_{2N} \times t_{2N} \\ s_{31} \times t_{31} & s_{32} \times t_{32} & 0 & \cdots & s_{3N} \times t_{3N} \\ \vdots & \vdots & \vdots & \ddots & \vdots \\ s_{N1} \times t_{N1} & s_{N2} \times t_{N2} & s_{N3} \times t_{N3} & \cdots & 0 \end{pmatrix} \tag{4.16}$$

其中：$\boldsymbol{S}$ 为空间权重矩阵，$\boldsymbol{T}$ 为时间权重矩阵，$\boldsymbol{W}$ 为时空权重矩阵，s_{ij} 为空间权重，t_{ij} 为时间权重，ρ、φ 为系数，ε 为随机误差。

局域空间回归模型考虑了自变量与因变量之间的空间非平稳性，应用最广的两类模型是传统频率统计框架下的地理加权回归（geographically weighted regression，GWR）模型和现代贝叶斯统计框架下的空间变系数（spatially varying coefficients，SVC）模型。Huang 等于 2010 年基于频率观念拓展了 GWR 的时空维度，即时空地理加权回归（graphically and temporally weighted regression，GTWR）模型，后续又有许多学者对其进行了优化改进，这是目前较为成熟的时空回归模型。Song 等于 2019 年提出了适用于地理时空大数据建模的贝叶斯时空变系数（spatiotemporally varying coefficients，STVC）模型，以解决以往贝叶斯局域时空回归建模的"过局域"问题。

GTWR 模型的形式为：

$$y_i = \beta_0 (u_i, v_i, t_i) x_{ik} + \sum_{k=1}^{p} \beta_k (u_i, v_i, t_i) x_{ik} + \varepsilon_i, \quad i = 1, 2, \cdots, n \tag{4.17}$$

其中：(u_i, v_i, t_i) 为第 i 个样本点的时空坐标；β_k 为第 k 个自变量的回归系数；ε_i 为随机误差，服从正态分布。

回归系数可通过最小二乘法估计，满足：

$$\min \sum_{j=1}^{n} w_{ij} \left(y_j - \beta_{i0} - \sum_{k=1}^{p} \beta_{ik} x_{ik} \right)^2 \tag{4.18}$$

其中：w_{ij} 为时空权重，随回归点 i 与其他样本点 j 的距离增加而减小。

$$\boldsymbol{X} = \begin{bmatrix} 1 & x_{11} & x_{12} & \cdots & x_{1p} \\ 1 & x_{21} & x_{22} & \cdots & x_{2p} \\ \vdots & \vdots & \vdots & \ddots & \vdots \\ 1 & x_{n1} & x_{n2} & \cdots & x_{np} \end{bmatrix} \tag{4.19}$$

$$\boldsymbol{X}_i = \begin{bmatrix} 1 & x_{i1} & x_{i2} & \cdots & x_{ip} \end{bmatrix} \tag{4.20}$$

$$\boldsymbol{y} = \begin{bmatrix} y_1 \\ y_2 \\ \vdots \\ y_n \end{bmatrix} \tag{4.21}$$

$$\widehat{\boldsymbol{\beta}_i} = (\boldsymbol{X}^{\mathrm{T}} \boldsymbol{W}_i \boldsymbol{X})^{-1} \boldsymbol{X}^{\mathrm{T}} \boldsymbol{W}_i \boldsymbol{y} \tag{4.22}$$

$$\widehat{\boldsymbol{y}_i} = \boldsymbol{X}_i \widehat{\boldsymbol{\beta}_i} = \boldsymbol{X}_i (\boldsymbol{X}^{\mathrm{T}} \boldsymbol{W}_i \boldsymbol{X})^{-1} \boldsymbol{X}^{\mathrm{T}} \boldsymbol{W}_i \boldsymbol{y} \tag{4.23}$$

其中：X 为自变量，X_i 为矩阵 X 第 i 行；y 为因变量；$\widehat{\beta_i}$ 为样本点 i 的回归系数估值；$\widehat{y_i}$ 为样本点 i 的因变量拟合值。

$$(d_{ij}^{S})^2 = (u_i - u_j)^2 + (v_i - v_j)^2 \tag{4.24}$$

$$(d_{ij}^{T})^2 = (t_i - t_j)^2 \tag{4.25}$$

其中：d_{ij}^{S} 为空间距离，d_{ij}^{T} 为时间距离；时空距离 d_{ij}^{ST} 可以是时间和空间距离的多重表达，依实际需要确定。时空距离 d_{ij}^{ST} 一般被视为时间距离和空间距离的线性组合，时空核函数则相应被表达为时间核函数与空间核函数的乘积。

与 GWR 相同，GTWR 核函数常用 Gaussian 型和 Bi-square 型，最优带宽同样可用 CV 法和 AIC 法确定，不再赘述。

STVC 模型的形式为：

$$\eta_{it} = g(y_{it} \in Y) \tag{4.26}$$

$$\eta_{it} = \alpha + \sum_{k=1}^{K} f(\mu_{k,i} X_{k,it}) + \sum_{k=1}^{K} f(\gamma_{k,t} X_{k,it}) + \sum_{h=1}^{H} \beta_h C_{h,it} + f(\xi_i) + f(\psi_t) \tag{4.27}$$

式（4.26）为数据似然模型，利用指数家族函数 $g(\cdot)$ 连接结构化加性预测因子 η_{it} 和时空观测项 y_{it}，适用于先验分布。

式（4.27）为时空过程模型，利用不同潜在高斯模型 $f(\cdot)$ 拟合关键自变量 X_k 的时空非平稳性 $\sum_{k=1}^{K} f(\mu_{k,i} X_{k,it})$、$\sum_{k=1}^{K} f(\gamma_{k,t} X_{k,it})$，$\mu_{k,i}$ 为空间回归系数，$\gamma_{k,t}$ 为时间回归系数。$\sum_{h=1}^{H} \beta_h C_{h,it}$ 为辅助自变量 C_h 的全局平稳性，$f(\xi_i)$ 为空间截距，$f(\psi_t)$ 为时间截距。

$\mu_{k,i}$ 和 $f(\xi_i)$ 的随机效应采用考虑结构化空间自相关先验的条件自回归模型拟合：

$$\mu_i \mid \mu_{-i=j} \sim N\left(\bar{\mu_i}, \frac{\sigma_\mu^2}{w_{i+}}\right), \quad \bar{\mu_i} = \sum_j \frac{w_{ij}\mu_j}{w_{i+}}, \quad w_{i+} = \sum_{-i=j} w_{ij} \tag{4.28}$$

$\gamma_{k,t}$ 和 $f(\psi_t)$ 的随机效应采用考虑结构化时间自相关先验的随机游动模型拟合：

$$\gamma = (\gamma_1, \gamma_2, \cdots, \gamma_T)' \sim N(0, \sigma_\gamma^2 Q_\gamma), \quad Q_\gamma = M_\gamma^- \tag{4.29}$$

下面用 GTWR 模型进行房价影响因素的时空回归分析。

（1）下载 GTWR 插件。Huang 等（2020）开发了 ArcGIS 插件进行时空地理加权回归运算。进入网页 GTWR ADDIN（researchgate. net）下载安装包，安装成功后打开 ArcMap 可以看见以下图标，点击【ST】即可运行使用（如图 4.61）。

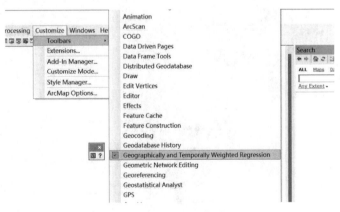

图 4.61　GTWR 插件

（2）加载 shp 数据。加载某地某时期房屋价格及影响因素矢量数据"HousePrice"，属性表"Price"列为因变量房价，从"Living"到"VIEW"高亮的八列为自变量，"Time"为时间坐标，"X"和"Y"为空间坐标（如图 4.62）。

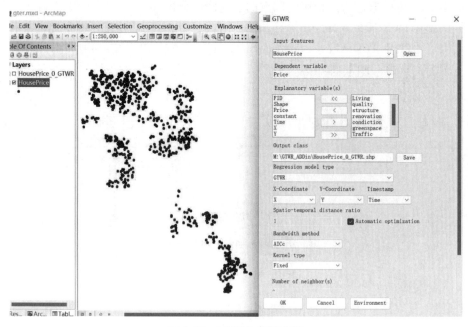

图 4.62　加载房价数据

（3）时空地理加权回归。点击 GTWR 插件【ST】进入操作界面：在【Input features】选择【HousePrice】；在【Dependent variable】选择因变量【Price】；在【Explanatory variable】选择上述自变量，设置输出文件名；在回归模型【Regression model type】选择【GTWR】，设置时空坐标对应属性列；其余参数默认，也可以根据实际需要修改。点击【OK】，进行时空地理加权回归，探究房价与自变量的时空关系（如图 4.63）。

图 4.63　GTWR 参数设置

（4）查看结果。打开输出矢量属性表查看回归系数，"Predicted"为模型预测值，"Intercept"为截距，"C1_"到"C8_"分别对应上述 8 种自变量的回归系数，绝对值越大，在此时此地对因变量的影响越大，进行可视化以便分析，"Residual"为残差（如图 4.64）。打开后缀为 .csv 的"supplement"文件查看模型参数，$AICc$ 值越小，R^2 越接近 1，模型拟合优度越高（如图 4.65）。

FID	Shape	Observed	Predicted	Intercept	C1_Living	C2_qualit	C3_struct	C4_renova	C5_condic	C6_greens	C7_Traffi	C8_VIEW	Residual	Timestamp
0	Point	12.32829	12.170105	11.668851	1.019316	0.407587	0.836618	-0.02881	0.030859	0.029399	0.034414	0.142464	0.158185	37951
1	Point	12.53406	12.516915	11.796472	1.101636	0.415966	0.742291	-0.169623	0.077388	-0.041492	-0.275472	0.017145	37600
2	Point	12.92147	12.75052	11.758034	1.273399	0.447952	0.859063	-0.072032	0.029609	-0.116102	0.448752	0.17095	38135
3	Point	12.08954	12.080639	11.691661	0.996209	0.407737	0.844695	-0.034675	0.018205	0.048813	0.032378	0.099488	0.008901	37991
4	Point	12.31493	12.349882	11.852434	1.097426	0.511546	0.660953	-0.15344	0.046691	0.031049	-0.070814	-0.41323	-0.034952	37854
5	Point	12.67608	12.779991	11.782779	0.986018	0.570039	0.661794	-0.129245	0.080595	0.023151	-0.10169	0.02289	-0.103911	37812
6	Point	12.48748	12.329277	11.86996	1.109466	0.437094	0.631124	-0.144427	0.051492	0.033016	-0.051278	-0.578290	0.158203	37824
7	Point	12.02575	12.021921	11.645689	1.059064	0.197195	0.992264	-0.136036	0.095419	0.032915	-0.052149	0.354958	0.003829	38118
8	Point	12.94801	12.742956	11.872057	1.108238	0.436321	0.629465	0.05154	0.032182	-0.05111	-0.582412	0.205054	37833
9	Point	12.60485	12.612758	11.847252	1.297236	0.532189	0.638568	-0.264274	0.081473	0.084729	0.052855	0.068303	-0.007908	37846
10	Point	12.65396	12.595344	11.109675	1.109675	0.628166	0.545066	-0.229229	0.0886	0.121072	-0.052589	-0.292146	0.058616	38164
11	Point	12.57936	12.458914	11.820489	1.161023	0.502035	0.840694	-0.096045	-0.096633	0.01074	-0.100051	0.450269	0.120446	38117
12	Point	12.54219	12.400678	11.696042	1.032643	0.50689	0.751397	-0.116394	0.090005	0.000605	-0.129233	0.337902	0.141512	37743
13	Point	11.8706	12.131871	11.62806	1.228849	0.539538	0.778144	-0.076648	0.058358	-0.030696	-0.10722	0.329295	-0.261271	37606
14	Point	12.05234	12.176057	11.72147	1.082592	0.399672	0.969045	-0.120536	0.04795	0.050152	-0.044049	-0.238589	-0.123717	37734
15	Point	12.25486	12.22495	11.840234	1.130113	0.456274	0.679169	-0.157039	0.053321	0.038617	-0.062187	-0.461331	0.02991	37740
16	Point	12.30546	12.240848	11.833173	1.141723	0.432233	0.691641	-0.161055	0.056443	0.042057	-0.056201	-0.453258	0.064612	37694
17	Point	12.44509	12.362419	11.876979	1.056463	0.538587	0.602191	-0.139287	0.049481	0.033025	-0.072527	-0.531551	0.082671	37870
18	Point	12.41775	12.426486	11.897564	1.025735	0.544481	0.595364	-0.151146	0.049601	0.04286	-0.085026	-0.474632	-0.008736	37951
19	Point	12.06968	12.159366	11.887347	1.099986	0.47996	0.600087	-0.144628	0.04797	0.024941	-0.06191	-0.577057	-0.089686	37917
20	Point	12.31896	12.21714	11.743204	1.23734	0.343736	0.938218	-0.157451	0.023848	0.073158	-0.01814	-0.0317	0.10172	38145
21	Point	12.41105	12.44619	11.752666	1.043101	0.483438	0.698688	-0.133075	0.087559	0.024497	-0.06074	-0.04489	-0.03514	37539
22	Point	12.42118	12.499988	11.84975	1.124626	0.44427	0.642859	-0.143679	0.051413	0.040254	-0.053086	-0.531975	-0.078808	37734
23	Point	12.61154	12.585614	11.70992	1.062085	0.376045	0.945413	-0.09872	0.024862	0.059322	-0.015318	-0.043222	0.025926	37775
24	Point	12.96805	13.045968	11.726151	1.125149	0.381831	0.967031	-0.125637	0.028837	0.0659	-0.030331	-0.139749	-0.077918	37909
25	Point	12.09234	12.078249	11.808792	1.203247	0.383972	0.67218	-0.156336	0.055923	0.051715	-0.031644	-0.422437	0.014091	37525
26	Point	12.35449	12.24295	11.686016	1.016279	0.392468	0.847716	-0.00262	0.025453	0.052858	0.030482	0.180804	0.11154	38147
27	Point	12.29683	12.366454	11.88717	1.116358	0.507115	0.613338	-0.157566	0.021511	0.016197	-0.058797	-0.43608	-0.069624	38042

1 ▶ ▶│ ■ ■ │ (0 out of 999 Selected)

HousePrice_0_GTWR

图 4.64　回归系数

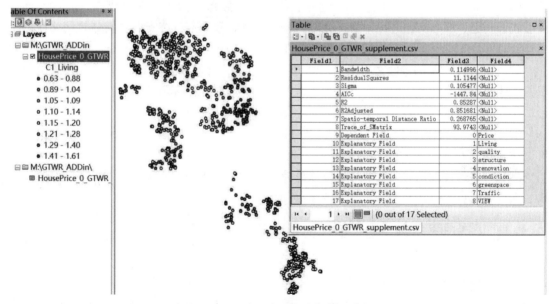

图 4.65　回归系数可视化及模型参数

	Field1	Field2	Field3	Field4
	1	Bandwidth	0.114996	<Null>
	2	ResidualSquares	11.1144	<Null>
	3	Sigma	0.105477	<Null>
	4	AICc	-1447.84	<Null>
	5	R2	0.85287	<Null>
	6	R2Adjusted	0.851681	<Null>
	7	Spatio-temporal Distance Ratio	0.268765	<Null>
	8	Trace_of_SMatrix	93.9743	<Null>
	9	Dependent Field	0	Price
	10	Explanatory Field	1	Living
	11	Explanatory Field	2	quality
	12	Explanatory Field	3	structure
	13	Explanatory Field	4	renovation
	14	Explanatory Field	5	condicion
	15	Explanatory Field	6	greenspace
	16	Explanatory Field	7	Traffic
	17	Explanatory Field	8	VIEW

第 5 章 可达性分析与网络分析

5.1 可达性分析

可达性（accessibility）是衡量空间实体位置优劣性、设施配置公平性、交通规划合理性等内容的常用测度，具有灵活的概念解释和丰富的计算方法，至今尚无统一的定义标准。但可达性概念定义总体上可分为两类：一类是以 Hansen（1959）首次提出的可达性概念为代表，将其定义为地理空间内两个实体间相互作用的潜力和效益，重点在于实体间的互动关系，多见于交通规划研究；另一类则通常定义为特定实体的可获性或某区域内部的空间效益，强调单位实体的特征，多见于设施分布评价。

早期可达性的研究多强调距离、通行时间和交通方式效率等物理空间上的阻碍，如分别从起点 a 和 b 出发，从 a 出发 5 分钟内可到达 5 个服务点，从 b 出发只能到达 2 个服务点，则 a 的可达性较 b 更好。随着研究发展，逐渐出现对个人因素的强调，从特定个体或群体角度出发，研究年龄、教育程度和收入水平等因素对可达性的影响，如身体健康的青年人可达性较年迈的老人高。还有学者提出感知可达性，将人对阻碍的感知或种族歧视等社会因素也纳入可达性计算的考量，如身体不适的人相较健康的人步行一定距离体会的感知距离较长。

虽然学界对可达性概念的理解存在众多不同，但对其有以下 3 项共同的认识。

（1）可达性是一项空间概念，以起点、终点、连接形式为 3 项关键要素，通过不同连接形式表现起、终点交流过程中需要克服的各种障碍，反映起、终点两个实体之间交流的难易程度。

（2）可达性指标的价值在于对比。可达性无量纲，计算所得可达性指标最大的价值在于各实体间的数值对比，而非指标本身的数值大小；同时，指标值又仅能在对应研究区内进行对比，脱离该研究区后，指标值间的对比结果将不再具有解释力。

（3）可达性的双向对等性。在起、终点连接方式并非单程连接时，起点 a 至终点 b 的可达性与终点 b 至起点 a 的可达性相等。

本节将取 3 种常见的可达性计算方法进行介绍，分别为强调实体间相互关系的空间阻隔法、强调区域可获得性和实体特征的两步移动搜寻法和反两步移动搜寻法。

5.1.1 空间阻隔分析

1. 原理简介

空间阻隔模型（space separation modeling method）将可达性视作区域内两两空间节点克服空间上阻隔的难易程度，认为距离是衡量可达性的唯一指标，距离可以是时间、空间或经济成本等。该方法直观且易于理解，认为距离越大，可达性越低，侧重于网络本身的性质，却忽视了节点本身的吸引力和人的个体因素对可达性的影响。如今，距离因素的影响力随着交通技术的发展逐渐下降，空间阻隔模型更多地应用于对时效性要求较强的紧急型设施评价。

空间阻隔模型的基本公式可写为：

$$A_i = \sum_{j=1,\, j \neq i}^{n} d_{ij} \qquad \text{或} \qquad A_i = \frac{1}{n} \sum_{j=1,\, j \neq i}^{n} d_{ij} \tag{5.1}$$

在式（5.1）中，A_i 分别为以距离总和或距离均值表征的需求点 i 的可达性指标值，n 为研究区域内对应节点的个数，d_{ij} 为需求点 i 与供应点 j 的距离。此时，A_i 值越大，说明节点的可达性越差；A_i 值越小，说明节点的可达性越好。

2. 方法拓展

（1）基于供应点吸引力的改进。

基本的空间阻隔模型将距离视作可达性的唯一考量，然而当研究区内存在多个不同规模的供应点时，供应点之间的竞争效应将对彼此的可达性产生影响。供应点的服务能力或吸引力越高，对可达性的正面影响就越大。

因此，可直观地理解为距离对可达性有负影响，节点吸引力对可达性有正影响，以均值型空间阻隔模型为示例，进一步得到公式：

$$A_i = \frac{1}{n} \sum_{j=1,\, j \neq i}^{n} \frac{m_j}{d_{ij}} \tag{5.2}$$

在式（5.2）中，m_j 为一项权重指标，表示供应点 j 的供给量或对需求点 i 的吸引力，此时节点的可达性水平随 A_i 值的增大而上升。

（2）基于距离衰减函数的改进。

根据 Tobler 提出的地理学第一定律，地理要素之间的相互作用效果将随着距离的增长产生衰减，因此在反映节点间的距离影响时，通常会在 d_{ij} 的基础上运用距离衰减函数 $f(d_{ij})$ 对其进行优化，常用的衰减函数包括幂函数、指数函数、核密度函数和高斯函数等。考虑了距离衰减函数的空间阻隔模型可进一步写为：

$$A_i = \frac{1}{n} \sum_{j=1,\, j \neq i}^{n} m_j f(d_{ij}) \tag{5.3}$$

此时，A_i 值越大，说明节点可达性越好。

3. 案例操作

（1）数据来源。

本案例涉及的数据包含美国亚拉巴马州各县人口及医疗设施 POI，县人口来自美国人口普查局 2022 年的统计数据，医疗设施 POI 来自 ArcGIS Online 开放数据，相关数据可访问对应网页（https://www.arcgis.com/home/item.html？id=6ac5e325468c4cb9b905f1728d6fbf0f）下载获取。其中，县人口可表示区域内的需求情况，其作为字段储存在县级社区面矢量中，共包含 67 个要素。医疗设施 POI 可表示区域内的供给情况，共包含 127 个要素，属性表中的 BEDS 字段提供了对应设施的床位数。5.1 节的各项案例操作都将围绕本数据展开。

启动 ArcMap，依次载入县级社区数据 Community.shp 和医疗设施 POI 数据 Physicians.shp，可得如图 5.1 所示的数据信息。

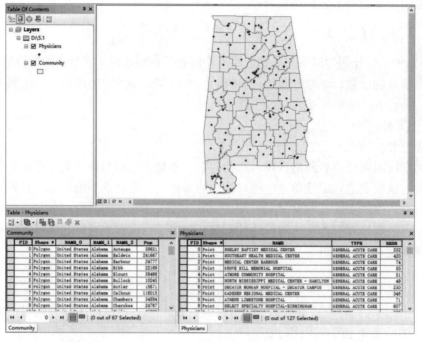

图 5.1　载入 ArcMap 的 Community. shp 和 Physicians. shp 文件

（2）案例内容简介。

本节将运用数据的空间位置信息计算社区和医疗设施间的距离，实现基础的空间阻隔模型，并进一步以床位数表征医疗设施的吸引力，实现改进的空间阻隔模型。

（3）提取社区质心点。

为了计算社区和医疗设施间的距离，同时为了使计算结果能较好地代表社区整体的可达性水平，需要提取社区质心点。阅读 ArcGIS 的帮助文档可得知，提取社区质心点可直接通过将面矢量转化为点矢量实现：①打开工具箱【ArcToolbox】 → 【Data Management Tools】 → 【Features】 → 【Feature To Point】（如图 5.2）；②设定【Input Features】 为【Community】（如图 5.3）；③【Output Feature Class】根据需求设定为默认路径或其他指定存放路径，命名输出结果为 Com_P；④点击【OK】运行工具。运行结果如图 5.4 所示。

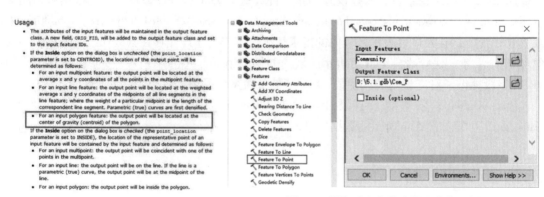

图 5.2　**Feature to Point** 工具文档　　　　图 5.3　提取质心点的步骤和参数设置

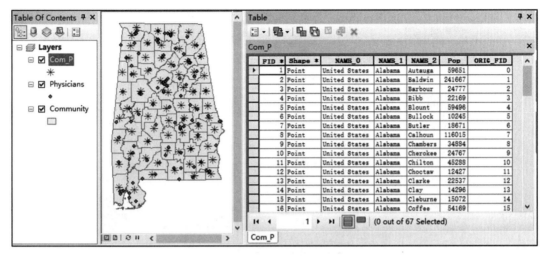

图 5.4 社区质心点 Com_P

（4）基础空间阻隔模型。

第一，计算社区质心和医疗点之间的距离 d_{ij}。本案例以欧氏距离来定义距离 d_{ij}，即取各点间的直线距离来表示空间阻隔程度。根据式（5.1），i 为需求点，即社区质心；j 为供应点，即医疗设施兴趣点。如图 5.5 所示，需求点和供应点两两间的欧氏距离计算可通过邻域分析实现：① 打开工具箱【ArcToolbox】→【Analysis Tools】→【Proximity】→【Point Distance】；②设定【Input Features】为社区质心点【Com_P】；③设定【Near Features】为医疗设施点【Physicians】；④【Output Table】根据需求设定为默认路径或其他指定存放路径，命名输出结果为 PointDistance；⑤【Search Radius】为选填项，此处保留默认设置，即搜索距离为无限，各社区质心需要计算和所有医疗点的欧氏距离；⑥点击【OK】运行工具。

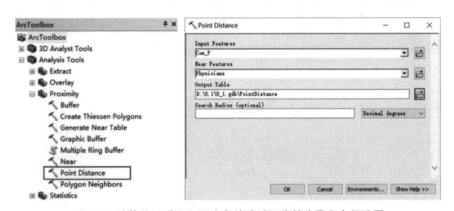

图 5.5 计算社区质心和医疗点的欧氏距离的步骤和参数设置

运行结果 PointDistance 为表格类数据，将界面框【Table Of Contents】切换为 List By Source 模式后即可显示。表格中的"INPUT_FID"为社区质心的原序号 FID，"NEAR_FID"为医疗点的原序号 FID，由于有 67 个社区质心和 127 个医疗点两两对应，因此所得结果的表格共有 $67 \times 127 = 8509$ 条记录，如图 5.6 所示。

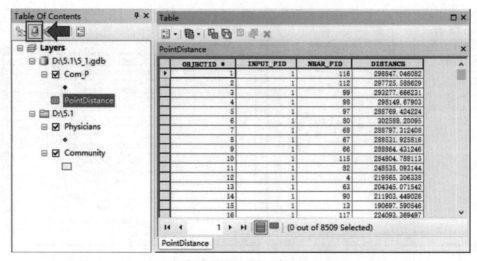

图 5.6 所得社区质心和医疗点的欧氏距离计算结果 PointDistance

第二，计算基础空间阻隔模型的可达性指标值。得到距离 d_{ij} 后，需要进一步统计计算各社区的可达性 A_i，如图 5.7 所示，这一步骤可通过对距离表 PointDistance 的统计获取：①打开工具箱【ArcToolbox】 → 【Analysis Tools】 → 【Statistics】 → 【Summary Statistics】；②设定【Input Table】为【PointDistance】；③【Output Table】根据需求设定为默认路径或其他指定存放路径，命名输出结果为【Accessibility_S】；④在【Statistics Field(s)】使用下拉框添加【DISTANCE】字段，添加后需要在列表框进一步设定统计类型【Statistics Type】，添加两次【DISTANCE】，【Statistics Type】分别为求和【SUM】和平均值【MEAN】；⑤设定【Case Field】为【INPUT_FID】，由第一可知这一字段为社区序号，即以社区为单位，统计各个社区点到所有医疗点的距离总和或平均值；⑥点击【OK】运行工具。

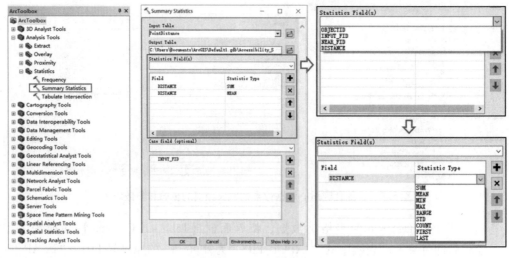

图 5.7 统计计算各社区可达性的步骤和参数设置

如图 5.8 所示，运行结果 Accessibility_S 为表格类数据，同样在 List By Source 模式下可见。所得表格包含 67 条记录，分别为 67 个社区；字段 SUM_DISTANCE 为以距离总和表示的可达性指标值，字段 MEAN_DISTANCE 则是以距离均值表示的可达性指标值。

OBJECTID *	INPUT_FID	FREQUENCY	SUM_DISTANCE	MEAN_DISTANCE
1	1	127	23249387.028148	183066.039592
2	2	127	41196328.259155	324380.537474
3	3	127	32703439.376624	257507.396666
4	4	127	22847302.893625	179900.022784
5	5	127	26047719.573001	205100.154118
6	6	127	28775831.462133	226581.350096
7	7	127	28096240.815661	221230.242643
8	8	127	27587166.745726	217221.785399
9	9	127	28792213.968988	226710.346213
10	10	127	32523537.97666	256090.85021
11	11	127	22369031.948195	176134.109828
12	12	127	33408026.004606	263055.322871
13	13	127	32363747.050505	254832.653941
14	14	127	25320430.686621	199373.469973
15	15	127	29531228.501878	232529.358283
16	16	127	33004075.8548	259874.61303
17	17	127	37499832.667467	295274.272972
18	18	127	31324932.76037	246653.013861
19	19	127	23085418.182883	181774.946322
20	20	127	33304991.240223	262244.025514

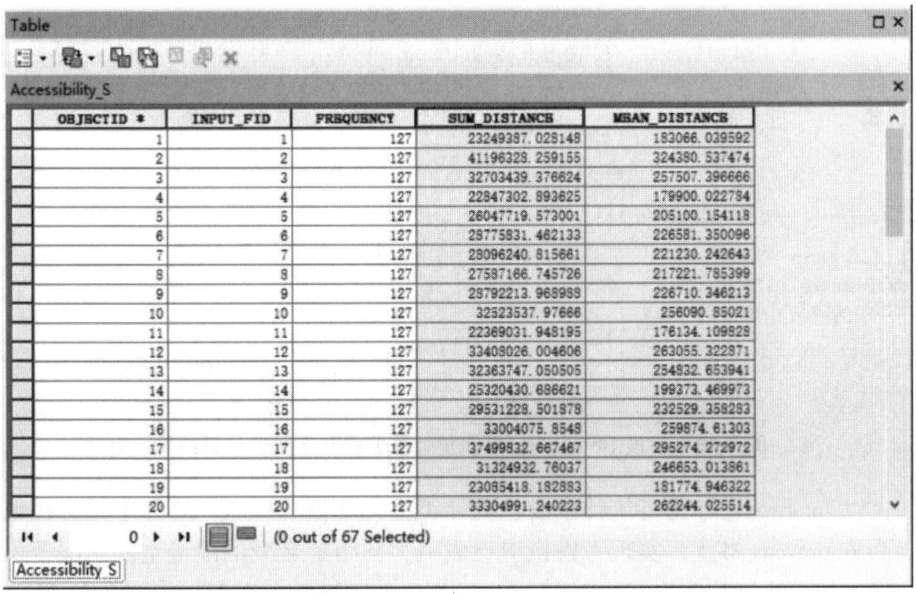

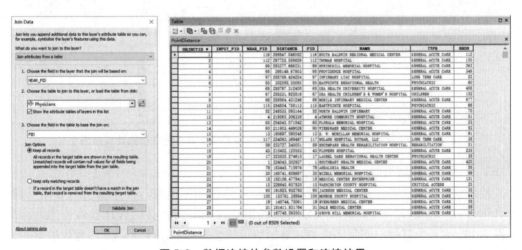

图 5.8 基础空间阻隔模型的可达性指标计算结果 Accessibility_S

（5）改进空间阻隔模型。

根据考虑了供应点吸引力和距离衰减的式（5.3），本案例取 $f(d_{ij}) = \frac{1}{d^2}$ 表示距离衰减，医疗设施内的床位数（字段 BEDS）表示供应点的吸引力 m_j。

第一，以距离表 PointDistance 为目标连接数据，标识为距离表 PointDistance 的 NEAR_FID 字段和医疗点图层 Physicians 的 FID 字段，如图 5.9 所示。

图 5.9 数据连接的参数设置和连接结果

第二，在连接完成的属性表中新建一条 float 型的字段 Improved_Ai，使用字段计算器 Field Calculator 在此字段根据式（5.3）进行计算，如图 5.10 所示。

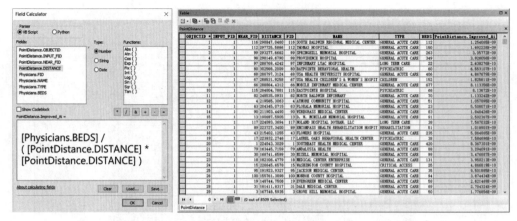

图 5.10　字段 Improved_Ai 赋值计算公式和字段值计算结果

第三，以 Improved_Ai 为待统计字段，统计类型为均值 MEAN，统计单元为社区，统计结果命名为 Improved_Ai_S，实现考虑供应点吸引力和距离衰减的改进空间阻隔模型，各社区的医疗设施的可达性数值为字段 MEAN_PointDistance. Improved_Ai，如图 5.11 所示。

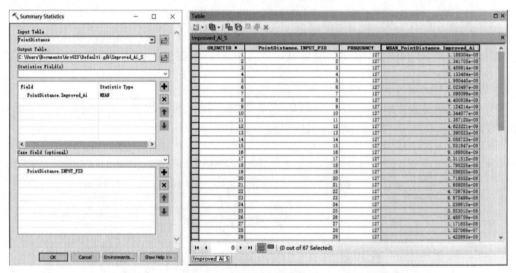

图 5.11　统计工具参数设置和改进空间阻隔模型的可达性指标计算结果

（6）可达性计算结果的可视化与分析。

为使结果更直观，便于进一步展开分析，对可达性指标值进行简单的自然分级可视化，得到如图 5.12 所示的基于空间阻隔方法计算所得亚拉巴马州各县的医疗设施可达性指标分布。图 5.12（a）为基础空间阻隔模型计算所得可达性指标，图 5.12（b）为改进空间阻隔模型计算所得可达性指标，二者均用均值型指标进行可视化。数值上，前者的可达性水平随数值增大而下降，后者的可达性水平随数值增大而上升。为便于视觉对比，此处将处于同一级的社区设为同一颜色，即黑色实心面代表可达性等级最高的社区，白色实心面代表可达性等级最低的社区。

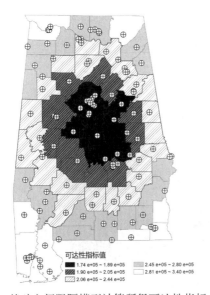
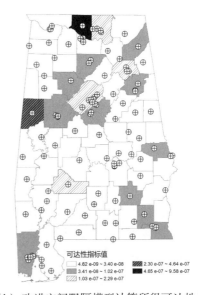

（a）基础空间阻隔模型计算所得可达性指标　　（b）改进空间阻隔模型计算所得可达性指标

图 5.12　基础空间阻隔模型和改进空间阻隔模型所得亚拉巴马州各县的医疗设施可达性指标分布

图 5.12（a）所呈现的可达性分布特点为：亚拉巴马州各县对医疗设施的可达性由中部呈辐射状向四周递减。图 5.12（b）则显示亚拉巴马州各县的医疗设施可达性存在较大的空间差异，可达性等级最高的县只有 1 个，其余县的医疗设施可达性多为最低等级，整体上北部略优于南部。两种模型所得到的差异性结果表明根据可达性模型及参数设置的不同，指标计算的结果可能会出现较大的差异，在实际运用中应当根据数据特征及详细需求选取合适的可达性模型。

5.1.2　两步移动搜寻法和反两步移动搜寻法

1. 原理简介

（1）两步移动搜寻法。

两步移动搜寻法（two-step floating catchment area method，2SFCA）最早由 Radke 等于 2000 年提出，并由 Luo 和 Wang（2003）加以改进，是一种基于机会累积思想的可达性计算方法。该方法从需求点出发，计算在一定时间、空间或成本距离内可接触到的发展机会，机会通常以供应点的数量表示，如设施数量、就业岗位数量等。需求点所能接触到的供给量越多，代表可达性越高。2SFCA 的适应性和操作性较强，可根据不同的需求设置搜寻范围，灵活性较高，是当前运用最为广泛的可达性计算方法，但其难点在于如何设定合理的搜寻范围。2SFCA 的基本步骤可分为以下两步。

第一步，对各供应点 j，设定搜索半径 d_0，搜寻域内需求点的集合 k，计算各供应点的供需比 R_j 为：

$$R_j = \frac{S_j}{\sum_{k \in \{d_{kj} \leqslant d_0\}} P_k} \tag{5.4}$$

在式（5.4）中，R_j 为供需比；S_j 为供应点 j 的供给量；P_k 为搜索域内需求点 k 的需求量；d_{kj} 为搜索域内各需求点 k 到供应点 j 的距离，d_0 为搜索半径。式（5.4）的分子即为各供应点的供给规模，分母为其搜索域内的总需求规模。

第二步，对各需求点 i，设定搜索半径 d_0，计算搜索域内各供应点的供需比之和：

$$A_i = \sum_{j \in \{d_{ij} \leqslant d_0\}} R_j = \sum_{j \in \{d_{ij} \leqslant d_0\}} \frac{S_j}{\displaystyle\sum_{k \in \{d_{kj} \leqslant d_0\}} P_k} \tag{5.5}$$

在式（5.5）中，A_i 为需求点 i 的可达性指标值，R_j 为式（5.4）所求供需比。该方法所求的可达性指标值 A_i 越大，说明节点可达性越好；A_i 值越小，说明节点可达性越差。

2SFCA 同样可通过引入距离衰减函数 $f(d_{ij})$ 进行改进，引入后函数形式为

$$R_j = \sum_{j \in \{d_{ij} \leqslant d_0\}} \frac{S_j}{\displaystyle\sum_{k \in \{d_{kj} \leqslant d_0\}} P_k f(d_{ij})} \tag{5.6}$$

$$A_i = \sum_{j \in \{d_{ij} \leqslant d_0\}} R_j f(d_{ij}) = \sum_{j \in \{d_{ij} \leqslant d_0\}} \frac{S_j f(d_{ij})}{\displaystyle\sum_{k \in \{d_{kj} \leqslant d_0\}} P_k f(d_{ij})} \tag{5.7}$$

（2）反两步移动搜寻法。

反两步移动搜寻法（inverted two-step floating catchment area method, i2SFCA）由 Wang 于 2021 年提出，其与 2SFCA 的区别在于：2SFCA 衡量的是需求点获取服务的可达性，而 i2SFCA 衡量的是供应点提供服务的负荷及其拥挤度。

i2SFCA 的推导过程可分为以下 3 步。

第一步，计算需求点 i 面对同类供应点集合 $l(l = 1, 2, \cdots, n)$ 时，使用集合中某供应点 j 的概率。将同类供应点理解为特定搜索域内供应点的集合，则使用概率的计算方法为：

$$Prob_{ij} = \frac{S_j f(d_{ij})}{\displaystyle\sum_{l=1}^{n} [S_l f(d_{il})]} \tag{5.8}$$

在式（5.8）中，$Prob_{ij}$ 为需求点 i 使用某供应点 j 的概率；S_j 为供应点 j 的供应量；d_{ij} 为供需两点间的距离；$f(d_{ij})$ 为一般形式的距离衰减函数；S_l 为同类供应点集合中各点的供应量。

第二步，计算供应点 j 对其所面向的 m 个需求点的潜在服务量：

$$F_{ij} = P_i Prob_{ij} = \frac{P_i S_j f(d_{ij})}{\displaystyle\sum_{l=1}^{n} [S_l f(d_{il})]} \tag{5.9}$$

在式（5.9）中，F_{ij} 表示需求点 i 前往供应点 j 的流量；P_i 为需求点 i 的需求量。

$$V_j = \sum_{i=1}^{m} F_{ij} = \sum_{i=1}^{m} \frac{P_i S_j f(d_{ij})}{\displaystyle\sum_{l=1}^{n} [S_l f(d_{il})]} \tag{5.10}$$

在式（5.10）中，V_j 表示供应点 j 所吸引的 m 个需求点的总流量，即供应点 j 的潜在服务量。

第三步，使用供应量 S_j 对潜在服务量 V_j 实行标准化，得到拥挤度：

$$C_j = \frac{V_j}{S_j} = \sum_{i=1}^{m} \frac{P_i f(d_{ij})}{\displaystyle\sum_{l=1}^{n} [S_l f(d_{il})]} \tag{5.11}$$

在式（5.11）中，C_j 为供应点 j 的拥挤度，拥挤度 C_j 越高，说明节点面临的供给需求越大，设施也就越拥挤。对照式（5.7）和式（5.11）可以发现，i2SFCA 的操作步骤相当于 2SFCA 的倒置。而 2SFCA 的理论推导亦可利用二者的对称性，模仿式（5.8）～式（5.11）式实现。

2. 案例操作

（1）数据来源。

所用数据同 5.1.1 节案例一致。

（2）案例内容简介。

本节的案例操作将演示如何使用 ArcMap 实现 2SFCA 计算社区就医可达性，以及如何使用 i2SFCA 计算医疗设施拥挤度。案例中医疗设施的供给规模将以床位数表示，社区的需求规模将以人口数表示。

（3）提取社区的质心点。

操作方法同 5.1.1 节案例一致，得到质心点 Com_P。

（4）2SFCA 计算可达性。

第一步，搜索供应点 j 距离范围 d_0 内的需求点集合 k。

本案例取直线距离定义 d_0，范围内需求点的搜索及距离的计算可通过邻域分析实现，如图 5.13 所示。

a. 打开工具箱【ArcToolbox】 → 【Analysis Tools】 → 【Proximity】 → 【Point Distance】。

b. 设定【Input Features】为医疗设施点【Physicians】。

c. 设定【Near Features】为社区质心点【Com_P】。

d.【Output Table】根据需求设定为默认路径或其他指定存放路径，输出结果命名为 PtoC。

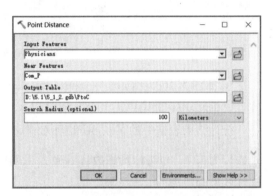

图 5.13　搜索医疗点 100 km 内社区质心点的参数设置

e.【Search Radius】即根据需求设定的搜索半径 d_0，案例区范围较大，故以 100 km 为例。

f. 点击【OK】运行工具。

如图 5.14 所示，运行结果 PtoC 为表格类数据，在 List By Source 模式下可见。表格中的"INPUT_FID"为医疗点的原序号 FID，"NEAR_FID"为社区质心的原序号 FID。

第二步，计算供应点搜索范围内的需求总量 $\sum\limits_{k \in \{d_{kj} \leq d_0\}} P_k f(d_{ij})$。

在搜索结果 PtoC 的属性表中新建一条 float 型的字段 Pkd，储存 $P_k f(d_{ij})$ 的计算结果。

a. 以 PtoC 为对象实行数据连接，标识为 PtoC 的 NEAR_FID 字段和社区质心 Com_P 的 FID 字段。

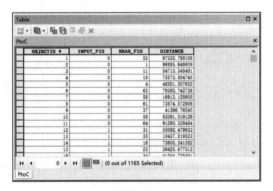

图 5.14　供应点特定距离范围内的需求点集合 k 的搜索结果 PtoC

b. 以衰减函数 $f(d_{ij}) = \dfrac{1}{d^2}$ 为例，使用 Field Calculator 通过如图 5.15 所示的表达式为该字段赋值。

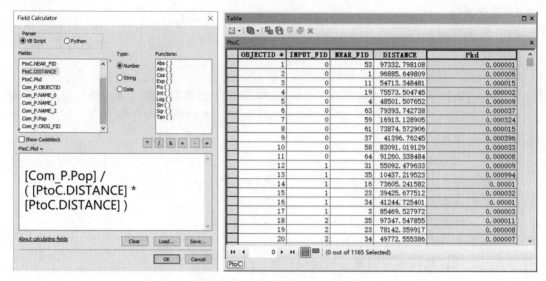

图 5.15　字段 Pkd 赋值计算公式和字段值计算结果

c. 如图 5.16 所示，使用 Summary Statistics 工具，对表格 PtoC 的字段 Pkd 进行求和统计，以医疗点序号 INPUT_FID 为统计单元的标识，结果表格命名为 Pkd_SUM。

统计结果表格中的字段 SUM_PtoC. Pkd 即为式（5.6）的分母 $\sum_{k \in \{d_{kj} \leq d_0\}} P_k f(d_{ij})$ 。表格记录数量为 127，与医疗设施数量一致，说明所有医疗设施在 100 km 的搜索半径内均可搜寻到社区质心。

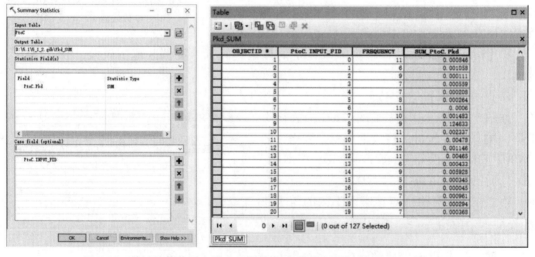

图 5.16　统计计算范围内需求总量的参数设置及统计结果表格 Pkd_SUM

第三步，计算各医疗设施的供需比 R_j 。

a. 在需求总量统计表 Pkd_SUM 中新建一条 float 型的字段 Rj，储存供需比结果 R_j 。

b. 以 Pkd_SUM 为对象连接数据，标识为 Pkd_SUM 的 PtoC. INPUT_FID 字段和医疗点 Physicians 的 FID 字段。

c. 连接完成的表格中，字段 Docs 即式（5.6）中的分子供应量 S_j ，通过 Field Calculator 根据如图 5.17 所示公式为字段 Rj 赋值，得到供需比 R_j 。

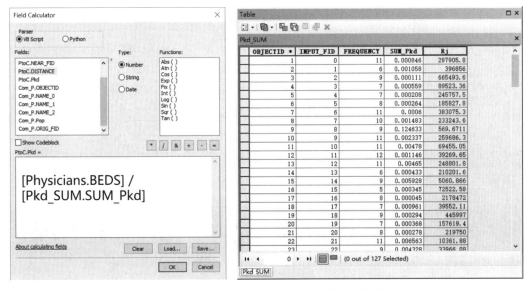

图 5.17 字段 **Rj** 赋值计算公式和字段值计算结果

第四步，基于 2SFCA 的可达性指标计算结果。

a. 在搜寻结果 PtoC 中新建一个 float 型的字段 Rjd，储存式（5.7）中 $R_j f(d_{ij})$ 的计算结果。

b. 以 PtoC 为对象连接数据，标识为医疗点序号字段，即 PtoC 的 INPUT_FID 字段和 Pkd_SUM 的 PtoC. INPUT_FID 字段。

c. 连接成功后，通过 Field Calculator 利用如图 5.18 所示的表达式根据距离衰减函数为字段 Rjd 赋值。

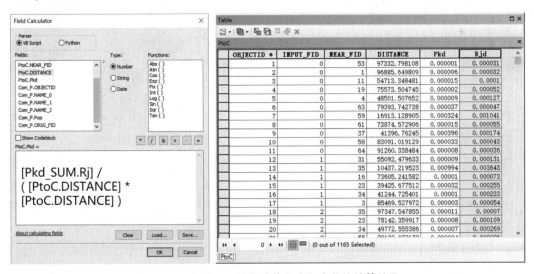

图 5.18 字段 **Rjd** 赋值计算公式和字段值计算结果

d. 如图 5.19 所示，使用 Summary Statistics 工具，对字段 Rjd 进行统计求和，统计单元标识为社区质心序号 PtoC. NEAR_FID。结果表格命名为 Ai_2SFCA，结果表格的字段 SUM_PtoC. Rjd 即为基于 2SFCA 的可达性指标计算结果。统计表记录数量为 67，与县数一致，说明每个县质心在 100 km 范围内都能搜寻到医疗设施点。

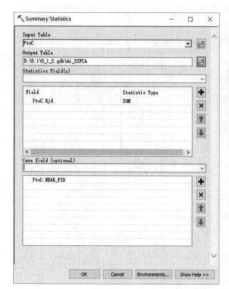

图 5.19　统计参数设置及 2SFCA 可达性计算结果

第五步，可达性计算结果的可视化与分析。将考虑了距离衰减函数的 2SFCA 计算所得的可达性指标值进行自然分级可视化，得到如图 5.20 所示的亚拉巴马州各县的医疗设施可达性指标分布。县的指标值越低，对医疗设施的可达性就越低。根据 2SFCA 的可达性计算结果可知，亚拉巴马州各县的医疗设施可达性等级分布较为均衡，可达性等级最高与最低的县基本分布于中部和东部。

（5）i2SFCA 计算拥挤度。

i2SFCA 计算拥挤度的步骤同 2SFCA 基本一致，仅需要把需求点和供应点在计算中相互对调即可实现。为与 2SFCA 对照，本案例以搜索半径 d_0 来搜寻并定义各需求点面对的同类供应点，距离为直线距离，距离衰减函数以 $f(d_{ij}) = \dfrac{1}{d^2}$ 为例。详细实现步骤如下。

第一步，搜索需求点 i 距离范围 d_0 内的供应点集合 l。

范围内供应点的搜索及距离计算可通过邻域分析实现，参数设置如图 5.21 所示。

a. 打开工具箱【ArcToolbox】→【Analysis Tools】→【Proximity】→【Point Distance】。

b. 设定【Input Features】为社区质心点 Com_P。

c. 设定【Near Features】为医疗设施点 Physicians。

d.【Output Table】根据需求设定为默认路径或其他指定存放路径，结果命名为 CtoP。

e.【Search Radius】即根据需求设定的搜索半径 d_0，

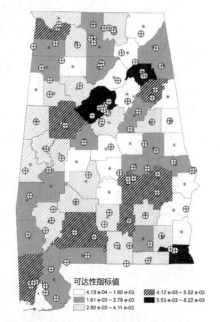

图 5.20　基于 2SFCA 所得亚拉巴马州各县的医疗设施可达性指标分布

图 5.21　搜索社区质心点 100 km 内医疗点的参数设置

同样以 100 km 为例。

　　f. 点击【OK】运行工具。

第二步，计算需求点搜索范围内的供给总量 $\sum_{l=1}^{n} S_l f(d_{il})$ 。

　　a. 在 CtoP 的属性表中新建一条 float 型字段 Sld，储存 $S_l f(d_{il})$ 的计算结果。

　　b. 以 CtoP 为对象实行数据连接，标识为医疗点序号，即 CtoP 的 NEAR_FID 字段和 Physicians 的 FID 字段。

　　c. 使用 Field Calculator 通过如图 5.22 所示的表达式为该字段赋值。

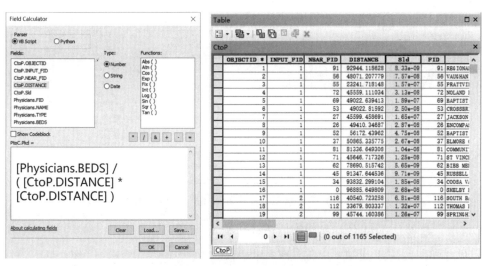

图 5.22　字段 Sld 赋值计算公式和字段值计算结果

　　d. 如图 5.23 所示，使用 Summary Statistics 工具，对表格 CtoP 的字段 Sld 进行求和统计，以社区质心序号 INPUT_FID 为统计单元的标识，结果表格命名为 Sld_SUM，表格字段 SUM_CtoP. Sld 即为待求供给总量 $\sum_{l=1}^{n} S_l f(d_{il})$ 。

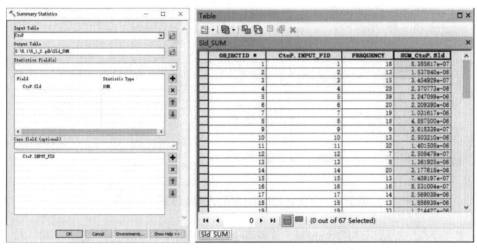

图 5.23　统计参数设置和范围内供给总量统计结果表格 Sld_SUM

第三步，计算各县的需供比。

a. 在供给总量统计表 Sld_SUM 中新增一个 float 型的字段 ri，用于存放需供比的计算结果。

b. 以 Sld_SUM 为对象连接数据，标识为社区质心的序号，即 Sld_SUM 的 CtoP. INPUT_ FID 字段和 Com_P 的序号字段 FID。

c. 使用 Field Calculator 根据如图 5.24 所示的表达式为 ri 赋值，得到对应的需供比计算结果。

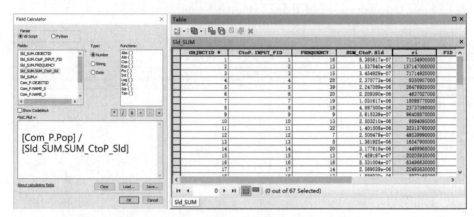

图 5.24　字段 ri 赋值计算公式和字段值计算结果

第四步，基于 i2SFCA 的拥挤度指标计算结果。

a. 在搜寻结果 CtoP 中新建一个 float 型的字段 rid。

b. 以 CtoP 为对象连接数据，标识为社区质心的序号字段，即 CtoP 的 INPUT_FID 字段和 Sld_SUM 的 CtoP. INPUT_FID 字段。

c. 连接成功后，使用 Field Calculator 通过如图 5.25 所示的表达式为字段 rid 赋值，加入距离衰减影响。

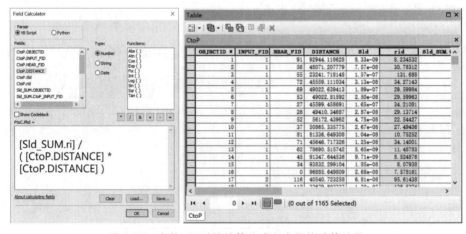

图 5.25　字段 rid 赋值计算公式和字段值计算结果

d. 如图 5.26 所示，使用 Summary Statistics 工具，对字段 rid 进行统计求和，统计单元标识为医疗点序号 CtoP. NEAR_FID。结果表格命名为 Cj_i2SFCA，表格中的字段 SUM_ CtoP. rid 即为基于 i2SFCA 的拥挤度指标计算结果。

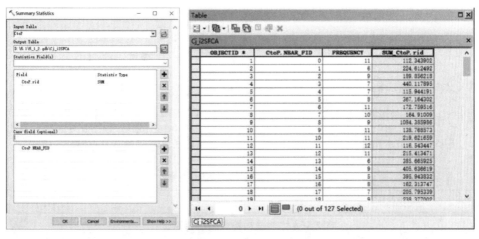

图 5.26   统计参数设置和 i2SFCA 拥挤度计算结果

第五步，拥挤度计算结果的可视化与分析。基于 i2SFCA 计算所得的亚拉巴马州各医疗设施的拥挤度分布如图 5.27 所示。设施的圆形符号面积越大，代表拥挤度越高，该设施的潜在服务人口数就越多，设施的负荷也就越重。

可以发现，亚拉巴马州拥挤度较高的医院主要分布在东部和北部。结合图 5.20 的 2SFCA 可达性计算结果，可推测东部的就医可达性较差，进一步导致了其临近医疗设施有较大的负荷。中部由于分布的医疗设施多且密集，无论是可达性还是拥挤度都表现出了较良好的水平。

拥挤度和可达性在定义和计算方法上虽然有差异，但二者分别从不同角度揭示了资源配置在地理上的差异，为资源平等配置提供了有效的量化参考，具有共同的空间优化的目的。

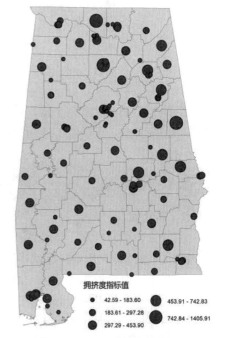

图 5.27   基于 i2SFCA 所得的亚拉巴马州各医疗设施拥挤度分布

5.2   网络分析方法

网络（network）是描述地理要素（资源）流动关系的一系列相互连通的点线组合。生活中常见的网络结构包括连接各个城市的道路、在不同交汇处产生联系的河流、连接城市各户的给排水网络系统等。

网络分析（network analysis）则是在网络的基础上进行地理分析的过程，将网络系统模型化，可研究网络的状态，对资源在网络上的流动分配进行模拟和分析，从而实现网络结构及其资源分配的优化。

网络数据模型（network data model）是根据网络的点—点、点—线和线—线的元素拓扑关系构建的空间数据模型，通过网络内元素的空间和属性信息，可实现对网络系统的分析和优化。模型由链（link）和节点（node）组成（如图 5.28），通常以邻接矩阵的形式存储和组织（如图 5.29），节点根据功能或属性主要可分为障碍、拐角点、中心、站点。链和节点的详细功能介绍及相关案例见表 5.1。

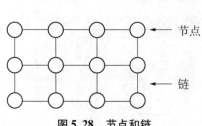

图 5.28　节点和链

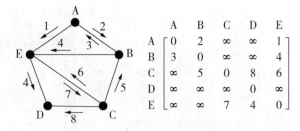

图 5.29　网络及其存储邻接矩阵

表 5.1　网络模型的组成要素

要素	类型	功能	案例
线	链	网络中连接节点和资源流动的管线，具有阻碍强度和流动速度等属性	道路、河流、通信网
点	障碍	禁止链上的资源流动	河流闸门
	拐角点	网络中具有阻力属性的节点	拐弯时间、限制左拐
	中心	接受或分配资源的位置	水库、电站、汽车总站、小区
	站点	路径分析中提供停靠的点	库房、邮筒、车站

　　网络分析的功能极其丰富，本节将介绍其中 3 种主要功能的内容和案例操作，分别为点对点的路径分析、求解线的连通分量及设计连接方案的连通分析、探讨点选址或需求—供应点配对的定位与配置分析。

5.2.1　路径分析

1. 功能简介

　　路径分析通常应用于计算两点之间的距离、查找最近的目的地（如根据事发地位置寻找最近的消防站）、规划两点或多点间资源流动的最优路径（如出行规划、校车接送路线）等，常见于道路交通网络分析。路径的"距离"包含多种类型，可以是地理意义上长度最短的路径，也可以是耗费时间最少、经济成本最低、资源流量最大、风景最优美的路线等。本节主要使用 Network Analyst 工具，又称为传输网络分析。

2. 案例操作

　　（1）数据来源。

　　本案例所用数据来自 ArcGIS Online 开放提供的网络分析数据，相关数据可通过访问对应网页（https://www.arcgis.com/home/item.html? id = d6bd91b2fddc483b8ccbc66942db84cb）下载。本案例所用数据库 Paris.gdb 下含 1 个要素数据集 trans，内含 2 个要素类，分别为购物中心兴趣点 Stores 及其周边街道线路 Streets，本节所涉及的案例操作都在该数据库的基础上进行。要素的名称及涉及路径分析的关键字段解释见表 5.2。

表 5.2 数据库 Paris. gdb 内各要素类的字段解释

要素类	类型	字段名	内容与用途
Stores	点	POI	兴趣点类型
		NAME	购物中心名称，作为标签进行标识
		DEMAND	购物中心每月的进货需求
Streets	线	FULL_NAME	道路名称，作为标签进行标识
		METERS	道路长度，为成本属性
		FT_MINUTES	起点至终点花费的时间，为成本属性
		TF_MINUTES	终点至起点花费的时间，为成本属性
		Oneway	方向属性，为约束条件
		Hierarchy	道路等级

（2）数据要求。

本书案例数据均已根据需求完成处理，在此仅对部分预处理要点进行说明，以供参考。①创建要素数据集。网络分析所需要的数据及相关结果应存放于地理数据库（geodatabase）中，且对应点线要素必须存放于要素数据集（feature dataset）中。②道路线要素处理。由于道路之间是相互连通的，因此多数情况下（如高架桥和地面道路的相交处不应打断）需要对相交的线要素在相交处进行打断处理，这一操作可通过高级编辑工具完成。高级编辑工具栏可通过 ArcMap 顶部菜单的【Customize】→【Toolbars】→【Advanced Editing】调出，开启数据编辑模式后可选择发生相交的线要素，点击【Planarize Lines】按钮实现切割（如图 5.30），切割后的要素保留了原要素的各项信息，可根据实际需要进一步处理。相交处打断前后的道路要素属性表如图 5.31 所示。

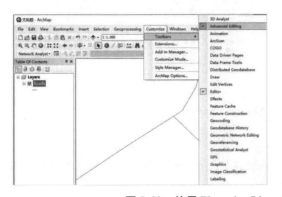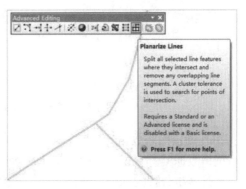

图 5.30 使用 Planarize Lines 编辑工具打断道路相交处

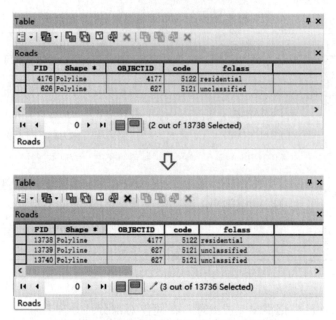

图 5.31　相交处打断前后的道路要素属性表

（3）配置网络分析环境。

启动 ArcMap，通过顶部菜单栏的【Customize】→【Extensions…】确保已勾选启用 Arc-GIS 的 Network Analyst 扩展模块，如图 5.32 所示。

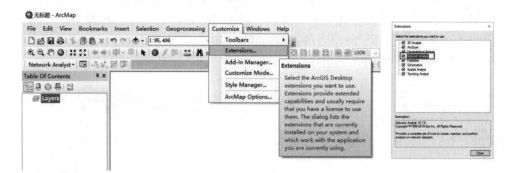

图 5.32　开启 ArcMap 的 Network Analyst 扩展模块

（4）创建网络数据集。

网络数据集具有复杂的属性特征，创建合理的网络数据集、确定节点和链之间的资源流动关系是网络分析的基础和前提。

第一步，在【Catalog】窗口中右键单击要素数据集 trans，选择【New】→【Network Dataset】打开网络数据集创建工具。

第二步，数据集命名：命名网络数据集为 Paris_ND，版本保持默认的 10.1，点击下一页。

第三步，要素源设置：该网络将基于街道数据 Streets 创建，此处勾选【Streets】，点击下一页。

第四步，转弯（turns）模型：本案例不涉及转弯设置，此处勾选【No】，点击下一页。

第五步，对案例数据设置连接策略【Connectivity】，所有街道在端点相互连接，因此单击【Connectivity】按钮，检查已勾选设定为端点连接，点击下一页。

第六步，高程【elevation】设置：本案例不涉及高程设置，此处勾选【None】，点击下一页，如图 5.33 所示。

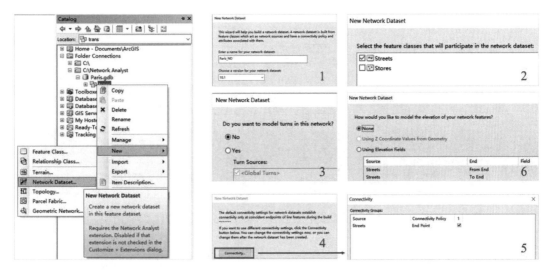

图 5.33　网络数据集的创建步骤（第一部分）：命名、要素源、转弯模型、连接策略、高程模型

第七步，添加网络属性：此时工具已根据属性表自动识别并设置了部分属性，点击右侧的【Add】按钮可添加等级属性【Hierarchy】，而【Evaluators】按钮则可对属性的类型及内容进行设置，此处设置新增的【Hierarchy】属性类型为字段，属性值由字段 NA_Hierarc 决定，此外还可根据实验者的个人需要添加其他成本属性或约束条件等，如图 5.34 所示。

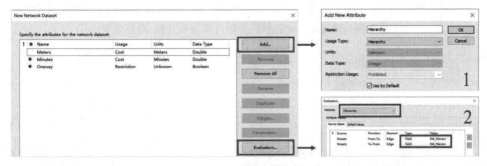

图 5.34　网络数据集的创建步骤（第二部分）：添加网络属性

第八步，检查网络属性：点击【Evaluators】按钮检查工具自动识别生成的几项属性是否正确，包括作为成本的长度属性 Meters、时间属性 Minutes 和作为障碍限制的方向属性 Oneway，其中 Oneway 属性值是由特定表达式确定的布尔值，检查无误后，点击下一页，如图 5.35 所示。

第九步，出行模式（travel mode）设置：保持默认，点击下一页。

第十步，导航设置：这一设置影响的是路径分析结果的详细路线导航功能，此处点击【Directions】按钮，修改显示的长度单位（Display Length Units）为 Meters，同时以字段 FULL_NAME 作为道路名称，点击下一页，如图 5.36 所示。

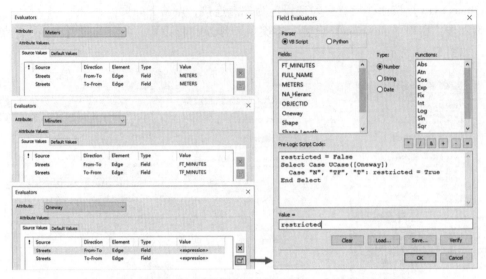

图 5.35　网络数据集的创建步骤（第三部分）：检查网络属性

图 5.36　网络数据集的创建步骤（第四部分）：导航设置

第十一步，服务区指数（Service Area Index）设置：可根据后续是否需要建立服务区进行勾选，本案例保持默认不勾选，点击下一页。

第十二步，网络数据集信息确认：在各项参数设置完毕后，可在 Summary 界面确认待创建的网络属性，确认无误后点击【finish】。

网络数据集创建完成后，目标要素集内将新增网络数据集 Paris_ND 及网络的节点数据 Paris_ND_Junctions，将二者

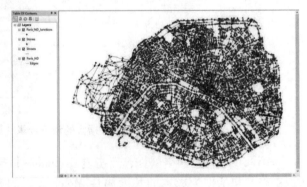

图 5.37　载入 ArcMap 的要素类 Stores 和 Streets、新建网络数据集 Paris_ND 及节点 Paris_ND_Junctions

与道路数据 Streets、购物中心数据 Stores 都载入 ArcMap，效果如图 5.37 所示。

（5）规划最佳路径。

第一步，确定案例目标。某调研小组挑选了巴黎市 21 个购物中心（Stores）进行市场调查，为节省时间，出行前决定对路线进行规划，该小组计划从离集合点距离较近的 GAITE 购物中心出发，调研结束后分头回家。即起点固定为 GAITE 购物中心，以各购物中心为停

靠点，要求应用网络分析规划一条花费时间最少的最优路径。

第二步，创建路径分析图层。网络分析工具栏可通过 ArcMap 顶部菜单的【Customize】→【Toolbars】→【Network Analyst】调出。通过工具栏中的【Network Analyst】→【New Route】创建路径分析图层，并点击工具栏中的【Network Analyst Window】图标 回 打开网络分析窗口，如图 5.38 所示。

图 5.38　创建路径分析图层的步骤

第三步，添加停靠点（Stops）。

a. 根据目标要求，停靠点为 Stores 要素类中的各个购物中心，右键单击 Network Analyst 窗口中的【Stops（0）】，选择【Load Locations…】加载要素类。

b. 在 Load Locations 窗口，设置【Load From】为点要素 Stores，【Name】为字段 NAME。

c. Search Tolerance 可通过设置容差判断点要素是否位于网络中，默认设置下，当某点离最近的街道 5000 m 时，该点将被认定为 Unlocated 停靠点，在路径规划时不作为必须通过的点，此处保留默认设置。

d. 最终所有购物中心都被认定为网络内部的点，即 Located，如图 5.39 所示。

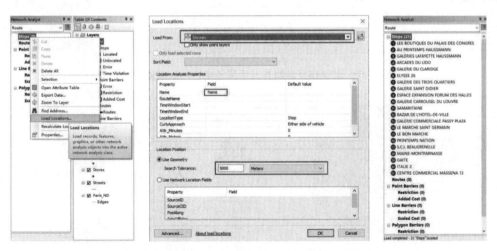

图 5.39　加载 Stores 为停靠点的步骤和加载结果

第四步，最优路径求解。

a. Stops 列表中的每个停靠点均有独特的序号，序号 1 即为默认起始点，最后一位序号则默认为终点，可长按左键将 GAITE 购物中心拖动至序号 1，将其设置为起点。

b. 点击网络分析窗口右上角的【Route Properties】图标 回 ，在【Analysis Settings】栏

设置路径分析的相关参数。

c. 由于路径规划的目标是花费时间最少，此处设置阻抗（impedance） 为时间成本 Minutes，约束条件（restrictions） 选择方向属性 Oneway。

d. 目标要求起点固定，因此点选【Reorder Stops To Find Optimal Route】，选择【Preserve First Stop】，确保起点固定为序号 1 的 GAITE 购物中心，点击确定保存设置。

e. 在网络分析工具栏点击【Solve】图标 ▦ ，进行最优路径求解。

f. 在网络分析工具栏点击【Directions】图标 ▨ ，可打开导航窗口查看详细路径规划结果，如图 5.40 所示。

第五步，最优路径规划结果。最优路径规划结果如图 5.41 所示，Directions（Route） 窗口所示导航路线及过程中所花费的总成本如图 5.42 所示。最优路径图展示了调研小组从 GAITE 购物中心出发并途经所有购物中心的时间成本最低路线，路线终点为 S. C. I. BEAUGRENELLE 购物中心。Directions 导航结果提供了包括转弯在内的详细行进路线，并显示了该路径需要耗费的成本。由于创建的网络数据集添加了时间和距离两项成本，可知调研小组在路上至少要花费 1 h 43 min 的时间，途经 34322.6 m 的街道，才能遍历每一个购物中心。

  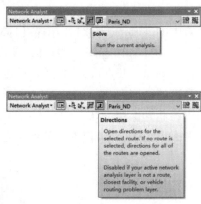

图 5.40　最优路径求解并显示路径规划导航结果的步骤

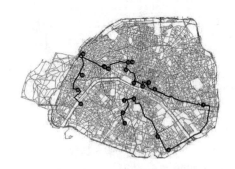 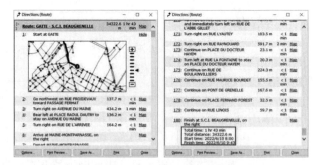

图 5.41　最优路径规划结果　　　图 5.42　最优路径导航路线及过程总成本

第六步，添加障碍点后的最优路径规划结果。如图 5.43 所示，左键点击选中网络分析窗口中的【Point Barriers】、【Line Barriers】或【Polygon Barriers】，再点选工具条的【Create Network Location Tool】按钮 ▣ ，则可以绘制对应类型的阻碍或成本要素，从而改变当前的最优路径规划结果。添加的 Added Cost 要素需要右键单击打开【Properties】属性框，设置对应的 Attr_Minutes（若选择以路程长度为成本，则可见 Attr_Meters）成本值，才能对路径规划造成影响。

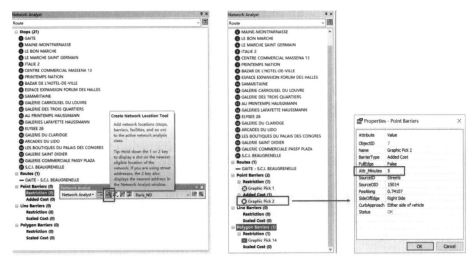

图 5.43　手动添加障碍的步骤

添加障碍点后，再一次点击工具条中的 solve 按钮 ▦，重新规划最优路径，可发现路径规划发生了较大的变化（如图 5.44），购物中心的调研顺序乃至最后的终点均有所不同。然而查看导航所计算的花费时间和行进距离，并未发生较大的变化。

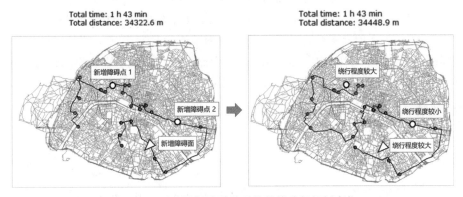

图 5.44　手动添加障碍前后的最优路径规划变化

5.2.2　连通分析

1.　功能简介

连通分析多应用于在给定条件下求解从某节点出发所能达的全部节点或边的流通量计算问题（如水系污染物追踪、管道爆管搜寻、节点影响最远辐射路径计算），或如何以最低的成本来连通网络中全部节点的最小费用连通方案（如城市供给水网络、城市电网搭建）等问题，研究重点在于链要素，通常用于水系网络或设施网络的分析。连通分析除了 5.2.1 节所使用的传输网络分析工具，还经常用到效应网络分析工具（Utility Network Analysis，又称为几何网络分析）提供的流向分析或上下流追踪分析等功能。

2. 案例操作

本节案例操作将涉及 2 个案例，案例 1 为根据已知供应点求解其最远可服务的区域及路径，案例 2 为根据已知的污染源和流域汇口搜寻受污染的河段。

（1）数据来源。

案例 1 沿用 5.2.1 节的巴黎购物中心网络数据集，将通过传输网络分析功能实现需求。

案例 2 所用数据为根据某地 DEM 数据进行水文分析和流域提取后得到的河网数据，案例所用数据库 Lake.gdb 下含 1 个要素数据集 pollution，内含 3 个要素类，分别为流域线 stream、造纸厂点 factory、流域汇总口点 outlet，将通过几何网络分析功能实现需求。

（2）数据要求和环境要求。

本案例数据的预处理要求和网络分析环境要求同 5.2.1 节一致，所用案例数据已处理完毕。

（3）案例 1：求解最远服务路径。

第一步，确定案例目标。巴黎市有一名投资者想在某区域开办一家购物中心，然而该区域内已分布了 21 家购物中心，因此该投资者希望先利用网络分析了解当前区域各个购物中心最远可服务的范围和路径网络，最终根据各购物中心周边可在 15 min 内前来购物的路径覆盖范围判断发展空间。该案例的目标本质是求解网络中节点的服务区（service area），且规定了方向为从周边前往节点，成本阈值为 15 min。

第二步，载入数据，并调出网络分析工具栏和分析窗口。工具栏设置方法可见 5.2.1 节的案例步骤（5）的第二步操作。

第三步，创建服务区分析图层。通过网络分析工具栏中的【Network】→【New Service Area】新建服务区分析图层，其后的参数设置与 5.2.1 节的案例分析步骤（5）的第三步操作基本完全一致，仅因网络分析的目的不同，购物中心由停靠点 Stops 转变为了设施点 Facilities。如图 5.45 所示，将购物中心 Stores 导入设施点后，可发现设施点的符号不再和路径分析一样带有序号，此时节点之间不存在先后关系。

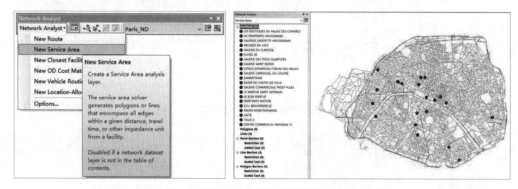

图 5.45 新建服务区分析图层及设施点导入结果

第四步，服务区范围求解。

a. 点击网络分析窗口右上角的【Route Properties】图标 ▣，设置服务区求解的相关参数。

b.【Analysis Settings】栏：设置阻抗为时间 Minutes，并通过 Default Breaks 设置阻抗阈值，阈值可同时设置多个，本案例以 5 min、10 min、15 min 的范围来绘制服务区，同时若有需要，在构建网络数据集时可通过添加 Breaks 阻抗属性为不同设施点设置不同的阻抗阈值。

c.【Analysis Settings】栏：在方向 Direction 设置上，根据要求，应当是前往设施点，而不是从设施点出发，因此勾选【Towards Facility】。

d. 约束条件依旧为方向属性 Oneway。

e.【Polygon Generation】栏：服务区分析默认将生成描述服务区范围的面要素，可对生成的面要素进行相关设置，此处保留默认设置。

f.【Line Generation】栏：服务区分析默认不生成描述服务区范围的线要素，线要素表示在给定阻抗阈值内可到达的网络边缘，相较面更能真实地表现服务区，且服务面实际上也是基于服务线生成的，此处勾选生成线要素。

g. 设置好相关参数后，点击【确定】，并在【Network Analyst】工具栏点击 solve 图标 , 如图 5.46 所示。

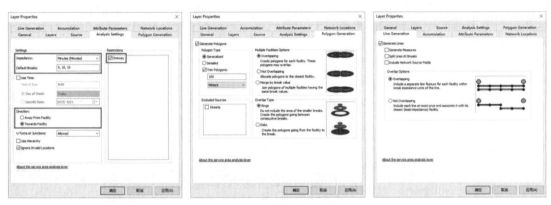

图 5.46　服务区分析参数设置

第五步，服务区分析与最远服务路径生成结果。如图 5.47 为网络分析生成的面和线，即购物中心的服务区与其最远服务路径。为便于对比，左图为街道 streets 和生成的服务区面数据叠加显示的效果，可以发现区域中心基本上可实现 5 min 即达某购物中心，除了东北角的少数地区，几乎全域都可实现 15 min 到达购物中心；右图为街道 streets 和生成的服务线叠加显示的效果，为便于观察，服务线 Lines 线条较粗，可以发现几乎所有街道都可在 15 min 内到达某个购物中心。对投资者而言，在此地置办一个新的大型购物中心将难以获得较高利润。

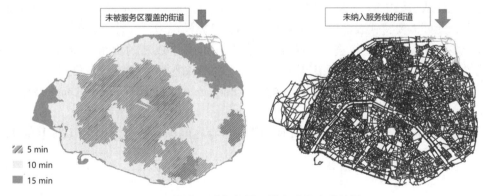

图 5.47　服务区分析与最远服务路径生成结果

（4）案例 2：寻找污染河段。

第一步，确定案例目标。已知某流域有一家造纸厂（factory），其违法排放的污水对下游河流造成了污染，为整治河流，需要先找出被污染的河段。已知造纸厂所在支流的出水口（outlet）在整片流域网络（stream）中的位置，使用网络分析方法求解网络中连通二者的路径，寻找污染河段。

第二步，载入数据。将要素数据集 pollution 中的 3 个要素类在 ArcMap 中载入，为便于识别，进行简单的符号化处理，数据内容及要素属性表如图 5.48 所示。

第三步，创建几何网络。几何网络多用于定向网络分析，是流域上下游追踪的重要工具。无论是传输网络分析还是几何网络分析都需要以对应的网络数据集为基础。因此要对造纸厂下游的污水进行追踪，需要先创建一个流域几何网络。

a. 在【Catalog】窗口中右键单击要素集【pollution】，选择【New】→【Geographic Network】……打开几何网络创建工具。

b. 几何网络命名：本案例命名新建该几何网络为 pollution_

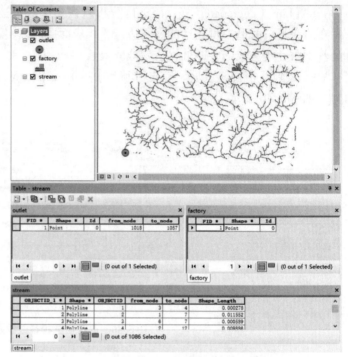

图 5.48　载入 ArcMap 的要素数据集 pollution

Net，可据需要设置容差，此处勾选【No】，点击下一页。

c. 选择网络要素：本几何网络为流域网络，仅需包含与流域相关的要素类，因此仅勾选出水口【outlet】和流域【stream】，点击下一页。

d. 为网络要素设置角色：要素角色（Role）类型包括用户定义的交汇点 Simple Junction、只允许资源从一个端点流向另一个端点的 Simple Edge、既允许资源从一个端点到另一个端点又允许从边线中部一侧流出的 Complex Edge，源和汇（Sources & Sinks）则决定了流域的流向，此处需要将代表汇的要素类 outlet 的源汇属性标为【yes】，点击下一页。

e. 为边（Edge）设立权重：通过【New】按钮即可生成新的权重，命名为 impedance，类型为 double 型，添加完毕后可在当前窗口下方选择权重的关联字段，根据上一页的要素角色设定，流域 stream 即为边，故此处选择流域 stream 的长度属性 Shape_Length 为权值，点击下一页。

f. 通过【Summary】检查创建的几何网络是否存在问题，检查无误后点击【finish】，如图 5.49 所示。

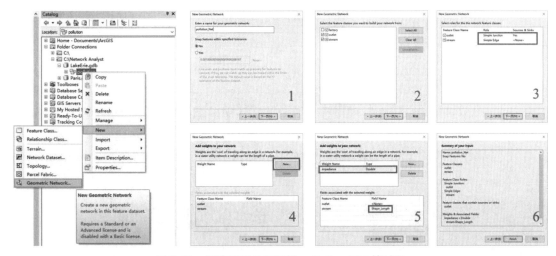

图 5.49　创建流域几何网络 pollution_Net 的过程

　　流域几何网络创建成功后，目标要素集内将出现新增的几何网络 pollution_Net 及网络节点数据 pollution_Net_Junctions，将网络节点载入 ArcMap，其效果如图 5.50 所示。

　　完成几何网络创建后，作为几何网络要素的流域 stream 和出水口 outlet 的属性表中均出现了新的字段，其中字段 Enabled 代表是否可以通行，而在设置网络时定义为 Sources & Sinks 的出水口 outlet 还多

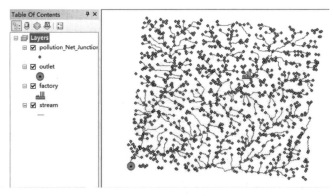

图 5.50　载入 ArcMap 的流域几何网络节点

了一条源汇属性字段 AncillaryRole，开启数据编辑模式后即可将其编辑为 Sink，如图 5.51 所示。

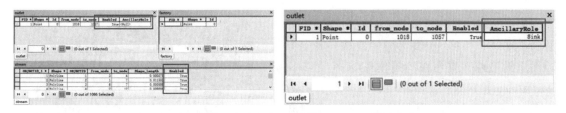

图 5.51　原数据属性表中的新字段与编辑了源汇属性的出水口 outlet

　　第四步，显示流向箭头。几何网络分析工具栏可通过 ArcMap 顶部菜单栏的【Customize】→【Toolbars 】→【Utility Network Analyst】调出。在数据编辑模式下，点击几何网络工具条上的【Set Flow Direction】按钮 可进行操作，在其左侧【Flow】下拉框中勾选【Display Arrows】，即可在流域 stream 上直接显示出流向箭头，此时可退出数据编辑模式。同时，箭头仅出现在与汇点（即出水口 outlet）存在连通关系的支流，无连通关系的箭头将替换为圆形节点，如图 5.52 所示。

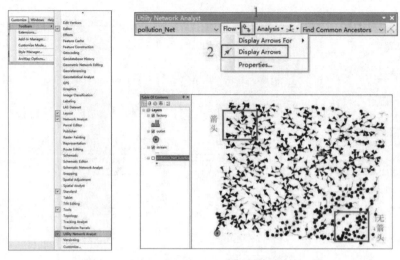

图 5.52 显示流向箭头的步骤和流向箭头示意

第五步，几何网络追踪分析。如图 5.53 所示，在几何网络工具条下拉选项中点击【Add Edge Flag Tool】按钮，分别在造纸厂 factory 和出水口 outlet 处单击建立两个标记，便可通过按钮右侧的下拉框选择分析模式，以此展开追踪分析。

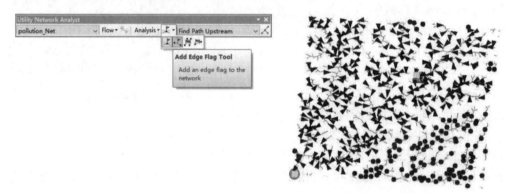

图 5.53 【Add Edge Flag Tool】按钮所在位置及标记建立完毕的数据示意

根据案例的目的要求，需要找到造纸厂下游到出水口的一系列受到污染的流域，属于自上而下的追踪，应当在下拉框中选择【Trace Downstream】模式。工具条设置完毕后，点击右侧的 solve 按钮开始分析，成功实现流域追踪，得到如图 5.54 粗线所示的连通造纸厂和出水口的网络路径。

此外，追踪分析还包含了向上追踪（Trace Upstream）、寻找连接点（Find Connected）、寻找共同祖先（Find Common Ancestor）等模式，实验者可自行继续探索各种连通方案。

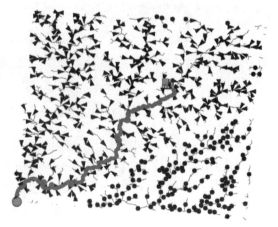

图 5.54 造纸厂至出水口的污染流域追踪分析结果

5.2.3 定位与配置分析

1. 功能简介

定位与配置分析就是资源的分配问题,是网络中设施布局的一项优化分析工具,目标在于找到可最高效满足设施需求的最佳位置,最佳位置代表了低廉的成本和良好的可达性,分为定位选址问题和资源分配问题。其中,定位是已知需求点、确定供应点位置的问题;分配是已知供应点、确定为哪些需求点提供服务的问题。

对不同类型的设施而言,最佳位置的定义也有所不同,如医疗等应急响应设施和制造业工厂的选址需求便存在差异,前者所考虑的多为在最短时间内接触到最多的居民,后者则往往追求最小化运输成本。在 ArcGIS 中,定位与配置分析通过网络分析中的 Location-Allocation 分析工具实现,共提供了以下 7 种布局方案(各方案示意图改编自 ArcGIS 帮助文档,见网页:https://desktop.arcgis.com/en/arcmap/latest/extensions/network-analyst/location-allocation.htm)。

(1)最小化阻抗(Minimize Impedance)。该方案旨在使设施点选址满足需求点和设施点间的成本之和最小化,常应用于仓库、公共服务设施的分配定位问题。图 5.55 为最小化阻抗标准的示意图,该方案的要点为:①关键参数包括设施数量、阻抗阈值(impedance cutoff)、阻抗变换形式(impedance transformation);②超出阻抗阈值的需求点将不会纳入分配考虑,阻抗阈值可用于模拟居民愿意前往商店的最大距离、消防部门到达管辖位置的最大响应时间等;③需求点的需求权重将全部分配给对应设施,每个需求点唯一分配给 1 个距离最近(阻抗最小)的设施点。

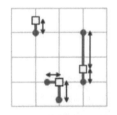

图 5.55 最小化阻抗标准示意

（数据来源：ArcGIS Help Documentation）

☐ 所选设施点
● 得到分配的需求点

(2)最大化覆盖范围(Maximize Coverage)。该方案旨在使设施点在根据阻抗确定的最大服务范围内服务到的需求点最多,常用于急救防灾保障设施和外卖业务等分配定位问题。图 5.56 为最大化覆盖范围标准的示意图,该方案的要点为:①关键参数包括设施数量、阻抗阈值、阻抗变换形式;②覆盖范围根据阻抗阈值生成,超出覆盖范围的需求点将不会纳入分配考虑;③需求点的需求权重将全部分配给对应设施,每个需求点唯一分配给 1 个距离最近(阻抗最小)的设施点。

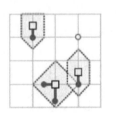

图 5.56 最大化覆盖范围标准示意

（数据来源：ArcGIS Help Documentation）

☐ 所选设施点
● 得到分配的需求点
○ 未分配的需求点

(3)最大化容量(Maximize Capacitated Coverage)。该方案与方案(1)和(2)相比,进一步考虑了设施容量,要求分配给设施点的需求权重不能超过设施的容量,并在此前提下追求所有或最大数量的需求点能得到满足,常用于岗位数固定的企业、床位有限的医疗设施等分配定位问题。图 5.57 为最大化容量标准的示意图,该方案的要点为:①关键参数为设施数量、阻抗阈值、设施容量、阻抗变换形式;②超出阻抗阈值的需求点将不会纳

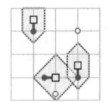

图 5.57 最大化容量标准示意

（数据来源：ArcGIS Help Documentation）

☐ 所选设施点
● 得到分配的需求点
○ 未分配的需求点

入分配考虑，如图 5.57 所示的底部未被分配的设施点；③需求点的需求权重将全部分配给对应设施，每个需求点唯一分配给 1 个设施点；④若某设施点被分配的需求点数量超出设施容量，则设施点将在容量范围内选取需求权重之和最大、总阻抗最小的需求点。

（4）最小化设施（Minimize Facilities）。该方案旨在使设施点数目最小化，与方案（2）最大化覆盖范围的区别仅在于不需要设置"设施数量"参数，因为设施点数目将由分析工具决定。图 5.58 为最小化设施标准的示意图，该方案的要点为：①关键参数为阻抗阈值、阻抗变换形式；②设施服务范围根据阻抗阈值生成，超出服务范围的需求点将不会纳入分配考虑；③需求点的需求权重将全部分配给对应设施，每个需求点唯一分配给 1 个距离最近（阻抗最小）的设施点。

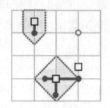

图 5.58　最小化设施标准示意
（数据来源：ArcGIS Help Documentation）

□ 未选设施点
□ 所选设施点
● 得到分配的需求点
○ 未分配的需求点

（5）最大化客流量（Maximize Attendance）。该方案下需求点的需求权重将按特定比例分配给单个设施点，旨在使设施点被分配的需求权重最大化，常用于商店选址。其假设设施点离需求点越远，提供服务的机会就越低，并以此决定分配给设施点的需求权重。图 5.59 为最大化客流量标准的示意图，该方案的要点为：①关键参数为设施数量、阻抗阈值、阻抗变换形式；②设施服务范围根据阻抗阈值生成，超出服务范围的需求点将不会纳入分配考虑；③需求点的需求权重将按比例分配给对应设施点，该比例由与对应设施的距离和阻抗变换形式决定的衰减函数确定，如图 5.59 所示的以饼图表示的需求点；④每个需求点唯一分配给 1 个距离最近（阻抗最小）的设施点。

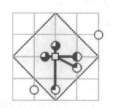

设施点
需求点及分配给设施点的需求权重比例
未分配的需求点

图 5.59　最大化客流量标准示意
（数据来源：ArcGIS Help Documentation）

（6）最大化市场份额（Maximize Market Share）。该方案旨在使设施点在竞争对手存在的情况下获得最大化的需求权重分配，即最大化市场份额，总市场份额是有效需求点的所有需求权重的总和，通常用于商场的定位分配问题。图 5.60 为最大化市场份额标准的示意图，该方案的要点为：①关键参数为设施数量、阻抗阈值、阻抗变换形式；②设施服务范围根据阻抗阈值生成，超出服务范围的需求点将不会纳入分配考虑；③当一个需求点仅位于一个设施点的服务范围内时，其需求权重全部分配给对应设施；④当一个需求点同时位于多个设施点服务范围内时，其需求权重将根据特定比例分配给多个设施，该比例根据设施吸引力及二者间的距离决定；⑤如图 5.60 所示的设施点与竞争点在吸引力相同的情况下，因设施点离该需求点更近，被分配了更高比例的需求权重。

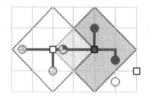

□ 设施点
■ 竞争点
◉ 需求点及分配给设施点的需求权重比例
● 需求点及分配给竞争点的需求权重比例
○ 未分配的需求点

图 5.60　最大化市场份额标准示意
（数据来源：ArcGIS Help Documentation）

（7）目标市场份额（Target Market Share）。该方案指定了一个市场份额阈值，要求设施在竞争对手存在的情况下既满足份额阈值，又能使所需设施数量最小化，总市场份额是有效需求点所有需求权重的总和，多用于薄利多销的折扣商店的定位分配问题。图 5.61 为目标市场份额标准的示意图，该方案的要点为：①相关参数为阻抗阈值、目标市场份额、阻抗变换形式；②设施服务范围根据阻抗阈值生成，超出服务范围的需求点将不会纳入分配考虑；③当一个需求点仅位于一个设施点的服务范围内时，其需求权重将全部分配给对应设施；④当一个需求点同时位于多个设施点的服务范围内时，其需求权重将根据特定比例分配给多个设施，该比例根据设施吸引力及二者间的距离决定。

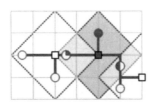

图 5.61　目标市场份额标准示意

（数据来源：ArcGIS Help Documentation）

设施点
竞争点
需求点及分配给设施点的需求权重比例
需求点及分配给竞争点的需求权重比例

2. 案例操作

（1）数据来源。本案例所用数据来自 ArcGIS Online 开放提供的网络分析数据，相关数据可通过访问对应网页（https://www.arcgis.com/home/item.html? id = d6bd91b2fddc483b8ccbc66942db84cb）下载。其中，包含 5.2.1 节的巴黎购物中心网络数据集及设施点数据库 Warehouse.gdb，该数据库下含 3 个要素集，分别为候选设施点 CandiHouses、现存设施点 ExistingHouses、竞争设施点 CompeHouses。

（2）加载数据。将对应数据加载入 ArcMap 中，并进行简单的符号化，得到如图 5.62 所示的数据内容。

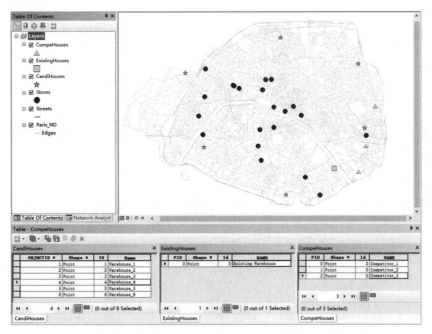

图 5.62　加载入 ArcMap 的 5.2.3 节案例数据示意

（3）创建定位与配置分析。如图 5.63 所示，通过网络分析工具栏中的【Network】→【New Location-Allocation】新建定位与配置分析图层，并打开网络分析窗口。

（4）案例目标。经过 5.2.2 节的案例分析可知，所选研究区内购物中心的服务范围已基本覆盖整个区域，并不适合新增大型购物中心，投资者决定转投资商品库房，为各购物中心提供进货渠道，已知有以下库房选址需求及方案。

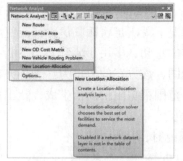
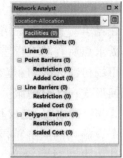

图 5.63　新建定位与配置分析图层及对应网络分析窗口

a. 库房应设在可获得最大业务量的候选点（CandiHouses）；库房选址的最大目标是将库房设在需求量集中的地区附近，并假设购物中心为减少运输成本更倾向于从时间成本较近的库房进货。

b. 投资方案 1：投资者在该区域已拥有 1 间库房（ExistingHouses），短期内决定新增 2 间库房，要求计算这 2 间新库房的位置。

c. 投资方案 2：投资者预计在今后继续扩大库房规模，长远来看将以市场份额不低于 75% 为目标，已知竞争库房（CompeHouses）的位置信息，要求计算要达到这一目标需修建的库房数量和库房位置。

（5）投资方案 1：基于最大化客流的库房选址。

a. 添加候选设施点。如图 5.64 所示，在网络分析窗口中通过右键单击【Facilities (0)】选择加载候选设施点 CandiHouses，确认 Name 属性已自动映射于 Name 字段，并将其设施类型设定为 Candidate。点击【OK】后，对应候选设施点将出现于分析窗口中，并显示于数据浏览窗口。

图 5.64　载入候选设施点 CandiHouses 并设定对应设施类型

b. 添加必选设施点。如图 5.65 所示，在网络分析窗口中通过右键单击【Facilities (7)】选择加载必选设施点【ExistingHouses】，确认 Name 属性已自动映射于 Name 字段，并将其设施类型设定为 Required。点击【OK】后，对应候选设施点将出现于分析窗口中，并显示于数据浏览窗口。

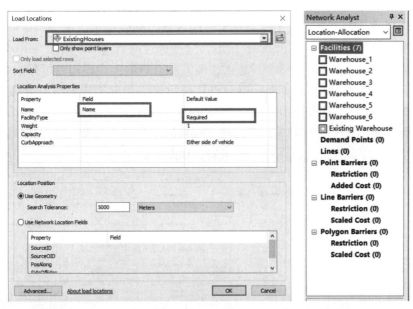

图 5.65　载入必选设施点 ExistingHouses 并设定对应设施类型

c. 添加需求点。根据案例目的，库房应当定位于能最有效地为现有购物中心提供服务的位置。如图 5.66 所示，在网络分析窗口中通过右键单击【Demand Points (0)】选择加载需求点 Stores，确认 Name 属性已自动映射于字段 Name，需求权重 Weight 为字段 DEMAND。点击【OK】后，对应需求点将出现于分析窗口中，并显示于数据浏览窗口。

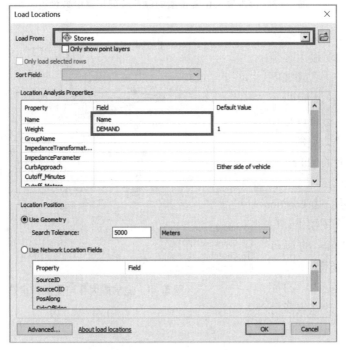

247

图 5.66　载入需求点 Stores 并设置权重

d. 定位分配求解。通过网络分析窗口的图层属性按钮 ▦ 设置定位分配的相关属性。

第一，在【Analysis Settings】窗口设定时间成本 Minutes 为阻抗，方向属性 Oneway 为约束；第二，库房供货是从库房到购物中心，行驶模式为由设施点到需求点【Facility to Demand】；第三，货物通常由大货车来运输，此类车辆在 U 型转弯处难以转弯，因此【U-Turns at Junctions】设定为 Not Allowed；第四，进一步在【Advanced Settings】栏设定问题类型，根据案例目的，库房应建立在需求较集中的区域以期获得最大客源，【Problem Type】选择最大化客流量 Maximize Attendance；第五，将待选设施点【Facilities To Choose】设为 3 个，即从 6 个候选设施点中选出 2 个设施点，使其和必选的 1 个设施点可最大化满足 21 个需求点的供应需求；第六，【Impedance Cutoff】设为 30，即购物中心将不会从费时多于 30 分钟的库房进货；第七，阻抗变换形式设为 Linear，使用线性衰减计算购物中心从库房进货的倾向，亦即分配给设施点的需求权重比例，设置完毕后点击【确定】保存属性设定；第八，点击网络分析工具栏的 solve 按钮 ▦ 求解，如图 5.67 所示。

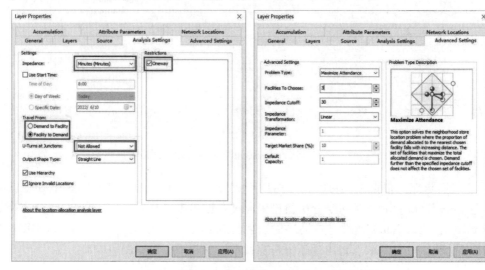

图 5.67　追求最大化客流量的位置分配工具参数设置

e. 基于最大客流量的库房选址结果。以追求最大客流量为方案的库房选址结果如图 5.68 所示，图中不仅标明了所选库房选址点，还通过连接设施点和需求点的线要素标明了各个库房所面向的购物中心。

如图 5.69 所示，由 Location-Allocation 图层中子图层 Facilities 和 Demand Points 的属性表，可查看不同类型（以字段 FacilityType 为标识）的库房设施点、各库房设施点所分

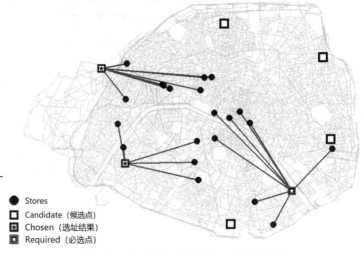

图 5.68　追求最大客流量的库房选址结果

担的货物需求量（字段 De-
mandWeight）、各购物中心主要
的进货库房（字段 FacilityID）
及被分配到该库房的需求量
（字段 AllocatedWeight）。由于
最大化客流量方案下 1 个需求
点仅对应 1 个设施点，且其需
求份额将根据二者间的距离按
比例分配给该设施点，故此处
被分配的需求量低于待分配的
需求量。

由子图层 Lines 的属性表，
可查看库房和购物中心的对应
关系（字段 Name）如图 5.70
所示。

（6）投资方案 2：基于目
标市场份额的库房选址。

a. 添加竞争设施点。要达
到长远规划中的目标市场份额，
还需要知道竞争设施点的目标
市场份额。在网络分析窗口中
通过右键单击【Facilities（7）】
选择加载竞争设施点【Compe-
Houses】，确认 Name 属性已自动
映射于 Name 字段，并将其设施
类型设定为 Competitor。点击
【OK】后，对应候选设施点将出
现于分析窗口中，并显示于数据
浏览窗口，如图 5.71 所示。

b. 定位分析求解。如图
5.72 所示，通过网络分析窗口
的图层属性按钮设置定位分配
的相关属性，【Analysis Settings】
窗口的设定同步骤（5）一致，
【Advanced Settings】窗口设定
【Problem Type】为 Target Market
Share，并使用幂函数衰减来计
算需求点对设施点的采用概率，
点击【确定】保存设置后求解。

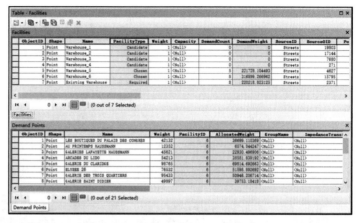

图 5.69　设施点 Facilities 和需求点 Demand Points 的属性表

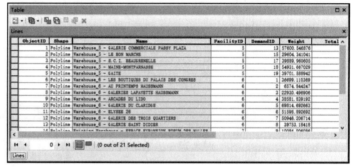

图 5.70　分配结果 Lines 的属性表

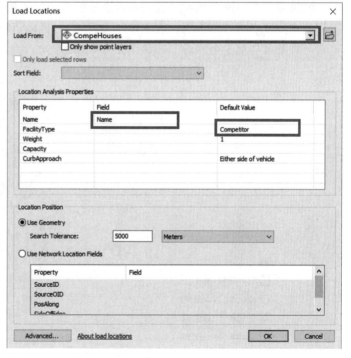

图 5.71　载入竞争设施点 CompeHouses 并设定对应设施类型

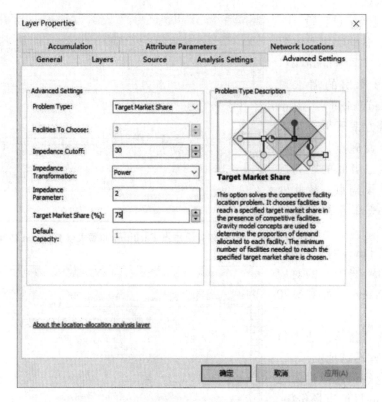

图 5.72   追求目标市场份额的位置分配工具参数设置

c. 基于目标市场份额的库房选址结果。以追求目标市场份额为方案的库房选址结果如图 5.73 所示，图中不仅标明了候选库房 – 购物中心的供应关系，还标明了竞争库房 – 购物中心的供应关系。该方案所得到的库房选址结果与基于最大客流量的库房选址结果在选点数量和选点位置上均有所不同，表明要达到 75% 的目标市场份额，除了 1 个必选设施点，投资者还需要再新增 3 个库房，即共建立 4 个库房。

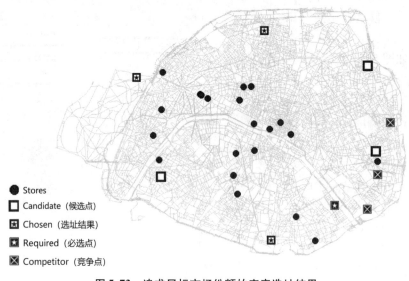

图 5.73   追求目标市场份额的库房选址结果

第 6 章　　空间属性推断与信息提取

6.1　空间插值方法

6.1.1　趋势面分析

1. 趋势面分析法原理

趋势面分析是用一个适当的数学曲面去拟合研究变量的观测值。把观测值分成两部分：一部分是趋势，它的变化受区域性因素的影响，反映了观测指标在大范围内的变化特点；另一部分是剩余，它仅反映在局部范围内指标的变化特征，也受局部性因素和随机因素的控制。

利用数学曲面模拟地理系统要素在空间上的分布及变化趋势，是趋势面分析法的原理。运用回归分析原理，将显著的变量分解成区域变化分量、局部变化分量和随机变化分量是趋势面分析法的实质。区域变化分量反映了宏观分布规律；局部变化分量往往反映微观局部的特征，受局部因素的支配。随机变化分量是由随机因素形成的偏差，如式（6.1）所示。

$$Z_i = T_i + N_i + e_i \tag{6.1}$$

在式（6.1）中，Z_i 为观测值；T_i 为反映区域性变化的分量；N_i 为反映微观局部特征的分量；e_i 是随机变化分量，即表述了随机因素控制的变化。

根据研究的空间维数的不同，分别有一维、二维和三维趋势面分析。

用 (x,y) 表示观测点或取样点的平面坐标，函数 $z = f(x,y)$ 表示观测值 z 在大范围内的变化趋势，它相对应的曲面叫趋势面。这时观测值 z 可表示成：

$$z = f(x,y) + R(x,y) \tag{6.2}$$

在式（6.2）中，$R(x,y)$ 叫作剩余，它是由局部因素和随机因素所引起的观测值的变化。通常用特殊的函数形式表示趋势面函数 $f(x,y)$，最常见的是把 $f(x,y)$ 表示成各种次数的多项式，例如二元二次趋势面可表示成：

$$z = f(x,y) = b_0 + b_1 x + b_2 y + b_3 x^2 + b_4 xy + b_5 y^2 \tag{6.3}$$

这种趋势面分析叫作多项式趋势面分析。为了表示所研究变量在空间范围内的周期性变化，还可用三角多项式构造趋势面函数，这叫调和趋势面分析。由于这两种多项式可以在有限范围内任意逼近各种连续函数，因此用它们表示所研究变量的变化趋势是合适的。

2. GeoScene 趋势面分析

（1）添加数据：在 GeoScene 中进行趋势面分析，需要先输入一个点 shapefile，如图 6.1 所示；以人口数据为例，需要有空间坐标和属性数据，如图 6.2 所示，打开属性列表，各点人口数据与空间数据一对一匹配。

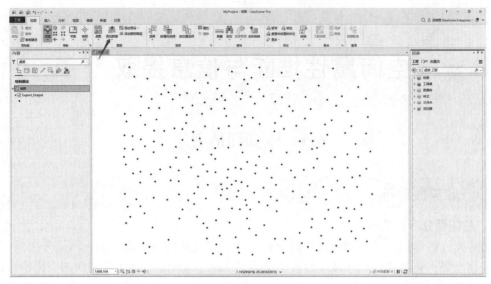

图 6.1   添加点数据

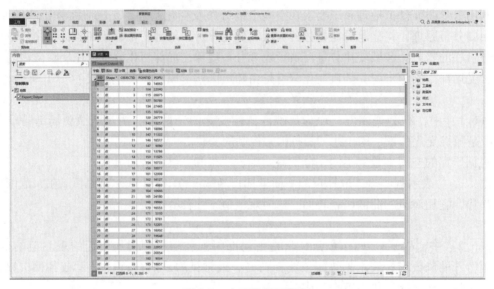

图 6.2   人口数据属性表

（2）在 GeoScene 中点击【工具箱】→【空间分析工具】→【插值分析】→【趋势面法】，如图 6.3 所示，打开【趋势面法】参数设置对话框。

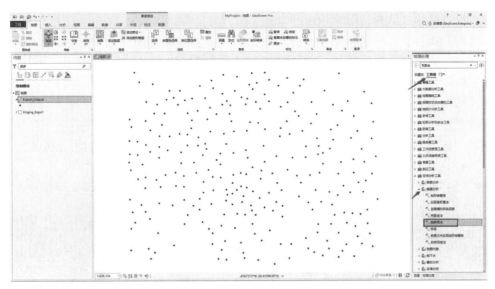

图 6.3 趋势面法分析工具

（3）在【趋势面法】对话框中，输入【输入点要素】和【Z值字段】数据，指定【输出栅格】（必填）的保存路径和名称。如图 6.4 粗方框所示为默认参数。

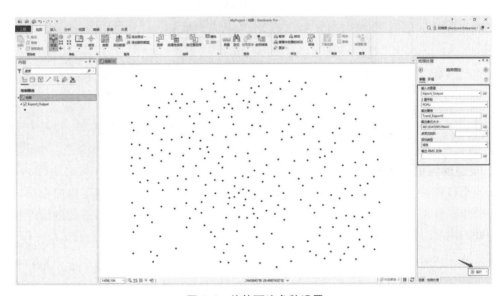

图 6.4 趋势面法参数设置

在【输入点要素】输入包含要插值到表面栅格中的 z 值的输入点要素。

在【Z值字段】选择存放每个点的高度值或量级值的字段。如果输入点要素包含 z 值，则该字段可以是数值型字段或者 Shape 字段。如果回归类型为 Logistic，则该字段的值只能为 0 或 1。

在【输出栅格】输出插值后的表面栅格。其总为浮点栅格。

在【输出像元大小】（可选）文本框中输入输出栅格数据集的单元大小。此参数可以通过数值进行定义，也可以从现有栅格数据集中获取。如果未将像元大小明确指定为参数值，则将使用环境像元大小值（如果已指定）；否则，将根据其他规则使用其他输出计算像元大小。有关的详细信息请参阅用法部分。

在【回归类型】（可选）选择要执行的回归类型。选择【线性】，将执行多项式回归，对输入点进行最小二乘曲面拟合，这种类型适用于连续型数据。选择【逻辑】，则执行逻辑趋势面分析，为二元数据生成连续的概率曲面。

在【输出 RMS 文件】（可选）选择包含插值的 RMS 误差和卡方相关信息的输出文本文件的文件名，扩展名必须为 . txt。

（4）点击【运行】按钮，完成操作。如图 6.5 所示为某区域的趋势面法分析结果。

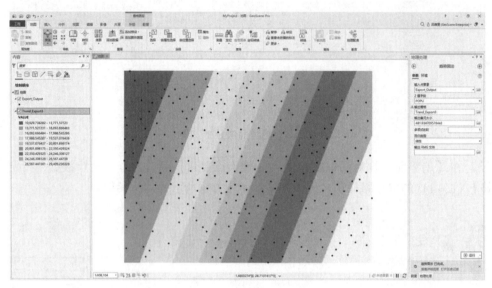

图 6.5　趋势面法分析结果

6.1.2　反距离权重插值

1. 反距离权重法原理

反距离权重法（inverse distance weighted method，IDW），也称为距离反比加权法，实质上是一种加权移动平均法。它是以内插点与样本点之间的距离作为权重参数的内插方法，属于确定性的内插方法。通用公式为：

$$v_i = \frac{\sum\limits_{i=1}^{n} v_i \dfrac{1}{d_i^k}}{\sum\limits_{i=1}^{n} \dfrac{1}{d_i^k}}, \quad i = 1, 2, \cdots, n \tag{6.4}$$

在式（6.4）中，v_i 为采样点 i 的 z 值；d_i 为采样点 i 与未知点的距离；n 为估算中用到的采样点数量；k 为距离的幂，显著影响内插的结果，它的选择标准是最小平均绝对误差。当 $k >$ 2 时，曲面在数据点附近比较平直，而在两个数据点之间的一个很小的区域内有很大的梯度；当 $k < 2$ 时，曲面相对平缓，没有起伏；当 $k = 2$ 时，不但容易计算，也较符合实际变化规律，因此实际工作中通常取 $k = 2$，此时称作反距离平方加权法。

反距离权重插值法的缺点是：它是一种全局性的方法，计算曲面上一点的函数值要用全部数据，改变一个数据就会影响整个曲面；并且，如果 n 值很大，计算一个点的值需要消耗很大的工作量。因此，在实际应用时，通常采用经过修正的局部逼近法，即通过选定一个半

径 R，使插值点处的值仅依赖于以 R 为半径的区域内的点，而不是全部的点。初始半径 R 一般按照式（6.5）（经验公式）计算。

$$R = \sqrt{k\frac{A}{n\pi}} \tag{6.5}$$

在式（6.5）中，A 为包含所有采样点数据的区域面积（近似值，可按最大最小坐标定义的矩形范围计算）；n 为采样点数据的总个数；k 为平均值，一般取 7。当落在该初始区域内的采样点数量在内插模型所要求的数据范围时，可直接进行内插计算；否则，要按照一定的步长扩大或缩小搜索区域的半径。

2. GeoScene 反距离权重插值

（1）添加数据：在 GeoScene 中进行反距离权重插值，需要先输入一个点 shapefile，如图 6.6 所示；以人口数据为例，需要有空间坐标和属性数据（如图 6.7），打开属性列表，各点人口数据与空间数据一对一匹配。

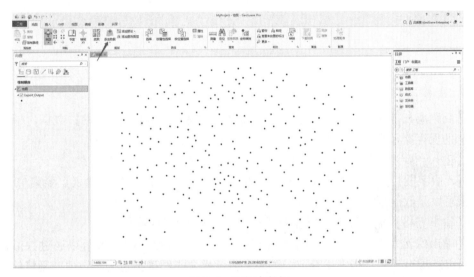

图 6.6 添加点数据

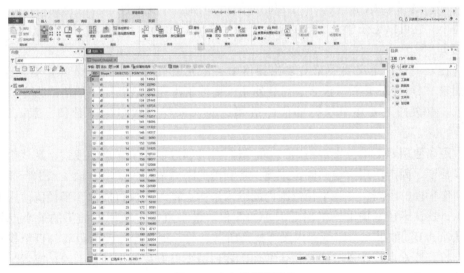

图 6.7 人口数据属性表

255

（2）在 GeoScene 中点击【工具箱】→【空间分析工具】→【插值分析】→【反距离权重法】，如图 6.8 所示，打开【反距离权重法】参数设置对话框。

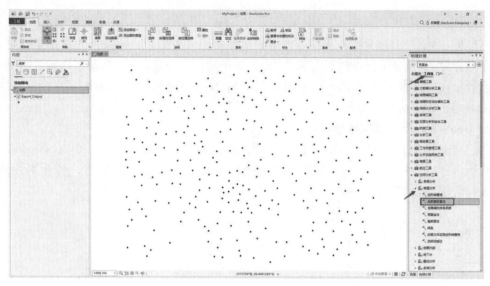

图 6.8　反距离权重插值工具

在【反距离权重法】对话框中，输入【输入点要素】和【Z 值字段】数据，指定【输出栅格】的保存路径和名称。如图 6.9 粗方框所示为默认参数。

在【输入点要素】输入包含要插值到表面栅格中的 z 值的输入点要素。

在【Z 值字段】选择存放每个点的高度值或量级值的字段。如果输入点要素包含 z 值，则该字段可以是数值型字段或者 Shape 字段。

在【输出栅格】输出插值后的表面栅格，一般为浮点栅格。

在【输出像元大小】选择将创建的输出栅格的像元大小。此参数可以通过数值进行定义，也可以从现有栅格数据集中获取。如果未将像元大小明确指定为参数值，则将使用环境像元大小值（如果已指定）；否则，将根据其他规则使用其他输出计算像元大小。

在【幂】选择距离的指数，用于控制内插值周围点的显著性。幂值越高，远数据点的影响会越小。它可以是任意大于 0 的实数，但使用从 0.5 到 3 的值可以获得最合理的结果，默认值为 2。

在【搜索半径】定义要用来对输出栅格中各像元值进行插值的输入点。有两个选项：可变和固定。"可变"是默认设置。可变使用可变搜索半径来查找用于插值的指定数量的输入采样点。点数指定要用于执行插值的最邻近输入采样点数量的整数值，默认值为 12 个点。

最大距离使用地图单位指定距离，以此限制对最邻近输入采样点的搜索，默认值是范围的对角线长度。固定使用指定的固定距离，将利用此距离范围内的所有输入点进行插值。距离指定用作半径的距离，在该半径范围内的输入采样点将用于执行插值。半径值使用地图单位来表示，默认半径是输出栅格像元大小的 5 倍。最小点数定义用于插值的最小点数的整数，默认值为 0。如果在指定距离内没有找到所需点数，则将增加搜索距离，直至找到指定的最小点数。搜索半径需要增加时就会增加，直到最小点数在该半径范围内，或者半径的范围越过输出栅格的下部（南）和/或上部（北）范围为止。NoData 会分配给不满足以上条件的所有位置。

在【输入障碍折现要素】输入要在搜索输入采样点时用作中断或限制的折线要素。

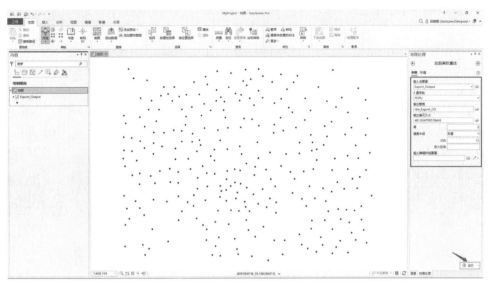

图 6.9 反距离权重插值参数设置

（3）点击【运行】按钮，完成操作。如图 6.10 所示为某区域的反距离权重插值结果。

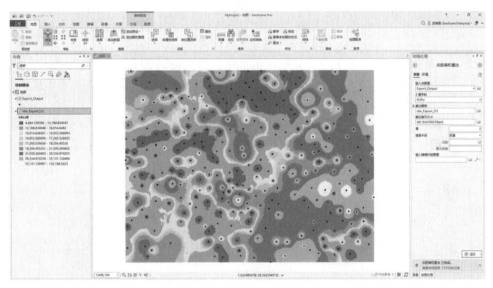

图 6.10 反距离权重插值结果

6.1.3 克里金插值

1. 插值法原理

克里金插值法（Kriging）被广泛应用于空间统计分析中，其基本理论是基于半变异函数进行分析，优化给定空间内的变量进行无偏最优估计。为了提高估计结果的准确性，保证其结果更加符合实际，要充分利用已知观测站的数据空间分布结构，考虑待测点与邻近点数据的空间关系，从而更加有效地避免系统误差。克里金插值法的基本原理如下：当空间点 x

在一维 x 轴上变化时，把区域变量在 x 与 $x+h$ 处的 $Z(x)$ 与 $Z(x+h)$ 之差的方差的一半定义为区域化变量 $Z(x)$ 在 x 轴方向上的变异函数，即半方差函数，记为 $\gamma(h)$。在满足二阶平稳假设条件下，有：

$$\gamma(h) = \frac{1}{2N(h)} \sum_{i=1}^{N(h)} \left[Z(x_i + h) - Z(x_i) \right]^2 \tag{6.6}$$

在式（6.6）中，$N(h)$ 为研究区内距离为 h 的点对数，$Z(x)$ 和 $Z(x+h)$ 分别为 x、$x+h$ 点的变量。

2. GeoScene 克里金插值

（1）添加数据：在 GeoScene 中进行克里金插值，需要先输入一个点 shapefile，如图 6.11 所示；以人口数据为例，需要有空间坐标和属性数据（如图 6.12），打开属性列表，各点人口数据与空间数据一对一匹配。

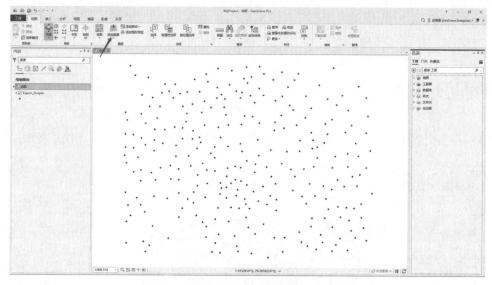

图 6.11　添加点数据

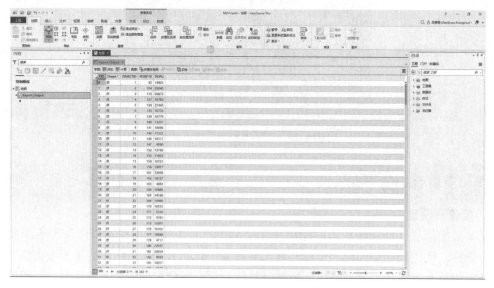

图 6.12　人口数据属性表

（2）在 GeoScene 中点击【工具箱】→【空间分析工具】→【插值分析】→【克里金法】，如图 6.13 所示，打开【克里金法】参数设置对话框。

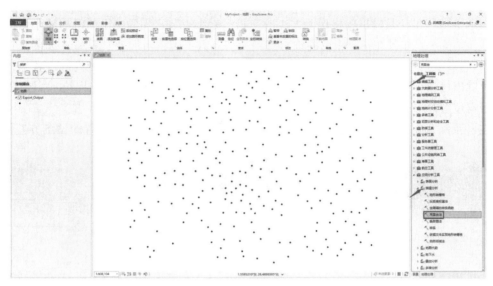

图 6.13　克里金法插值工具

（3）在【克里金法】对话框中，输入【输入点要素】和【Z 值字段】数据，指定【输出表面栅格】的保存路径和名称。如图 6.14 粗方框所示为默认参数。

在【输入点要素】输入包含要插值到表面栅格中的 z 值的输入点要素。

在【Z 值字段】存放每个点的高度值或量级值的字段。如果输入点要素包含 z 值，则该字段可以是数值型字段或者 Shape 字段。

在【输出表面栅格】输出插值后的表面栅格。其总为浮点栅格。

在【半变异函数属性】选择要使用的半变异函数模型。有两种克里金法：普通克里金法和泛克里金法。普通克里金法可使用下列半变异函数模型：Spherical 为球面半变异函数模型（这是默认设置），Circular 为圆半变异函数模型，Exponential 为指数半变异函数模型，Gaussian 为高斯（或正态分布）半变异函数模型，Linear 为采用基台的线性半变异函数模型。泛克里金法可使用下列半变异函数模型：Linear with Linear drift 为采用一次漂移函数的泛克里金法，Linear with Quadratic drift 为采用二次漂移函数的泛克里金法。高级参数对话框中有一些选项可供使用。这些参数是：Lag size 为默认值，表示输出栅格的像元大小；Major range 表示距离，超出此距离即认定为不相关；Partial sill 为块金和基台之间的差值；Nugget 表示因过小而无法检测到的空间尺度下的误差和变差。块金效应被视为在原点处不连续。

在【输出像元大小】选择将创建的输出栅格的像元大小，此参数可以通过数值进行定义，也可以从现有栅格数据集中获取。如果未将像元大小明确指定为参数值，则将使用环境像元大小值（如果已指定）；否则，将根据其他规则使用其他输出计算像元大小。

在【搜索半径】定义要用来对输出栅格中各像元值进行插值的输入点。有两个选项：可变和固定。"可变"是默认设置。可变使用可变搜索半径来查找用于插值的指定数量的输入采样点。点数指定要用于执行插值的最邻近输入采样点数量的整数值，默认值为 12 个点。

最大距离使用地图单位指定距离，以此限制对最邻近输入采样点的搜索，默认值是范围的对角线长度。固定使用指定的固定距离，将利用此距离范围内的所有输入点进行插值。距离指定用作半径的距离，在该半径范围内的输入采样点将用于执行插值。半径值使用地图单位来表示，默认半径是输出栅格像元大小的 5 倍。最小点数定义为用于插值的最小点数的整数，默认值为 0。如果在指定距离内没有找到所需点数，则将增加搜索距离，直至找到指定的最小点数。搜索半径需要增加时就会增加，直到最小点数在该半径范围内，或者半径的范围越过输出栅格的下部（南）和/或上部（北）范围为止。NoData 会分配给不满足以上条件的所有位置。

在【预测栅格输出方差】可选输出栅格，其中每个像元都包含该位置的预测方差值。

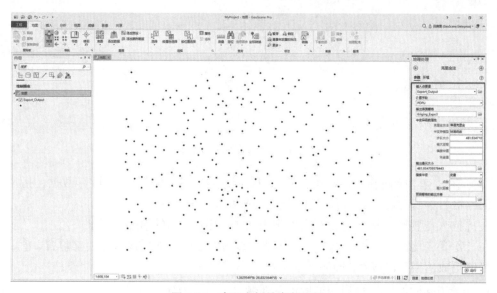

图 6.14　克里金插值参数设置

（4）点击【运行】按钮，完成操作。如图 6.15 所示为某区域的克里金法插值结果。

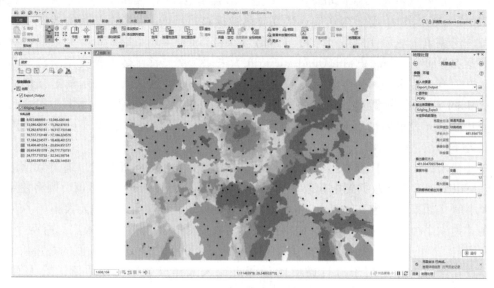

图 6.15　克里金法插值结果

6.2 机器学习预测方法

6.2.1 缺失数据估计

1. 概述

由于各种原因，在空间数据处理时常常会遇到存在缺失的数据集，并且通常情况下缺失处被编码为空白、NaN 或其他指定占位符。为了避免在后续数据处理中引入不必要的偏差和错误，需要在预处理过程中对缺失数据进行处理。

针对缺失数据的处理主要分为两类：其一为删除包含缺失值的整行或整列数据，但会造成数据不完整；其二为插补缺失值，即根据数据中的已知值估计推断缺失值，但需根据数据缺失比例和原因，判断是否进行插补。

缺失数据估计的流程包括数据缺失检查和缺失值插补。常用的插补方法主要分为 4 种，具体如下。

（1）单变量插补：仅使用某一个特征维度中的已知值来插补该特征维度中的缺失值。

（2）多变量插补（回归插补）：该方法使用整个可用特征维度集，利用回归器将每个包含缺失值的特征建模为其他特征的函数，进而根据多个特征维度的已知值预测缺失值。

（3）最邻近插补：根据距离缺失值较近的某个或多个数据中对应特征的已知值来插补该缺失值。

（4）多重插补：对缺失值进行多次插补，并对不同插补结果进行优劣评价，最终选择最佳插补结果。

Python 语言中的开源软件机器学习库 Scikit-learn 和 R 语言中的多个功能包都为缺失数据的插补处理提供了便捷帮助。

2. 实例应用

以 1997—1999 年美国 30 个监测站的每月臭氧测量数据为例，进行缺失数据的插补实例展示。

（1）实例数据。本实例使用的数据集为 Ozone Data（1997—1999 年），包含了 1997—1999 年美国 30 个监测站的经纬度坐标、逐月的日测量臭氧最大值和 8 小时周期测量臭氧均值或最大值等 8 类变量数据，数据本身存在缺失且缺失值被编码为 -1000，数据集示例如图 6.16 所示，数据集变量描述如图 6.17 所示。

	A	B	C	D	E	F	G	H	I	J	K	L	M	N
1	STATION	MONITOR	LAT	LON	X_COORD	Y_COORD	M971	M972	M973	M974	M975	M976	M977	M978
2	60	70060	34.1358	-117.924	414841	3777600	5	6	9	9	16	12	17	14
3	69	70069	34.1761	-118.315	378784	3782460	4	5	9	8	12	10	14	13
4	72	70072	33.8236	-118.188	390108	3743230	4	6	9	8	10	7	9	10
5	74	70074	34.1994	-118.535	358598	3785330	5	5	8	7	11	10	11	13
6	75	70075	34.0669	-117.751	430665	3769830	4	5	8	9	14	11	16	14
7	84	70084	33.9292	-118.21	388189	3754960	4	5	7	7	8	7	8	9
8	85	70085	34.015	-118.06	402152	3764330	4	6	8	8	13	11	14	13
9	87	70087	34.0672	-118.226	386832	3770290	4	6	8	9	11	8	11	13
10	88	70088	34.0833	-118.107	397874	3771950	4	6	9	9	13	10	14	15
11	89	70089	34.3875	-118.535	358912	3806190	6	6	11	9	15	14	16	14
12	91	70091	34.0508	-118.454	365785	3768750	5	7	9	8	12	8	9	11
13	94	70094	33.9236	-118.371	373287	3754530	6	8	12	10	11	8	8	9
14	3176	30176	33.8203	-117.912	415554	3742600	5	6	10	10	17	13	18	16
15	3177	30177	33.9261	-117.951	412064	3754370	4	5	8	8	10	6	9	10
16	3186	30186	33.6275	-117.69	435977	3721070	5	5	10	8	14	9	11	10
17	3195	30195	33.6751	-117.927	414077	3726520	4	6	9	9	12	7	14	14
18	4137	33137	33.85	-116.543	542272	3745620	4	6	8	7	9	-1000	-1000	-1000
19	4144	33144	34.0103	-117.426	460629	3763380	6	6	9	10	12	14	16	15
20	4149	33149	33.7083	-117.243	477478	3729840	5	6	11	11	16	12	17	19
21	4157	33157	33.7146	-116.234	570985	3730770	5	6	9	10	14	12	14	13
22	4158	33158	33.674	-117.321	470231	3726060	6	6	9	9	11	-1000	9	10
23	4162	33162	33.9756	-117.333	469274	3759500	5	6	-1000	-1000	-1000	-1000	-1000	-1000
24	5175	36175	34.1036	-117.629	441968	3773820	5	6	3	12	16	14	18	20
25	5181	36181	34.2439	-117.274	474805	3789230	5	6	10	9	16	12	19	14
26	5197	36197	34.0994	-117.504	453495	3773300	6	6	11	10	15	12	21	16
27	5203	36203	34.1072	-117.274	474764	3774080	5	5	10	9	17	13	18	14
28	5204	36204	34.0667	-117.151	486030	3769560	5	6	11	11	16	14	20	16
29	5212	36512	33.9846	-117.513	452641	3760570	5	6	12	12	16	16	21	18
30	5213	36513	34.2623	-117.189	482642	3791250	5	6	9	12	16	12	18	18
31	591	70591	34.1439	-117.851	421508	3778440	10	6	7	7	16	16	21	17

图 6.16　Ozone Data（1997—1999 年）数据集示例

Variable	Description
STATION	Station ID
MONITOR	The monitor to which the data applies
LATITUDE	Latitude of monitoring site (UTM Zone 11)
LONGITUDE	Longitude of monitoring site (UTM Zone 11)
X_COORD	X Coordinates
Y_COORD	Y Coordinates
Mxxy	Daily maximum for year xx and month y (3 years (1997-99) x 12 months x 2 (max & average))
Axxy	Average or highest 8 hour period for year xx and month y (3 years (1997-99) x 12 months x 2 (max & average))

图 6.17　Ozone Data（1997—1999 年）数据集变量描述

（2）缺失数据估计。

　　第一，数据缺失检查。在空间数据处理前，需要对数据是否存在缺失以及何处存在缺失进行检查，以确保后续正常的数据处理。Python 语言中 sklearn. impute 库下的 MissingIndicator 模块和 R 语言中的 is. na( ) 函数、mice 包以及 VIM 包，均可用于数据缺失检查。

　　a. 基于 MissingIndicator 模块进行数据缺失检查。MissingIndicator 转换器用于将数据集转换成相应二进制矩阵，以指示数据集中是否存在缺失值. 如图 6. 18 所示为基于 MissingIndicator 模块进行数据缺失检查，如图 6. 19 所示为原始数据，如图 6. 20 所示为缺失检查结果。

```python
# 导入模块
import pandas as pd
import numpy as np
from numpy import double
from sklearn.impute import MissingIndicator

# 读取数据
path_csv = r".\oz9799.csv"
path_data = pd.read_csv(path_csv)
data = double(np.array(path_data)[:, 6:])

# 缺失检查
indicator = MissingIndicator(missing_values=-1000)
mask_missing_values_only = indicator.fit_transform(data)
print(mask_missing_values_only)
```

图 6. 18　基于 MissingIndicator 模块进行数据缺失检查

PC data								✕
	0	1	2	3	4	5	6	7
0	5.00000	6.00000	9.00000	9.00000	16.00000	12.00000	17.00000	14.00000
1	4.00000	5.00000	9.00000	8.00000	12.00000	10.00000	14.00000	13.00000
2	4.00000	6.00000	9.00000	8.00000	10.00000	7.00000	9.00000	10.00000
3	5.00000	5.00000	8.00000	7.00000	11.00000	10.00000	11.00000	13.00000
4	4.00000	5.00000	8.00000	9.00000	14.00000	11.00000	16.00000	14.00000
5	4.00000	5.00000	7.00000	7.00000	8.00000	7.00000	8.00000	9.00000
6	4.00000	6.00000	8.00000	8.00000	13.00000	11.00000	14.00000	13.00000
7	4.00000	6.00000	8.00000	9.00000	11.00000	8.00000	11.00000	13.00000
8	4.00000	6.00000	9.00000	9.00000	13.00000	10.00000	14.00000	15.00000
9	6.00000	6.00000	11.00000	9.00000	15.00000	14.00000	16.00000	14.00000
10	5.00000	7.00000	9.00000	8.00000	12.00000	8.00000	9.00000	11.00000
11	6.00000	8.00000	12.00000	10.00000	11.00000	8.00000	8.00000	9.00000
12	5.00000	6.00000	10.00000	10.00000	17.00000	13.00000	18.00000	16.00000
13	4.00000	5.00000	8.00000	8.00000	10.00000	6.00000	9.00000	10.00000
14	5.00000	5.00000	10.00000	8.00000	14.00000	9.00000	11.00000	10.00000
15	4.00000	6.00000	9.00000	9.00000	12.00000	7.00000	14.00000	14.00000
16	4.00000	6.00000	8.00000	7.00000	9.00000	-1000.00000	-1000.00000	-1000.0000
17	6.00000	6.00000	9.00000	10.00000	12.00000	14.00000	16.00000	15.00000
18	5.00000	6.00000	11.00000	11.00000	16.00000	12.00000	17.00000	19.00000
data							Format:	%.5f

图 6. 19　原始数据

图 6.20 基于 MissingIndicator 模块的缺失检查结果

b. 基于 is. na( ) 函数进行数据缺失检查。is. na( ) 函数是 R 语言用于检查数据缺失的内置函数，其检查结果与 MissingIndicator 转换器类似，均返回一个指示数据集中是否存在缺失值的二进制矩阵。如图 6.21 所示为基于 is. na( ) 函数进行数据缺失检查，如图 6.22 所示为将编码为 –1000 的缺失值替换为 NA，如图 6.23 所示为缺失检查结果。

```
1   #工作路径
2   setwd("【空间数据分析实战教程】/Chapter6/Section1/")
3
4   #读取数据
5   oz9799 <- read.csv("oz9799.csv")
6   attach(oz9799)
7   data = oz9799[, 7:78]
8
9   #标记估算值
10  data[data == -1000] <- NA
11  missing = is.na(data)
```

图 6.21 基于 is. na( ) 函数进行数据缺失检查

	M971	M972	M973	M974	M975	M976	M977	M978	M979	M9710	M9711
1	5	6	9	9	16	12	17	14	15	11	8
2	4	5	9	8	12	10	14	13	11	10	6
3	4	6	9	8	10	7	9	10	8	7	7
4	5	5	8	7	11	10	11	13	10	11	9
5	4	5	8	9	14	11	16	14	16	11	5
6	4	5	7	7	9	7	8	9	8	5	5
7	4	6	8	8	13	11	14	13	14	9	7
8	4	6	8	9	13	8	11	13	12	7	7
10	6	6	11	9	15	14	16	14	12	13	9
11	5	7	9	8	12	8	9	11	11	9	9
12	6	8	12	10	11	8	8	9	12	8	10
13	5	6	10	10	17	13	18	16	17	12	8
14	4	5	8	8	10	6	9	10	9	6	5
15	5	5	10	8	14	9	11	10	11	8	6
16	4	6	9	9	12	7	14	14	13	9	7
17	4	6	8	7	9	NA	NA	NA	NA	NA	NA
18	6	6	9	10	12	14	16	15	10	10	5
19	5	6	11	11	16	12	17	19	14	12	9
20	6	6	9	10	14	12	14	13	12	12	8
21	5	6	9	9	14	9	10	8	9	9	9
22	5	6	NA	NA	NA	NA	NA	NA	9	9	10

图 6.22 将编码为 –1000 的缺失值替换为 NA

263

	M971	M972	M973	M974	M975	M976	M977	M978	M979	M9710	M9711
1	FALSE	FALSE	FALSE	FALSE	FALSE	FALSE	FALSE	FALSE	FALSE	FALSE	FALSE
2	FALSE	FALSE	FALSE	FALSE	FALSE	FALSE	FALSE	FALSE	FALSE	FALSE	FALSE
3	FALSE	FALSE	FALSE	FALSE	FALSE	FALSE	FALSE	FALSE	FALSE	FALSE	FALSE
4	FALSE	FALSE	FALSE	FALSE	FALSE	FALSE	FALSE	FALSE	FALSE	FALSE	FALSE
5	FALSE	FALSE	FALSE	FALSE	FALSE	FALSE	FALSE	FALSE	FALSE	FALSE	FALSE
6	FALSE	FALSE	FALSE	FALSE	FALSE	FALSE	FALSE	FALSE	FALSE	FALSE	FALSE
7	FALSE	FALSE	FALSE	FALSE	FALSE	FALSE	FALSE	FALSE	FALSE	FALSE	FALSE
8	FALSE	FALSE	FALSE	FALSE	FALSE	FALSE	FALSE	FALSE	FALSE	FALSE	FALSE
9	FALSE	FALSE	FALSE	FALSE	FALSE	FALSE	FALSE	FALSE	FALSE	FALSE	FALSE
10	FALSE	FALSE	FALSE	FALSE	FALSE	FALSE	FALSE	FALSE	FALSE	FALSE	FALSE
11	FALSE	FALSE	FALSE	FALSE	FALSE	FALSE	FALSE	FALSE	FALSE	FALSE	FALSE
12	FALSE	FALSE	FALSE	FALSE	FALSE	FALSE	FALSE	FALSE	FALSE	FALSE	FALSE
13	FALSE	FALSE	FALSE	FALSE	FALSE	FALSE	FALSE	FALSE	FALSE	FALSE	FALSE
14	FALSE	FALSE	FALSE	FALSE	FALSE	FALSE	FALSE	FALSE	FALSE	FALSE	FALSE
15	FALSE	FALSE	FALSE	FALSE	FALSE	FALSE	FALSE	FALSE	FALSE	FALSE	FALSE
16	FALSE	FALSE	FALSE	FALSE	FALSE	FALSE	FALSE	FALSE	FALSE	FALSE	FALSE
17	FALSE	FALSE	FALSE	FALSE	FALSE	TRUE	TRUE	TRUE	TRUE	TRUE	TRUE
18	FALSE	FALSE	FALSE	FALSE	FALSE	FALSE	FALSE	FALSE	FALSE	FALSE	FALSE
19	FALSE	FALSE	FALSE	FALSE	FALSE	FALSE	FALSE	FALSE	FALSE	FALSE	FALSE
20	FALSE	FALSE	FALSE	FALSE	FALSE	FALSE	FALSE	FALSE	FALSE	FALSE	FALSE
21	FALSE	FALSE	FALSE	FALSE	FALSE	TRUE	FALSE	FALSE	FALSE	FALSE	FALSE
22	FALSE	FALSE	TRUE	TRUE	TRUE	TRUE	TRUE	TRUE	TRUE	FALSE	FALSE

图 6.23　基于 is. na( )函数的缺失检查结果

c. 基于 mice 包进行数据缺失检查。mice 包中的 md. pattern( ) 函数可以生成一个以矩阵或数据框的形式展示数据缺失模式的表格。如图 6.24 所示为基于 mice 包进行数据缺失检查，如图 6.25 所示为缺失检查结果。

```
1   #下载和安装工具包
2   install.packages("mice")
3   library(mice)
4
5   #工作路径
6   setwd("【空间数据分析实战教程】/Chapter6/Section1/")
7
8   #读取数据
9   oz9799 <- read.csv("oz9799.csv")
10  attach(oz9799)
11  data = oz9799[, 7:78]
12
13  #标记估算值
14  data[data == -1000] <- NA
15  missing =md.pattern(data)
```

图 6.24　基于 mice 包进行数据缺失检查

```
> md.pattern(data)
      M971 M972 M9712 M981 M982 M983 M984 M985 M986 M987 M988 M989 M9810
26       1    1     1    1    1    1    1    1    1    1    1    1     1
1        1    1     1    1    1    1    1    1    1    1    1    1     1
1        1    1     1    1    1    1    1    1    1    1    1    1     1
1        1    1     1    1    1    1    1    1    1    1    1    1     1
1        1    1     1    1    1    1    1    1    1    1    1    1     1
         0    0     0    0    0    0    0    0    0    0    0    0     0
      M9811 M9812 M991 M992 M993 M994 M995 M996 M9912 A971 A972 A973 A974
26       1     1    1    1    1    1    1    1     1    1    1    1    1
1        1     1    1    1    1    1    1    1     1    1    1    1    1
1        1     1    1    1    1    1    1    1     1    1    1    1    1
1        1     1    1    1    1    1    1    1     1    1    1    1    1
1        1     1    1    1    1    1    1    1     1    1    1    1    1
         0     0    0    0    0    0    0    0     0    0    0    0    0
      A975 A976 A977 A978 A979 A9710 A9711 A9712 A981 A982 A983 A984 A985
26       1    1    1    1    1     1     1     1    1    1    1    1    1
1        1    1    1    1    1     1     1     1    1    1    1    1    1
1        1    1    1    1    1     1     1     1    1    1    1    1    1
1        1    1    1    1    1     1     1     1    1    1    1    1    1
1        1    1    1    1    1     1     1     1    1    1    1    1    1
         0    0    0    0    0     0     0     0    0    0    0    0    0
      A986 A987 A988 A989 A9810 A9811 A9812 A991 A992 A993 A994 A995 M973
26       1    1    1    1     1     1     1    1    1    1    1    1    1
1        1    1    1    1     1     1     1    1    1    1    1    1    1
1        1    1    1    1     1     1     1    1    1    1    1    1    1
1        1    1    1    1     1     1     1    1    1    1    1    1    0
1        1    1    1    1     1     1     1    1    1    1    1    1    0
         0    0    0    0     0     0     0    0    0    0    0    1    1
      M974 M975 M9710 M9711 M997 M998 M999 M9910 M9911 A996 A997 A998 A999
26       1    1     1     1    1    1    1     1     1    1    1    1    1
1        1    1     1     1    1    1    1     0     0    0    0    0    0
1        1    1     0     0    1    1    1     1     1    1    1    1    1
1        1    1     0     1    1    0    0     0     0    1    1    1    1
1        0    0     1     1    1    1    0     1     1    1    1    1    1
         1    1     1     1    1    1    1     1     1    1    1    1    1
      A9910 A9911 A9912 M977 M978 M979 M976
26       1     1     1    1    1    1    0
1        1     1     1    1    1    0    1
1        0     0     1    1    1    1   12
1        1     1     0    0    0    0    6
1        1     1     0    0    0    0    7
         1     1     1    1    3   26
```

图 6.25　基于 mice 包的缺失检查结果

d. 基于 VIM 包进行数据缺失检查。VIM 包提供了大量用于可视化数据集缺失模式的函数，包括 aggr( )、matrixplot( ) 和 scattMiss( )。如图 6.26 所示为基于 VIM 包 aggr（) 函数进行数据缺失检查，如图 6.27 所示为可视化缺失检查结果。

```
1  #下载和安装工具包
2  install.packages("VIM")
3  library(VIM)
4
5  #工作路径
6  setwd("【空间数据分析实战教程】/Chapter6/Section1/")
7
8  #读取数据
9  oz9799 <- read.csv("oz9799.csv")
10 attach(oz9799)
11 data = oz9799[, 7:78]
12
13 #标记估算值
14 data[data == -1000] <- NA
15 aggr(data,prop=FALSE,numbers=TRUE)
```

图 6.26　基于 VIM 包 aggr( ) 函数进行数据缺失检查

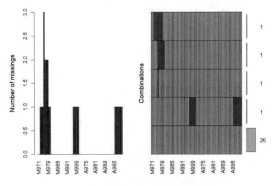

图 6.27　可视化缺失检查结果

第二，单变量插补。

a. 基于 Python 语言中的 SimpleImputer 类进行单变量插补。如图 6.28 所示为基于 Sim-pleImputer 类进行单变量插补，如图 6.29 所示为单变量插补结果。

```
# 单变量插补
from sklearn.impute import SimpleImputer
imp = SimpleImputer(missing_values=-1000, strategy='mean')
data_imp = imp.fit_transform(data)
print(data_imp)
```

图 6.28　基于 SimpleImputer 类进行单变量插补

图 6.29　基于 SimpleImputer 类的单变量插补结果

b. 还可以基于 R 语言进行单变量插补。图 6.30 所示为基于 R 语言进行单变量插补，如图 6.31 所示为单变量插补结果。

```
#单变量插补
# 用均值插补
data$M976[is.na(data$M976)] <- mean(data$M976,na.rm=T)
# # 中位数插补
# data$M976[is.na(data$M976)] <- median(data$M976,na.rm=T)
```

图 6.30　基于 R 语言进行单变量插补

	M971	M972	M973	M974	M975	M976
1	5	6	9	9	16	12.00000
2	4	5	9	8	12	10.00000
3	4	6	9	8	10	7.00000
4	5	5	8	7	11	10.00000
5	4	5	8	9	14	11.00000
6	4	5	7	7	8	7.00000
7	4	6	8	8	13	11.00000
8	4	6	8	9	11	8.00000
9	4	6	9	9	13	10.00000
10	6	6	11	9	15	14.00000
11	5	7	9	8	12	8.00000
12	6	8	12	10	11	8.00000
13	5	6	10	10	17	13.00000
14	4	5	8	8	10	6.00000
15	5	5	10	8	14	9.00000
16	4	6	9	9	12	7.00000
17	4	6	8	7	9	11.03704
18	6	6	9	10	12	14.00000
19	5	6	11	11	16	12.00000
20	5	6	9	10	14	12.00000
21	6	6	9	9	11	11.03704

图 6.31　基于 R 语言的单变量插补结果

第三，多变量插补（回归插补）。

a. 基于 Python 语言中的 IterativeImputer 类进行多变量插补。如图 6.32 所示为基于 IterativeImputer 类进行多变量插补，如图 6.33 所示为多变量插补结果。

```
# 多变量插补
from sklearn.experimental import enable_iterative_imputer
from sklearn.impute import IterativeImputer
imp = IterativeImputer(missing_values=-1000, max_iter=10, random_state=0)
data_imp = imp.fit_transform(data)
print(data_imp)
```

图 6.32　基于 IterativeImputer 类进行多变量插补

	0	1	2	3	4	5	6	7
0	5.00000	6.00000	9.00000	9.00000	16.00000	12.00000	17.00000	14.00000
1	4.00000	5.00000	9.00000	8.00000	12.00000	10.00000	14.00000	13.00000
2	4.00000	6.00000	9.00000	8.00000	10.00000	7.00000	9.00000	10.00000
3	5.00000	5.00000	8.00000	7.00000	11.00000	10.00000	11.00000	13.00000
4	4.00000	5.00000	8.00000	9.00000	14.00000	11.00000	16.00000	14.00000
5	4.00000	5.00000	7.00000	7.00000	8.00000	7.00000	8.00000	9.00000
6	4.00000	6.00000	8.00000	8.00000	13.00000	11.00000	14.00000	13.00000
7	4.00000	6.00000	8.00000	9.00000	11.00000	8.00000	11.00000	13.00000
8	4.00000	6.00000	9.00000	9.00000	13.00000	10.00000	14.00000	15.00000
9	6.00000	6.00000	11.00000	9.00000	15.00000	14.00000	16.00000	14.00000
10	5.00000	7.00000	9.00000	8.00000	12.00000	8.00000	9.00000	11.00000
11	6.00000	8.00000	12.00000	10.00000	11.00000	8.00000	8.00000	9.00000
12	5.00000	6.00000	10.00000	10.00000	17.00000	13.00000	18.00000	16.00000
13	4.00000	5.00000	8.00000	8.00000	10.00000	6.00000	9.00000	10.00000
14	5.00000	5.00000	10.00000	8.00000	14.00000	9.00000	11.00000	10.00000
15	4.00000	6.00000	9.00000	9.00000	12.00000	7.00000	14.00000	14.00000
16	4.00000	6.00000	8.00000	7.00000	9.00000	2.52374	6.07905	6.65492
17	6.00000	6.00000	9.00000	10.00000	12.00000	14.00000	9.00000	15.00000
18	5.00000	6.00000	11.00000	11.00000	16.00000	12.00000	17.00000	19.00000
19	5.00000	6.00000	9.00000	10.00000	14.00000	12.00000	14.00000	13.00000
20	6.00000	6.00000	9.00000	9.00000	11.00000	6.16968	9.00000	10.00000
21	5.00000	6.00000	6.27474	4.99449	12.24933	-0.43706	10.36656	8.36925

图 6.33　基于 Iterative Imputer 类的多变量插补结果

b. 基于 R 语言中的 rpart 包进行回归插补。如图 6.34 所示为基于 rpart 包进行回归插补，如图 6.35 所示为回归插补结果。

```
#多变量插补
install.packages("rpart")
library(rpart)
# 预测建模
class_mod <- rpart(M976 ~ ., data =  data[!is.na(data$M976)
                  , ][-1],method = "class", na.action = na.omit)
# 根据模型进行预测
M976_pred <- predict(class_mod,data[is.na(data$M976), ], type = 'class')
```

图 6.34　基于 rpart 包进行回归插补

```
> data$M976
 [1] 12 10  7 10 11  7 11  8 10 14  8  8 13  6  9  7 NA 14 12 12 NA NA 14 12 12 13 14 16 12 16
> M976_pred
17 21 22
 7  7  7
Levels: 7 8 9 10 11 12 13 14 16
```

图 6.35　基于 rpart 包的回归插补结果

第四，最邻近插补。

a. 基于 Python 语言中的 KNNImputer 类进行最邻近插补。如图 6.36 所示为基于 KNNImputer 类进行最邻近插补，如图 6.37 所示为最邻近插补结果。

```
# 最近邻插补
from sklearn.impute import KNNImputer
imp = KNNImputer(missing_values=-1000, n_neighbors=2, weights="uniform")
data_imp = imp.fit_transform(data)
print(data_imp)
```

图 6.36　基于 KNNImputer 类进行最邻近插补

data_imp								
	0	1	2	3	4	5	6	7
0	5.00000	6.00000	9.00000	9.00000	16.00000	12.00000	17.00000	14.00000
1	4.00000	5.00000	9.00000	8.00000	12.00000	10.00000	14.00000	13.00000
2	4.00000	6.00000	9.00000	8.00000	10.00000	7.00000	9.00000	10.00000
3	5.00000	5.00000	8.00000	7.00000	11.00000	10.00000	11.00000	13.00000
4	4.00000	5.00000	8.00000	9.00000	14.00000	11.00000	16.00000	14.00000
5	4.00000	5.00000	7.00000	7.00000	8.00000	7.00000	8.00000	9.00000
6	4.00000	6.00000	8.00000	8.00000	13.00000	11.00000	14.00000	13.00000
7	4.00000	6.00000	8.00000	9.00000	11.00000	8.00000	11.00000	13.00000
8	4.00000	6.00000	9.00000	9.00000	13.00000	10.00000	14.00000	15.00000
9	6.00000	6.00000	11.00000	9.00000	15.00000	14.00000	16.00000	14.00000
10	5.00000	7.00000	9.00000	8.00000	12.00000	8.00000	9.00000	11.00000
11	6.00000	8.00000	12.00000	10.00000	11.00000	8.00000	8.00000	9.00000
12	5.00000	6.00000	10.00000	10.00000	17.00000	13.00000	18.00000	16.00000
13	4.00000	5.00000	8.00000	8.00000	10.00000	6.00000	9.00000	10.00000
14	5.00000	5.00000	10.00000	8.00000	14.00000	9.00000	11.00000	10.00000
15	4.00000	6.00000	9.00000	9.00000	12.00000	7.00000	14.00000	14.00000
16	4.00000	6.00000	8.00000	7.00000	9.00000	6.50000	9.00000	10.00000
17	6.00000	6.00000	9.00000	10.00000	12.00000	14.00000	16.00000	15.00000
18	5.00000	6.00000	11.00000	11.00000	16.00000	12.00000	17.00000	19.00000
19	5.00000	6.00000	9.00000	10.00000	14.00000	12.00000	14.00000	13.00000
20	6.00000	6.00000	9.00000	9.00000	11.00000	9.00000	9.00000	10.00000
21	5.00000	6.00000	9.00000	10.50000	13.50000	12.00000	13.50000	14.00000

data_imp　　　　　　　　　　　　　　　Format:　%.5f

图 6.37　基于 KNNImputer 类的最邻近插补结果

b. 基于 R 语言中的 DMwR2 包进行最邻近插补。如图 6.38 所示为基于 DMwR2 包进行最邻近插补，如图 6.39 所示为最邻近插补结果。

```
#最近邻插补
install.packages("DMwR2")
library(DMwR2)
knnOutput <- knnImputation(data)
anyNA(knnOutput)
```

图 6.38　基于 DMwR2 包进行最邻近插补

	M971	M972	M973	M974	M975	M976	M977	M978	M979
1	5	6	9.000000	9.00000	16.00000	12.000000	17.00000	14.00000	15.00000
2	4	5	9.000000	8.00000	12.00000	10.000000	14.00000	13.00000	11.00000
3	4	6	9.000000	8.00000	10.00000	7.000000	9.00000	10.00000	8.00000
4	5	5	8.000000	7.00000	11.00000	10.000000	11.00000	13.00000	10.00000
5	4	5	8.000000	9.00000	14.00000	11.000000	16.00000	14.00000	16.00000
6	4	5	7.000000	7.00000	8.00000	7.000000	8.00000	9.00000	8.00000
7	4	6	8.000000	13.00000	11.00000	14.000000	13.00000	14.00000	14.00000
8	4	6	8.000000	9.00000	11.00000	8.000000	11.00000	13.00000	12.00000
9	4	6	9.000000	13.00000	10.000000	14.00000	15.00000	14.00000
10	6	6	11.000000	9.00000	15.00000	14.000000	16.00000	14.00000	12.00000
11	5	7	9.000000	8.00000	12.00000	8.000000	9.00000	11.00000	11.00000
12	6	8	12.000000	10.00000	11.00000	8.000000	8.00000	9.00000	12.00000
13	5	6	10.000000	10.00000	17.00000	13.000000	16.00000	17.00000
14	4	5	8.000000	8.00000	10.00000	6.000000	9.00000	10.00000	9.00000
15	5	5	10.000000	8.00000	14.00000	9.000000	11.00000	10.00000	11.00000
16	4	6	9.000000	9.00000	12.00000	7.000000	14.00000	14.00000	13.00000
17	4	6	8.000000	7.00000	9.00000	8.473961	10.97266	12.05711	11.19034
18	6	6	9.000000	10.00000	12.00000	14.000000	16.00000	15.00000	10.00000
19	5	6	11.000000	11.00000	16.00000	12.000000	17.00000	19.00000	14.00000
20	5	6	9.000000	10.00000	14.00000	12.000000	14.00000	13.00000	12.00000
21	6	6	9.000000	9.00000	11.00000	12.461489	9.00000	10.00000	8.00000

图 6.39 基于 DMwR2 包的最邻近插补结果

6.2.2 生境预测

1. 概述

生境预测是一个典型的生态学问题,采用模型手段对物种适宜的生境分布进行预测,制作物种适宜生境分布图,是对物种进行有效保护的基础。

空间分析问题的其中一个方面侧重于建模和估算跨地理事件的发生情况,常见于因生态和保护目的而对物种存在进行建模。有些时候,存在数据被记录为栅格中存在事件的计数,每次观测都会增加所处位置的计数,能够使用多种建模方法来对此计数进行建模,如广义线性回归工具中的泊松方法;还可以是在已知位置以指定的时间间隔记录明确存在和不存在的数据,如记录不正常臭氧水平的空气质量监测站。上述情况下,建模存在和不存在是一个二元分类问题,可以从各种方法中受益。

在生态物种建模中,事件存在经常可以被记录,但事件缺失的记录却很少。缺乏明确的缺失数据使得用多分类预测方法对存在和缺失进行建模变得有挑战性,但单分类(one-class classification,OCC)就能很好地适应这种情况。

单分类也叫作一分类,是机器学习与数据挖掘中的重要研究领域。单分类的目的不是区别不同类别的数据,而是对单一类别的样本数据进行建模,学习内部固有范式,建立单分类模型,使其能够对外部数据检测其开集特性。

单分类任务在构建数据模型时仅有一类数据可用于训练,称为正常类样本;其他类不再细分判断,统一作为非正常类样本或者外部样本(outlier),通常获取代价极高且分布不统一,甚至难以进行完整采样。单分类对目标类别的数据生成一个描述(description),这可以理解为样本空间中的一个区域,当某个样本落在这个区域外,我们就认为该样本不属于这个类别,而区域边界线是通过仅有的一类数据的信息学习得到的,所以也无法给出这个外部样

269

本具体属于其他什么类别的解释。多分类与单分类的区别如图 6.40 所示。

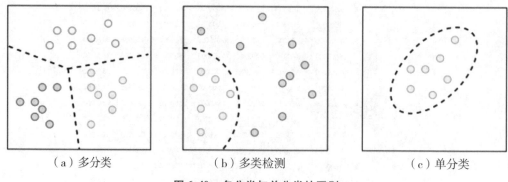

（a）多分类　　　　　　　（b）多类检测　　　　　　（c）单分类

图 6.40　多分类与单分类的区别

　　传统单分类问题的解决方法可以分为基于密度估计（density-based）的方法、基于聚类估计（clustering-based）的方法、基于神经网络（NN-based）的方法以及基于边界检测（domain-based）的方法这 4 类。以基于边界检测的单分类算法中单类支持向量机（one-class support vector machine，OCSVM）和支持向量数据描述（support vector data description，SVDD）最为典型。

　　基于边界检测的单分类算法主要参考支持向量机（support vector machine，SVM）思想，通过对单分类样本学习其区域或者边界信息，构建超球体或者超平面。OCSVM 假设所有异常类样本分布在原点，将原始数据空间的原点作为负类支持样本，以构建离原点最远的超平面为优化目标，其中单类标记数据存在于超平面的正半空间中。SVDD 则假设所有正常样本聚集在一个超球面，直接学习适合单分类样本的最小超球体，并计算测试样本到超球体中心的距离，并与训练得到的超球面半径进行求差运算，以此对样本进行分类如图 6.41 所示。

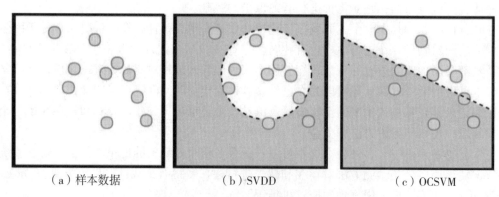

（a）样本数据　　　　　　　（b）SVDD　　　　　　　（c）OCSVM

图 6.41　OCSVM 与 SVDD 算法示意

　　在引入松弛变量的条件下，OCSVM 的优化目标为：

$$\min_{\boldsymbol{\omega},\boldsymbol{\xi},b} \frac{1}{2}\|\boldsymbol{\omega}\|^2 + \frac{1}{vN}\sum_{i=1}^{N}(\xi_i - b)$$
$$\text{s. t. } [\boldsymbol{\omega}, \boldsymbol{\Phi}(\boldsymbol{x}_i)] \geq b - \xi_i, \ \xi_i \geq 0 \tag{6.7}$$

在式（6.7）中，列向量 $\boldsymbol{\xi} = [\xi_1, \xi_2, \cdots, \xi_N]$ 为对应于训练数据点的松弛变量；$\boldsymbol{\Phi}$ 为使用核函数 $K(\cdot,\cdot)$ 通过点积将 $\boldsymbol{x}_i$ 映射到再生核希尔伯特空间的映射函数；b 为偏差项；v 为惩罚系数；N 为样本训练总数。优化问题得到近似解后，测试样本 $\boldsymbol{x}_{\text{test}}$ 可以通过符号函数 $\mathrm{sgn}\{[\boldsymbol{\omega},$

$\varPhi(\boldsymbol{x})] - b\}$ 进行分类。

在拉格朗日条件下，式（6.7）可以被重新定义为：

$$L(\boldsymbol{\omega},\boldsymbol{\xi},b,\boldsymbol{\alpha},\boldsymbol{\beta}) = \frac{1}{2}\|\boldsymbol{\omega}\|^2 + \frac{1}{vN}\sum_{i=1}^{N}(\xi_i - b) - \sum_{i=1}^{N}\alpha_i\{[\boldsymbol{\omega},\varPhi(\boldsymbol{x}_i)] + \xi_i - b\} - \sum_{i=1}^{N}\beta_i\xi_i$$
(6.8)

其中：列向量 $\boldsymbol{\alpha} = [\alpha_1,\alpha_2,\cdots,\alpha_N]^T$，$\boldsymbol{\beta} = [\beta_1,\beta_2,\cdots,\beta_N]^T$。令其导数为 0，得到对偶问题的优化形式：

$$\min_{\boldsymbol{\omega},\boldsymbol{\xi},b} \frac{1}{2}\sum_i\sum_j\alpha_i\alpha_j K(\boldsymbol{x}_i,\boldsymbol{x}_j)$$

$$\text{s. t. } 0 \leqslant \alpha_i \leqslant \frac{1}{vN}, \quad \sum_i\alpha_i = 1$$
(6.9)

在对偶问题的求解过程中，无须显示定义核函数，找到参数的最优值后，对于任意 x_{test} 同样可以通过核映射变换条件下的符号函数 $\mathrm{sgn}\left[\sum_i\alpha_i K(\boldsymbol{x}_i,\boldsymbol{x}_{\text{test}}) - b\right]$ 进行分类。

超球体特征通过平均向量 $\boldsymbol{o}$ 和聚类半径 r 决定，SVDD 通过最小化 r 来最优化超球的体积，并保证其包围大多数训练样本。优化目标形式为：

$$\min_{\boldsymbol{c},\boldsymbol{\varepsilon},r} r^2 + C\sum_{i=1}^{N}\varepsilon_i$$

$$\text{s. t. } \|\boldsymbol{x}_i - \boldsymbol{c}\|^2 \leqslant r^2 + \varepsilon_i, \ \varepsilon_i \geqslant 0 \ \forall i$$
(6.10)

参数 C 作为惩罚系数调节误差与训练数据之间的平衡比例。与 OCSVM 类似，引入拉格朗日条件求解 SVDD 优化函数：

$$L(r,\boldsymbol{c},\boldsymbol{\alpha},\boldsymbol{\gamma},\boldsymbol{\varepsilon}) = r^2 + C\sum_i\varepsilon_i - \sum_i\alpha_i(r^2 + \varepsilon_i - (\|\boldsymbol{x}_i\|^2 - 2[\boldsymbol{c},\boldsymbol{x}_i] + \|\boldsymbol{c}\|^2)) - \sum_i\gamma_i\varepsilon_i$$
(6.11)

设定导数项为 0，转换为对偶问题后，求解形式为：

$$\min_{\boldsymbol{\alpha}} \sum_i\sum_j\alpha_i\alpha_j[\boldsymbol{x}_i,\boldsymbol{x}_j] - \sum_i\alpha_i[\boldsymbol{x}_i,\boldsymbol{x}_i]$$

$$\text{s. t. } 0 \leqslant \alpha_i \leqslant C, \quad \sum_i\alpha_i = 1$$
(6.12)

对于给定的测试样本 $\boldsymbol{x}_{\text{test}}$，如式（6.13）所示，通过其与超球体中心的距离度量是否大于超球体半径进行分类：

$$\|\boldsymbol{x}_{\text{test}} - \boldsymbol{c}\|^2 = [\boldsymbol{x}_{\text{test}},\boldsymbol{x}] - 2\sum_i\alpha_i[\boldsymbol{x},\boldsymbol{x}_i] + \sum_i\sum_j\alpha_i\alpha_j[\boldsymbol{x}_i,\boldsymbol{x}_j] \leqslant r^2$$
(6.13)

推广到核函数形式后，SVDD 理论上可以计算无穷维度的训练数据：

$$\min_{\boldsymbol{\alpha}} \sum_i\sum_j\alpha_i\alpha_j K(\boldsymbol{x}_i,\boldsymbol{x}_j) - \sum_i\alpha_i[K(\boldsymbol{x}_i,\boldsymbol{x}_i)]$$

$$\text{s. t. } 0 \leqslant \alpha_i \leqslant C, \quad \sum_i\alpha_i = 1$$
(6.14)

在引入核函数形式为高斯核的条件下，OCSVM 和 SVDD 可看成等价形式。

目前，常用于生境预测和适应性评价的模型主要有生态位模型（ecological niche models，ENMs）和传统模型两大类。前者包括最大熵（Maxent）模型、生态位因子分析（ecological niche factor analysis，ENFA）模型和机理模型（mechanism modeling）等，后者主要为回归模型和概念框架。生态位模型广泛用于生物多样性保护、全球气候变化对物种分布的影响、谱系生物地理学及传染病空间传播研究等领域，最大熵模型在其中具有相对优势。

Maxent 是一种用不完整信息进行预测或推断的通用方法，不假设也不要求缺失数据。Maxent 生态位模型通过一组给定的已知物种存在位置和描述研究区域的环境解释变量，对比存在位置和研究区域之间的条件以估算存在概率。

Maxent 模型评价指定物种在给定环境条件下的适宜性以及预测物种在研究区潜在的生境分布。该模型基于最大熵原理，即在满足已知约束的条件下选择熵最大的模型，利用物种的存在分布点和环境变量来推算物种的生态需求和模拟物种的潜在分布。

Maxent 根据物种实际地理分布点的环境变量特点得出约束条件，探寻最大熵在此约束下的可能分布，熵最大时的物种出现概率分布最接近物种实际分布。模型结果以物种出现的概率体现。为每个特征变量赋予固定权重，权重特征指数的求和表示估计概率分布，再除以度量常数保证概率值范围从 0 到 1，且总和为 1，值越大表明环境条件越适宜于物种生存。

2. 实例应用

下面以褐喉树懒（*Bradypus variegatus*）在拉丁美洲的生境预测为例，演示 Maxent 生态位模型软件的一般操作流程。本案例的数据来源为 Maxent 软件。

（1）软件下载。Maxent 是由美国学者 Steven J. Phillips 最早于 2004 年开发的物种潜在分布预测软件。该软件已经开源，在 Maxent 官网（https://biodiversityinformatics.amnh.org/open_source/maxent/）可直接下载，其运行基于 Java 环境。

（2）生境预测。

数据导入与参数设置。【Samples】选择输入". csv"格式的物种分布位置数据 bradypus.csv，表头顺序应严格按照"物种、经度、纬度"排列（如图 6.42），物种可以不止一类，经纬度为十进制格式。【Environmental layers】输入具有相同地理边界和单元格大小的环境数据所在文件夹 layers，包含所有". asc"格式的环境变量，如气候、海拔、植被层等。勾选【Create response curves】绘制响应曲线，【Make picture of predictions】制作预测图，【Do jackknife to measure variable importance】使用刀切法检验环境变量的重要性。【Output format】一般选择【Cloglog】或【Logistic】，两者输出的存在概率范围都是 0 到 1，概率中断值参数默认为 0.5，则存在概率大于等于 0.5 时归为存在；【Cloglog】一般在位置和发生情况清晰明确时使用，如固定植物物种，【Logistic】则应用于迁徙动物物种等位置和发生情况不明确或难以定义的情况，默认选择【Cloglog】。【Output directory】设置输出文件夹【outputs】。具体选择如图 6.43 所示。

	A	B	C	D
1	species	dd long	dd lat	
2	bradypus_variegatus	-65.4	-10.3833	
3	bradypus_variegatus	-65.3833	-10.3833	
4	bradypus_variegatus	-65.1333	-16.8	
5	bradypus_variegatus	-63.6667	-17.45	
6	bradypus_variegatus	-63.85	-17.4	

图 6.42　物种分布数据格式

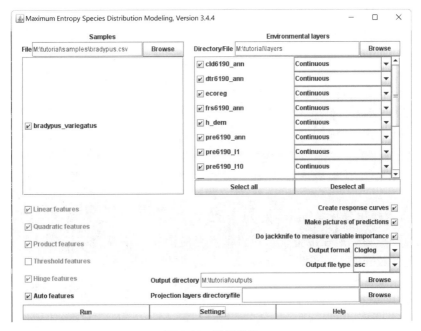

图 6.43 数据选择

切换【Settings】,【Random test percentage】设定保留作为测试集的训练数据百分比,此处为 25；或者直接在【Test sample file】导入测试集数据,其格式要求与物种分布数据集 bradypus. csv 相同。【Random seed】决定运行相同数据集时是否重新选择测试集,勾选则测试集每次随机；【Replicates】为重复运算次数,大于 1 时选择受试者曲线（receiver operating characteristic curve, ROC）中曲线下面积（area under curve, AUC）最大者进行预测。点击【Run】模型运行。参数设置如图 6.44 所示。

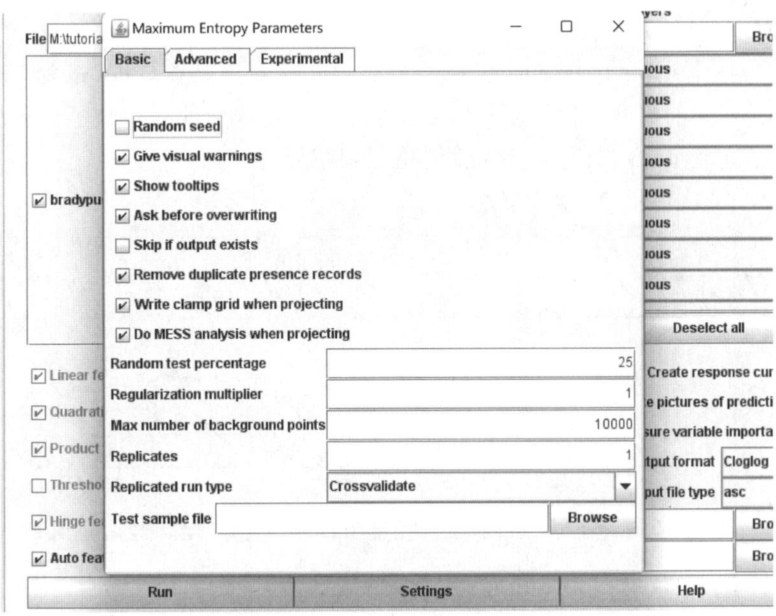

图 6.44 参数设置

结果查看与分析。在输出文件夹【outputs】下找到 . html 文件 bradypus_variegatus. html，可以查看模型参数和运行结果（如图 6.45）。ROC 曲线反映了模型的预测结果精度，$AUC \in [0, 1]$，$AUC > 0.9$ 时模型可信度较高，一般认为 $AUC > 0.7$ 即可接受。本例中训练样本（点线）和测试样本（短划线）的 AUC 值均 > 0.85，认为模型拟合程度较好。

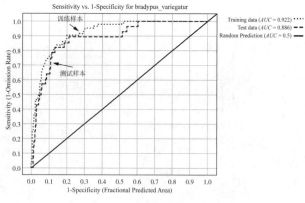

图 6.45　ROC 曲线及 AUC 面积

适生区预测结果如图 6.46 所示，白色方形点为训练数据所在位置，黑色方形点对应测试数据。深色区域表明生境适合褐喉树懒生存的可能性较大，颜色越深概率越高，主要集中在中美洲南部和南美洲西北部。

环境变量对模型预测的影响可以通过响应曲线（response curve）来反映（如图 6.47）。y 轴表示预测概率，图 6.47（a）各曲线展示了物种存在概率如何随着相应环境变量的变化而变化，此时其他变量取样本平均值。这种仅改变了一个变量的边际响应曲线在环境变量内具有强相关性时很难解释，即改变一个变量（如年平均降水 pre6190_ann），而另一个强相关变量不变（如月平均降水 pre6190_l1、pre6190_l4、pre6190_l7、pre6190_l10）的情况基本不存在，响应曲线也就不具有实际意义。

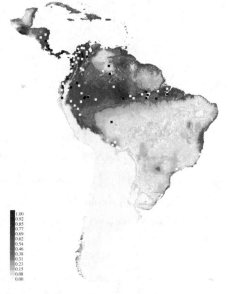

图 6.46　适生区预测结果

因此还可以查看另一组响应曲线，图 6.47（b）的每条曲线都是不同的模型，仅使用相应变量创建。这组响应曲线反映了预测适宜性对所选变量的依赖性，在变量之间具有强相关性时也很好解释。

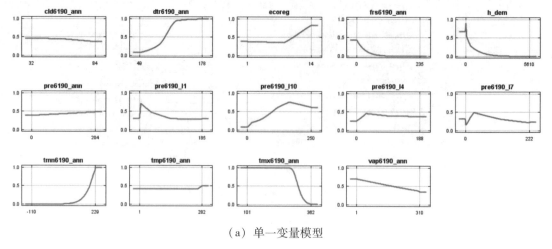

（a）单一变量模型

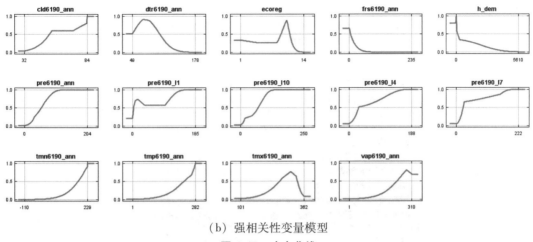

（b）强相关性变量模型

图 6.47 响应曲线

环境变量对物种生存模拟的重要性也可以通过 Maxent 模型得到。通过对单一要素逐步修正来提高增益值，再将增益值分配给该要素依赖的环境变量，Maxent 模型以百分比的形式给出了贡献率（percent contribution）。这里同样要注意各环境变量间的相关性，需谨慎解释。置换重要值（permutation importance）是在衡量因子重要性的过程中，随机置换掉每个环境变量在训练存在和背景数据上的数值，值越大表明模型对该变量的依赖性越强。贡献率和重要置换值的比较如图 6.48 所示。

Variable	Percent contribution	Permutation importance
pre6190_17	33.7	4.2
pre6190_110	29.4	7.1
h_dem	10.1	10.7
tmn6190_ann	8.5	30.6
tmx6190_ann	5.5	19.9
frs6190_ann	3.5	14.9
vap6190_ann	2.5	1.4
pre6190_11	1.9	2.6
dtr6190_ann	1.5	6.2
pre6190_14	1.5	1.2
pre6190_ann	0.7	0
tmp6190_ann	0.7	0.1
ecoreg	0.4	0.8
cld6190_ann	0.1	0.1

图 6.48 贡献率和重要置换值的比较

刀切法（jackknife）检验通过依次使用（with only variable）和排除（without variable）某一环境变量以及使用所有（with all variables）环境变量创建模型，提供了正则化训练增益、测试增益和 AUC 值 3 种检验结果来衡量环境变量的重要性。如图 6.49 所示的本例正则化训练数据集增益结果中，仅使用环境变量 pre6190_l10 时增益最高，认为它本身具有最有用的信息；不使用环境变量 h_dem 时增益降低最多，推测其含有其他变量中不存在的最多信息。

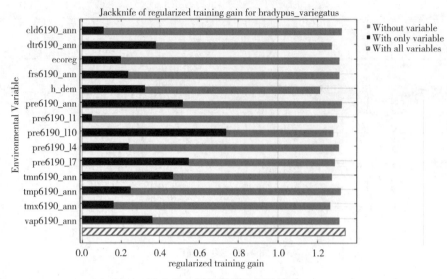

图 6.49　训练增益刀切法检验

6.3　深度学习方法

GeoScene Pro 是人工智能与地理空间紧密结合的成果。机器学习（machine learning）作为人工智能的一个分支，用算法处理结构化数据以解决实际问题，数十年来一直是 GIS 空间分析的核心组件。

深度学习（deep learning）是机器学习的子集（如图 6.50），以神经网络的形式进行多图层的非线性处理来识别模型中描述的要素和图案。即通过不同网络层分析输入的数据，在各层定义数据的特定要素和模式，或者说是学习样本数据的内在规律和表

图 6.50　人工智能、机器学习、深度学习的关系

示层次，把简单的概念嵌套用不那么抽象的概念计算出数据的抽象表示。最终，让机器能够像人一样具有分析学习能力，能够识别文字、图像和声音等数据。例如，识别建筑物和道路等要素，则要使用不同建筑物和道路的图像来训练深度学习模型，通过神经网络内的层来处理图像，然后找到对建筑物或道路进行分类所需的标识符。

易智瑞公司利用深度学习中的最新创新开发有关工具和工作流，来回答 GIS 和遥感应用程序中的一些难题。GeoScene Pro 提供即拿即用的深度学习产品，内置了十余种主流深度学习模型，支持深度学习的样本制作、模型训练和推理全流程，为空间环境系统提供了强有力的支持，洞悉、分析和预测周围环境更加准确。

在 GeoScene Pro 中，深度学习神经网络通过堆叠多层卷积层搭建模型，在各层检测并提取影像中的一或多个独特要素。GeoScene Pro 内置的深度学习模型可以应用于目标检测、对象分类、实例分割和图像分类等多种场景；同时支持 GPU、多 CPU 运算和服务器端分布式推理，还配备了丰富细致的后处理工具，方便分析成果的优化与输出。

GeoScene Pro 的深度学习工作流一般分为 3 步，如图 6.51 所示（见网页 https://www.

geosceneonline. cn/help/）。

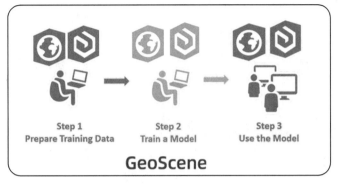

图 6.51　深度学习工作流

（数据来源：GeoScene Pro Installed Help）

第一步，样本制作。标注兴趣要素或对象制作训练样本。标注过程可以在 GeoScene Pro 中完成，也可在其他相关平台操作，但应保证符合之后模型训练的数据格式要求。

第二步，模型训练。利用第一步导出的样本数据训练深度学习模型，使其能够识别目标对象，得到模型定义文件或者深度学习模型包（. dlpk）。训练过程可以在 GeoScene Pro 中完成，也可以在外部使用支持的第三方框架。

第三步，模型推断。利用第二步生成的模型定义文件或深度学习模型包运行推断地理处理工具，从图像中提取信息，实现提取特定对象位置、分类影像像素或对象等功能。提取结果还可以通过后处理优化。

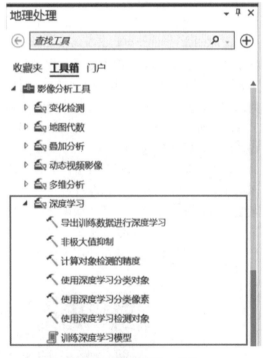

在"地理处理"过程的"影像分析工具"箱中可以找到"深度学习"工具集。如图 6.52 所示，所含工具可用于检测图像中的特定要素或对栅格数据集中的像素进行分类。这些 GeoScene Pro 工具可以通过 GPU 处理及时执行分析，使用经过训练的模型检测第三方深度学习框架（如 TensorFlow、CNTK、PyTorch 和 Keras 等）中的特定要素和输出要素或类地图。

图 6.52　深度学习工具集

6.3.1　语义分割与分类

1. 概述

语义分割是对输入图像中的每个像素分配一个语义类别，得到像元级的密集分类，在 GIS 中，也称为像素分类或图像分割。其可从遥感影像或图像中自动识别道路、建筑、河流等地物，并对图像中的每个像素进行标注，常用于土地利用分类。如图 6.53 所示，左边为真彩色影像，右边则对道路、植被、建筑等多种地物像素进行了分类。

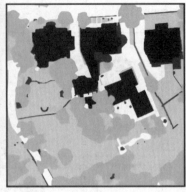

图 6.53　语义分割

语义分割的常用算法有 U-Net、PSPNet、DeepLabV3。在 GeoScene Pro 中通过【使用深度学习分类像素】工具生成分类栅格，其中每个像素都属于一个类或类别，完成语义分割。

【使用深度学习分类像素】运行输入栅格上的训练深度学习模型，以生成分类栅格，其中每个有效像素都被分配了一个类标注。该工具需要包含经过训练的模型信息的模型定义的文件。模型定义文件可以是 GeoScene 模型定义 JSON 文件（.emd）或深度学习模型包，必须包含为处理每个对象调用的 Python 栅格函数的路径以及经过训练的二进制深度学习模型文件的路径。GeoScene Pro 深度学习地物分类提取结果如图 6.54 所示。

图 6.54　GeoScene Pro 深度学习地物分类提取结果

图像分类，也称为对象分类、要素分类或图像识别，涉及为数字图像分配标注或类。在预定义的可能类别集合中给一张图像或者遥感影像只分配一个标签，如将左侧无人机影像标记为人群，而右侧数码照片标记为猫（如图 6.55）。图像分类更适用于待分类物体单一的情况，包含多个目标物时建议使用多标签分类或目标检测等算法。

图 6.55　图像分类

（数据来源：GeoScene Pro Installed Help）

图像分类的常用算法为 Feature Classifier。在 GeoScene Pro 中通过【使用深度学习分类对象】工具为图像中的要素生成标注以标识其类或类别，完成分类。

【使用深度学习分类对象】运行输入栅格和可选要素类上的训练深度学习模型，以生成要素类或表，其中每个输入对象或要素均有一个分配的类或类别标注。该工具需要包含经过训练的模型信息的模型定义文件。模型定义文件可以是 GeoScene 模型定义 JSON 文件（.emd）或深度学习模型包，必须包含为处理每个对象调用的 Python 栅格函数的路径以及经过训练的二进制深度学习模型文件的路径。

2. 实例应用

下面以地物分类提取耕地为例，展示 GeoScene Pro 中深度学习语义分割的一般流程。

（1）加载遥感影像。新建工程，选择"地图"模板，加载影像数据。此处使用高分二号 2020 年覆盖广州市的一景影像，图像融合后分辨率为 1 m，以真彩色波段显示。

（2）标注数据集。在【影像】功能区【影像分类】组的【分类工具】中选择【标注对象以供深度学习使用】，右侧弹出【影像分类】窗格。右键【新建方案】选择【编辑属性】，输入"名称"，此处输入"classify"，点击【保存】。右键【classify】选择【添加新类】，输入"名称"和"值"，此处为"crop"和"1"，根据实际需求还可以增加新类，点击【确定】。选择绘制形状后开始创建【标注对象】，下方【标注对象】窗格可以查看训练样本详情，样本建议均匀分布。深度学习算法需要大量数据才能充分训练模型和具备特征提取的能力，因此样本选择要尽可能多，才能更好地发挥深度学习的优势。

【标注对象以供深度学习使用】收集和生成用于训练深度学习模型的标注数据集。以交互方式识别和标注图像中的对象，并将训练数据，导出为训练模型所需的影像片、标注和统计数据如图 6.56 所示。

（3）导出训练数据。点击标注对象中的【保存】图标保存标注对象矢量为【crop】。同一窗格切换至【导出训练数据】，设置【输出文件夹】为【trainData】、【元数据格式】为【分类切片】，其余参数默认，也可以根据实际需要修改，点击【运行】，导出样本为深度学习训练数据。若样本矢量或栅格数据文件提前准备好，也可以直接使用深度学习工具集中的【导出训练数据进行深度学习】工具生成指定格式数据，无须进入分类环节。

【导出训练数据进行深度学习】使用遥感影像将标注的矢量或栅格数据转换为深度学习训练数据集，输出为影像片文件夹和指定格式的元数据文件夹。

（4）模型训练。进入深度学习工具集【训练深度学习模型】，【输入训练数据】选择第（3）步导出的训练数据【trainData】，设置【输出模型】为【trainModel】。展开模型参数，【模型类型】原有 9 种，但只会保留与训练数据格式匹配的模型，此处选择【U-Net – 像素分类】，其余参数默认，也可以根据实际需要修改。完成模型参数设置后切换到【环境】，【处理器类型】选择【GPU】，其余参数默认，点击【运行】，调用 PyTorch 训练模型。上述模型训练过程也可在 GeoScene Pro 外部使用支持的第三方深度学习框架完成。

【训练深度学习模型】如图 6.57 所示，使用导出的训练数据训练深度学习模型。GeoScene Pro 的深度学习压缩库【Deep_Learning_Libraries】不随软件自动安装，可先在官网下载、安装，以便后续正常使用深度学习功能。GeoScene Pro 用于配置训练过程的模型类型如下：①单帧检测器（SSD）用于对象检测，训练数据使用 Pascal 可视化对象类元数据格式；②U-Net 用于像素分类；③要素分类器用于对象或图像分类；④金字塔场景解析网络（pyramid scene parsing network，PSPNet）用于像素分类；⑤RetinaNet 用于对象检测，训练数据使

图 6.56　深度学习样本标注

用 Pascal 可视化对象类元数据格式；
⑥MaskRCNN 用于对象检测和实例分割，
训练数据使用 MaskRCNN 元数据格式，类
值必须从 1 开始，只能使用支持 CUDA 的
GPU 训练模型；⑦YOLOv3 用于对象检测；
⑧DeepLabV3 用于像素分类；⑨FasterRC-
NN 用于对象检测。

（5）模型应用。进入深度学习工具集
【使用深度学习分类像素】，【输入栅格】
为待检测影像，【模型定义】选择第（4）
步训练的【trainModel】中的".emd"或
".dlpk"格式文件。参数"padding"为扫
描影像范围的边缘宽度，此处为 0；"batch_
size"根据显存大小设置预测时并行运算的
样本数量，此处为 1；其余参数默认，也可

图 6.57　深度学习模型训练

以根据实际情况修改。切换到【环境】,【处理器类型】选择【GPU】,【处理范围】默认检测影像全域,此处选择【当前显示范围】,其余参数默认。点击【运行】,分类结果将自动加载。如图 6.58 所示的白色区块标识,表明地物分类提取耕地的效果良好。

分类完成后还可以进行【众数滤波】【栅格转面】等后处理操作,使结果平滑、美观,便于展示和统计,提升准确率。

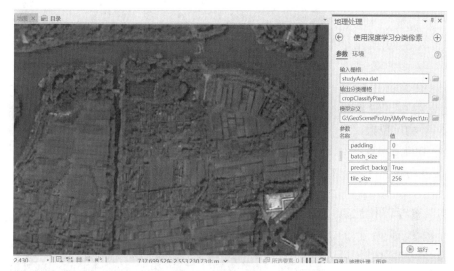

(a) 设置参数

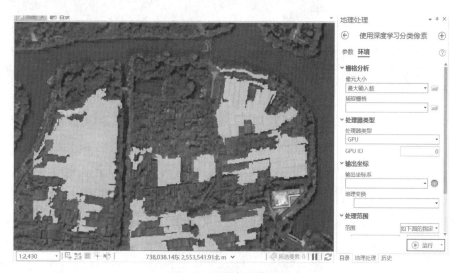

(b) 设定环境

图 6.58　深度学习分类像素

6.3.2　目标识别

目标识别是一种常见的计算机视觉技术,一般用于在图像中识别并定位特定类别的物体。对给定图像进行目标识别,首先要判断目标是否存在,若目标不存在直接结束,若存在则进一步判断目标个数和所处位置,然后对目标进行分割,判断哪些像素点属于该目标。本小节主要涉及对象检测和实例分割。

对象检测是在图像中定位要素的过程，通常会在兴趣要素的周围绘制边界框，如图 6.59 所示。在 GIS 中，可以用来定位遥感影像中的特定要素并绘制于原图，如房屋、树木、飞机等。如图 6.59 所示的左侧遥感影像中定位了飞机，在右侧更为通用的计算机视觉应用中，图像标识出了不同动物的位置。

图 6.59　对象检测

（数据来源：GeoScene Pro Installed Help）

对象检测的常用算法有 SSD、RetinaNet、Faster R-CNN。在 GeoScene Pro 中通过【使用深度学习检测对象】工具从图像或遥感影像中提取目标地物，并以矩形外框标识位置，完成检测。

【使用深度学习检测对象】运行输入栅格上的【训练深度学习模型】，以生成包含其找到对象的要素类。这些要素可以是所找到对象周围的边界框或面，也可以是对象中心的点。该工具需要包含经过训练的模型信息的模型定义文件。模型定义文件可以是 GeoScene 模型定义 JSON 文件（.emd）或深度学习模型包，必须包含为处理每个对象调用的 Python 栅格函数的路径以及经过训练的二进制深度学习模型文件的路径。GeoScene Pro 深度学习棕榈树的识别结果如图 6.60 所示。

图 6.60　**GeoScene Pro** 深度学习棕榈树的识别结果

（数据来源：GeoScene Pro Installed Help）

实例分割如图 6.61 所示，也称为对象分割，是一种更加精确的对象检测方法，在对象识别的基础上切割出对象轮廓，绘制出每个对象实例的边界。

图 6.61　实例分割

（数据来源：GeoScene Pro Installed Help）

在 GIS 中，可以用来提取遥感影像中的单个要素，如房屋顶面等。如图 6.61 所示的左侧影像中分割出了不同房屋的屋顶，右侧图像标识出了每台车辆。实例分割常用的算法为 Mask R-CNN。

下面以识别田径场为例，展示了 GeoScene Pro 中深度学习目标识别的一般流程。

（1）加载遥感影像。新建工程，选择【地图】模板，加载影像数据。此处使用高分二号 2020 年覆盖广州市的一景影像，图像融合后分辨率为 1 m，以真彩色波段显示。

（2）标注数据集。如图 6.62 所示，在【影像】功能区【影像分类】组的【分类工具】中选择【标注对象以供深度学习使用】，右侧弹出了【影像分类】窗格。右键【新建方案】选择【编辑属性】，输入"名称"，此处输入"playground"，点击【保存】按钮。右键【playground】选择【添加新类】，输入"名称"和"值"，此处为"playground"和"1"，点击【确定】。选择绘制形状后开始创建标注对象，下方【标注对象】窗格可以查看训练样本详情，样本建议均匀分布。深度学习算法需要大量数据才能充分地被训练并具备特征提取的能力，因此样本选择要尽可能多，更好地发挥深度学习的优势。

图 6.62　深度学习样本标注

（3）导出训练数据。点击标注对象中的【保存】图标保存标注对象矢量为【playground】。同一窗格切换至【导出训练数据】，设置【输出文件夹】为【trainData】，其余参数默认，也可以根据实际需要修改，点击【运行】，导出样本为深度学习训练数据。若样本矢量或栅格数据文件已经备好，也可以直接使用深度学习工具集中的【导出训练数据进行深度学习】工具生成指定格式的数据，无须进入分类环节。

（4）模型训练。如图 6.63 所示，进入深度学习工具集【训练深度学习模型】，【输入训练数据】选择第（3）步导出的训练数据【trainData】，设置【输出模型】为【trainModel】。展开模型参数，【模型类型】原有 9 种，但只会保留与训练数据格式匹配的模型，此处选择【单帧检测器—对象检测】，其余参数默认，也可以根据实际需要修改。完成模型参数设置后切换到【环境】，【处理器类型】选择【GPU】，其余参数默认，点击【运行】，调用 PyTorch 训练模型。上述模型训练过程也可在 GeoScene Pro 外部使用支持的第三方深度学习框架完成。

图 6.63　深度学习模型训练

（5）模型应用。如图 6.64 所示，进入深度学习工具集【使用深度学习检测对象】，【输入栅格】为待检测影像，【模型定义】选择第（4）步训练的【trainModel】中的【.emd】或【.dlpk】格式文件。参数"padding"为扫描影像范围的边缘宽度，此处为 0；预测的检测框置信度大于【threshold】指定的阈值时输出结果；"nms_overlap"为非极大值抑制，去除重复框，此处为 0.6；"batch_size"根据显存大小设置预测时并行运算的样本数量，此处为 1；"exclude_pad_detections"排除 pad 填充，此处为 True。勾选【非极大值抑制】去除重叠度过高的检测框，设置【最大重叠比】为 0.6，其余参数默认，也可以根据实际情况修改。切换到【环

图 6.64　深度学习检测对象

境】，【处理器类型】选择【GPU】，【处理范围】默认检测影像全域，此处选择【当前显示范围】提高目标物面积占比，其余参数默认。点击【运行】，检测结果将自动加载。如图6.64 所示，田径场识别结果良好，存在错漏，可以继续优化模型、提高准确率。

【非极大值抑制】其实属于后处理过程，可以保留待深度学习工具集中使用【非极大值抑制】优化检测结果。待对象检测完成，【计算对象检测的精度】工具可以对深度学习检测结果进行精度评价。

【非极大值抑制】识别【使用深度学习检测对象】输出的重复要素后创建没有重复要素的新输出。【使用深度学习检测对象】工具可能针对同一对象（切片的边际效应）返回多个边界框或面，两个要素的重叠超过给定的最大比率将移除置信度较低者。

【计算检测对象的精度】比较【使用深度学习检测对象】检测到的对象和实际地表数据情况来计算深度学习模型的精度。

6.3.3 时间序列分析与预测

时间序列是以时间排序、按照一定时间间隔取得的系列观测值，时间间隔可以是日、月、年等。时间序列分析通过研究历史数据的变化趋势，来评估和预测未来。地理要素的空间分布是地理系统的研究中心，但时间与空间是客观事物存在的不可分割的形式，研究地理要素的时间变化情况，对于地理现象发展过程和规律的阐述极有帮助。

GeoScene Pro 提供了有关时间序列分析与预测的工具，用于时间、空间环境中分析数据分布和模式。如图 6.65 所示，在【地理处理】过程的【时空模式挖掘工具】箱中可以找到。

在 GeoScene Pro 中进行时序分析，首先需要构建时空立方体，即待分析数据集构建成便于分析的多维立方体数据 netCDF（network Common Data Form）。然后，通过时空立方体以时间序列分析、集成空间和时间模式分析、2D 和 3D 可视化技术对时空数据进行分析预测。GeoScene Pro 有 3 种创建时空立方体的工具：通过聚合点创建时空立方体、通过已定义位置创建时空立方体、通过多维栅格图层创建时空立方体。

【通过聚合点创建时空立方体】如图 6.66 所示，将一组点数据以聚合到空间时间立方图格的方法汇总于 netCDF 数据结构，如犯罪、灾害、疾病或客户销售数据等。在每个立方图格内计算点计数并聚合指定属性，对于所有立方图格位置评估计数趋势和汇总字段值。

图 6.65 时空模式挖掘工具集

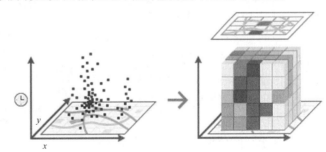

图 6.66 通过聚合点创建时空立方体
（数据来源：GeoScene Pro Installed Help）

【通过已定义位置创建时空
立方体】如图 6.67 所示，获取
面板数据或测点数据，并通过创
建时空立方图格将其构建为
netCDF 格式数据。对于所有位
置评估变量或汇总字段趋势。

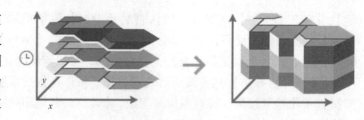

图 6.67　通过已定义位置创建时空立方体
（数据来源：GeoScene Pro Installed Help）

　　以上两种方法通过生成时空
立方图格（具有聚合事件点或
具有相关联时空属性的已定义要素）将时间戳要素构建成 netCDF 数据立方体。所创建的数据结构可被视为由时空立方图格组成的一个三维立方体，其中 x 和 y 维度表示空间，t 维度表示时间。每个立方图格在空间（x，y）和时间（t）中都有固定位置，覆盖同一个（x，y）区域的立方图格共用同一个位置 ID，包含相同持续时间的立方图格共用相同的时间步长 ID，如图 6.68 所示。

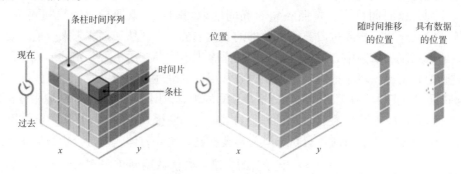

图 6.68　时空立方图格
（数据来源：GeoScene Pro Installed Help）

【通过多维栅格图层创建时空立
方体】根据多维栅格图层创建时空
立方体，并将数据构造为时空立方图
格，以进行有效的时空分析和可视
化。该创建过程不执行任何空间或时
间聚合，如图 6.69 所示。

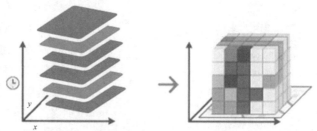

图 6.69　通过多维栅格图层创建时空立方体
（数据来源：GeoScene Pro Installed Help）

　　时空立方体在 GeoScene Pro 中无
法直接查看，【时空模式挖掘工具】
箱下的【实用工具】集可以完成时
空立方体的可视化工作：了解立方体的
结构、立方体聚合过程的工作原理，以
及立方体聚合过程如何随着时间的推移
使模式显示在感兴趣的特定位置。

　　【填充缺失值】将缺失值（空值）
替换为基于空间邻域、时空邻域或时间
序列值的估算值，使其对后续分析的影
响降至最低，如图 6.70 所示。

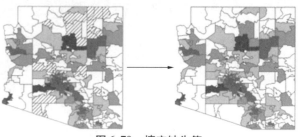

图 6.70　填充缺失值
（数据来源：GeoScene Pro Installed Help）

【在 2D 模式下显示时空立方体】显示存储在 netCDF 立方体中的变量和时空模式挖掘工具生成的结果。输出根据指定的变量和专题进行唯一渲染的二维制图表达，如图 6.71 所示。

【在 3D 模式下显示时空立方体】显示使用时空模式挖掘工具创建并存储在 netCDF 立方体中的变量。输出根据所选变量和专题进行唯一渲染的三维制图表达，如图 6.72 所示。

GeoScene Pro 针对时间序列可以进行新兴时空热点分析、局部异常值分析和时间序列聚类。

【新兴时空热点分析】标识时空立方体点密度（计数）或值聚类中随着时间发展的、在统计上显著的热点和冷点趋势，包括新增的、连续的、加强的、持续的、逐渐减少的、分散的、振荡的和历史的 8 种特定冷热点趋势。可用来分析犯罪或疾病暴发等数据，以不同时间步长查找新的、加强的、持续的或分散的热点模式，如图 6.73 所示。

【局部异常值分析】如图 6.74 所示，识别时空立方体中高值或低值的统计显著性聚类，以及与时空相邻异常值存在统计差异的异常值。这是 Anselin Local Moran's I 统计的时空实现。

【时间序列聚类】如图 6.75 所示，将时空立方体中的时间序列划分为不同的聚类，每个聚类成员具有类似的时间序列特征。聚类条件为：具有相似的时间值、趋于同时增加或减少、具有相似的重复模式。聚类结果得到一个可显示按聚类成员资格和消息进行符号化的立方体中每个位置的 2D 地图，以及包含与每个聚类有关的代表性时间序列签名信息的相应图表。

预测、估计时空立方体的未来值，评估、比较时空立方体中每个位置的不同预测模型，可以使用【时空模式挖掘工具】箱下的【时间序列预测】工具。GeoScene Pro 提供了简单曲线拟合、位置评估、指数

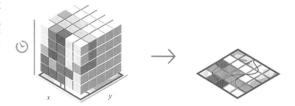

图 6.71　在 2D 模式下显示时空立方体

（数据来源：GeoScene Pro Installed Help）

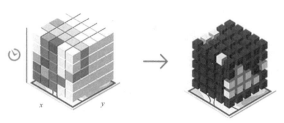

图 6.72　在 3D 模式下显示时空立方体

（数据来源：GeoScene Pro Installed Help）

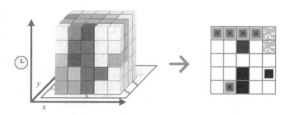

图 6.73　新兴时空热点分析

（数据来源：GeoScene Pro Installed Help）

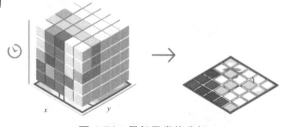

图 6.74　局部异常值分析

（数据来源：GeoScene Pro Installed Help）

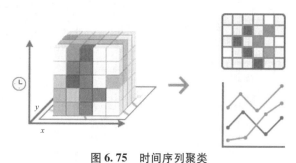

图 6.75　时间序列聚类

（数据来源：GeoScene Pro Installed Help）

平滑和森林方法4种时序预测模型。

　　【曲线拟合预测】通过曲线拟合来预测时空立方体每个位置的值。将参数曲线拟合到输入时空立方体参数中的各个位置，并将曲线外推到未来时间步长预测时间序列，如使用具有每年人口的时空立方体预测未来几年的人口。曲线可以是线型、抛物线型、S型或指数型，如图6.76所示。

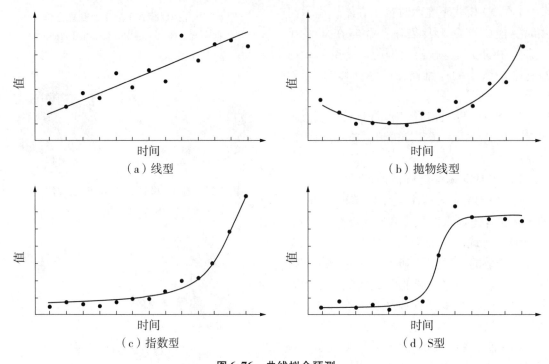

（a）线型　　　　　　　　　　　　　　　（b）抛物线型

（c）指数型　　　　　　　　　　　　　　　（d）S型

图6.76　曲线拟合预测

（数据来源：GeoScene Pro Installed Help）

　　【按位置评估预测】在多个预测结果中为时空立方体的每个位置选择最准确的结果，即对相同时间序列数据使用多种预测方法，使用验证RMSE或预测RMSE为每个位置评估、选择最佳预测，如图6.77所示。

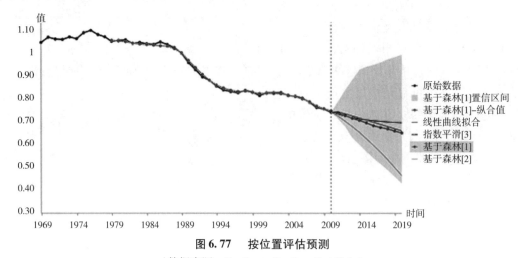

图6.77　按位置评估预测

（数据来源：GeoScene Pro Installed Help）

【指数平滑预测】使用霍尔特 – 温特指数平滑方法将时空立方体中每个位置的时间序列分解为季节和趋势分量，从而有效地预测每个位置的未来时间步长。当时间序列的值遵循渐进趋势并显示季节性行为时最为有效，如预测热浪来袭期间市中心的每小时温度、预测零售店下一周每天对各个商品的需求。如图 6.78 所示为指数平滑预测的示例。

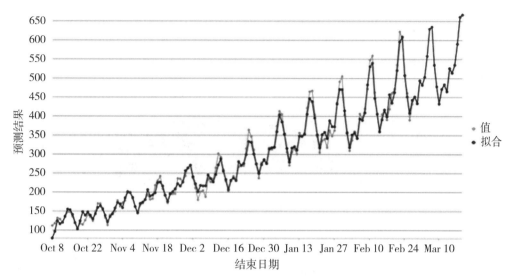

图 6.78　指数平滑预测

（数据来源：GeoScene Pro Installed Help）

【基于森林方法的预测】对时空立方体每个位置的时间窗口进行训练，使用 Leo Breiman 的随机森林算法改编版预测时空立方体每个位置的值。当数据具有复杂的趋势或以不同于常见数学函数的方式变化时最为有效，如预测学区中每所学校下一周每天缺席的学生人数、预测行政区内社区下个月的供电和供水需求。如图 6.79 所示为基于森林方法的预测示例。

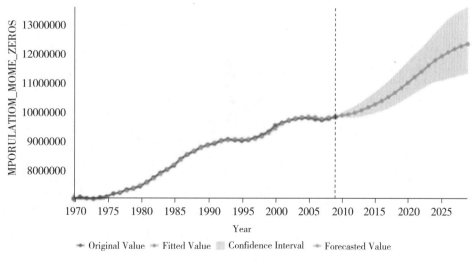

图 6.79　基于森林方法的预测

（数据来源：GeoScene Pro Installed Help）

如图 6.80 所示为 2020 年 3—5 月某市交通站点微博签到数据，可以进行时序分析。用【通过聚合点创建时空立方体】工具，设置【时间字段】为【日期】，【时间间隔步长】为【1 天】，【距离间隔】为【1 千米】，其余参数默认，生成时空立方体。

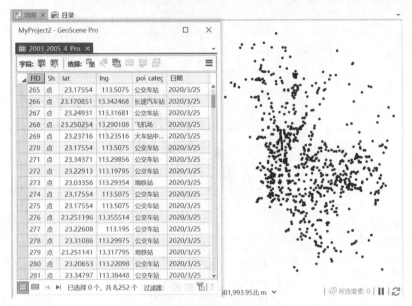

图 6.80　点数据创建时空立方体

如图 6.81 所示选择【实用工具】集中的【在 2D 模式下显示时空立方体】工具。输入已生成的时空立方体，【立方体变量】可选 COUNT 或其他在创建立方体时的汇总变量，此处只有【COUNT】。展开【显示主题】指定要显示的立方体变量参数特征，原有 13 种，但只会保留与时空立方体创建及分析运行方式匹配的选项，此处选择【趋势】。勾选【启用时间序列弹出窗口】，点击【运行】，完成时空立方体的 2D 可视化。

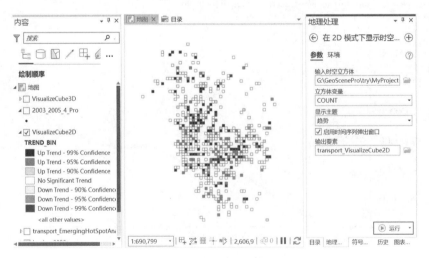

图 6.81　时空立方体的 2D 可视化

如图 6.82 所示选择【实用工具】集中的【在 3D 模式下显示时空立方体】工具。输入已创建的时空立方体，【立方体变量】可选 COUNT 或其他在创建立方体时的汇总变量，此处只有【COUNT】。展开【显示主题】指定要显示的立方体变量参数特征，原有 7 种，但只会保留与时空立方体创建和分析运行方式匹配的选项，此处选择【值】。点击【运行】，完成时空立方体的 3D 可视化。

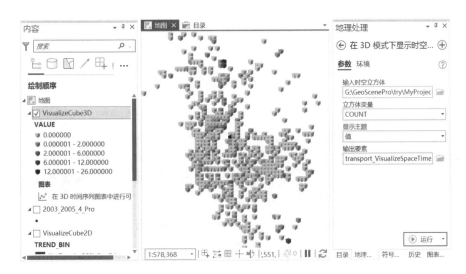

图 6.82　时空立方体的 3D 可视化

对于上述交通站点微博签到数据的时空立方体进行冷热点分析。进入【新兴时空热点分析】工具，输入已创建的时空立方体，【立方体变量】选择【COUNT】。【空间关系的概念化】指定要素空间关系的定义方式，有固定距离、K–最邻近、仅邻接边、邻接边拐角 4 种，此处选择【K–最邻近】，其余参数默认，也可以根据实际需要修改。点击【运行】，完成时空立方体的冷热点分析。

如图 6.83 所示可以见到【连续热点】和【分散的热点】，主要分布在北部机场、中部 CBD 地铁站等，比较符合广州市交通和人流密集情况。

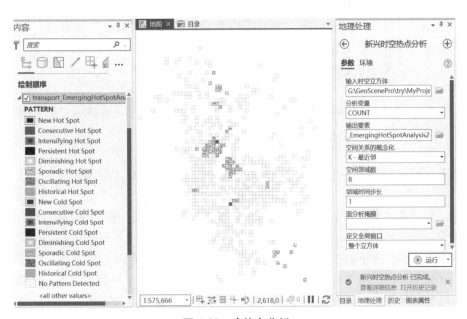

图 6.83　冷热点分析

第 7 章　地形分析

7.1　三维数据创建

7.1.1　DEM 数据的创建

1. 概述

受研究区面积、勘测工作量、地形情况等因素的影响，实际中通常不可能对研究区内每点的高程值都进行测量。一般选择一些离散的样本点进行测量，并通过插值得到未采样点的高程值。插值的前提是空间地物具有一定的空间相似性，距离较近的地物，其高程值应更为接近。采样点的选取方式多样，但必须保证所选点代表了该区域的总体特征。

由点数据插值生成栅格表面的方法有很多，常用的有反距离权重法、克里金法、自然邻域法、样条函数法。无论采取何种方法，插值效果都受采样点选取情况的影响，故应尽可能均匀地多选取一些采样点。

（1）反距离权重法：该方法适用于采样点间存在局部影响，且影响与采样点间距离成反比的情况。

（2）克里金法：该方法适用于已知采样数据在空间距离和方向上存在一定的空间关联和偏差的情况。

（3）自然邻域法：该方法适用于样本点分布不均匀的情况。自然邻域法是一种加权平均算法，通过对每一个样本点生成 Delaunay 三角形，与最近的点形成凸集，并利用所占面积的比例计算权重。

（4）样条函数法：该方法适用于表面属性渐变的情况。样条函数法通过对样本点数据拟合光滑曲线，并利用拟合数学函数来估测未知区域数据。

此外，在创建表面的过程中还能够通过 TIN 数据转换得到栅格表面。

2. 实例

本节对 GeoScene Pro 空间分析模块和三维分析模块所提供的几种插值方法和数据转换方法的实现做简要介绍。

（1）反距离权重法。

如图 7.1 所示，选择【空间分析工具】→【插值分析】→【反距离权重法】，打开对话框。

进行参数设置（如图 7.2）：①设置输入点要素及插值字段，设置栅格创建结果的输出路径及名称。②设置权重幂。在反距离权重插值中，可根据已知点离未知点的距离来决定某点在插值中的影响，这里的权重即距离的指数幂，其值越大，点的距离对每个处理单元的影响越小。幂越小，表面越平滑。通常认为，幂的合理范围是 $0.5 \sim 3$。③设置搜索半径为变量，表示可变半径，这里需要设置点数，表示参与插值计算的点数是固定的，此时对每个插值点来说，搜索半径的长度是变化的，取决于达到规定点数所需要的搜索长度。此外，最大

292

距离用于规定搜索半径不能超出的最大范围,若某一邻域在达到最大半径时仍未搜索到足够的点,则利用该最大半径内搜索到的所有点进行插值。④输入障碍折线要素:某些线性要素,如断层或悬崖,在对各个输入栅格单元插值时,可用来限制输入点的搜索。⑤点击【运行】,获得结果如图 7.3 所示。

图 7.1 反距离权重法工具

图 7.2 反距离权重法参数设置

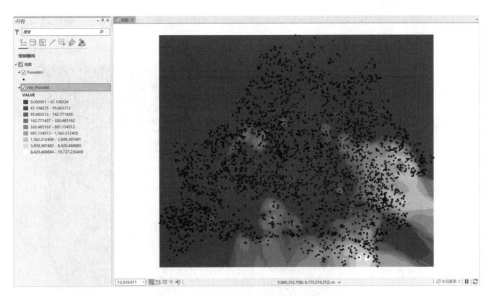

图 7.3 反距离权重法插值结果示例

(2)克里金法。

如图 7.4 所示,选择【空间分析工具】→【插值分析】→【克里金法】,打开对话框。

进行参数设置(如图 7.5):①设置输入点要素及插值字段,设置栅格创建结果的输出路径及名称。②设置半变异函数属性。克里金插值法分为普通克里金和泛克里金两种。普通克里金是应用最普遍的,它假定均值是未知的常数。泛克里金用于数据趋势已知并能够对数据进行科学判断的情况。③设置搜索半径。选择使用可变搜索半径,需要设置搜索范围所包含的点数与最大距离;选择使用固定搜索半径,需要设置搜索半径与最小点数。④点击

【运行】，获得的结果如图 7.6 所示。

图 7.4　克里金法工具

图 7.5　克里金法参数设置

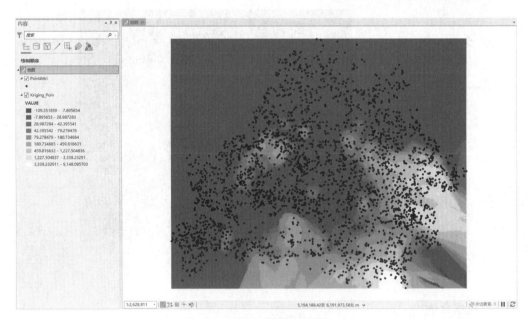

图 7.6　克里金法插值结果示例

（3）自然邻域法。

在自然邻域法中，使用输入数据点及其邻近栅格单元进行插值生成栅格表面。为输入数据点创建一个 Delaunay 三角形，输入的样本数据点作为三角形的节点，并且每个三角形的外接圆不能够包含其他节点。对每个样本点，邻域为其周围相邻多边形形成的凸集中最小数目的节点。每个相邻点的权重，通过评价其影响范围的 Thiessen / Voroni 技术计算得出。

如图 7.7 所示，选择【空间分析工具】→【插值分析】→【自然邻域法】，打开对话框。

进行参数设置（如图 7.8）：①设置输入点要素及插值字段，设置栅格创建结果的输出路径及名称。②点击【运行】，获得结果如图 7.9 所示。

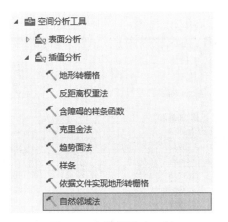

图 7.7 自然邻域法工具

图 7.8 自然邻域法参数设置

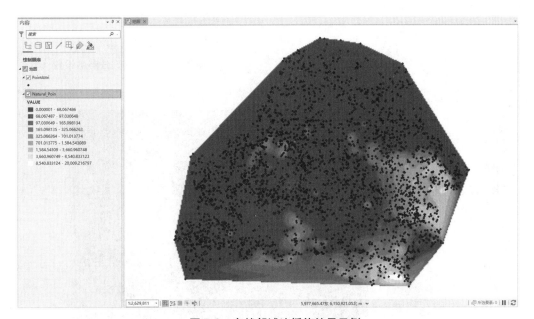

图 7.9 自然邻域法插值结果示例

（4）样条函数法。

如图 7.10 所示，选择【空间分析工具】→【插值分析】→【样条】，打开对话框。

进行参数设置（如图 7.11）：①设置输入点要素及插值字段，设置栅格创建结果的输出路径及名称。②设置样条函数法类型。样条函数法类型分为张力样条和正则化样条。张力样条插值是用表面拟合一组点的方法，要求所有的采样点均处于生成的表面上。正则化样条允许控制表面的平滑度。一般在需要计算插值表面的二阶导数时，使用正则化样条。③设置权重。选择张力样条法时，权重值用于调整表面弹力，当权重值为 0，是标准的薄板样条插值。权重值越大，表面弹性越大。典型的权重值有 0、1、5 和 10。选择正则化样条法时，权重值用于控制表面的平滑程度，权重值越大，表面越平滑，通常取 $0 \sim 0.5$。④设置点数，指定输入栅格单元插值时使用的最少点数。在计算表面时，点数控制了各个区域中点的平均数目。区域指大小相等的矩形，区域的数目由输入数据集中点的总数除以点数。当数据不是均匀分布时，各个区域中所包含的点的个数与指定的点数会有所出入。⑤点击【运行】，获得结果如图 7.12 所示。

图 7.10　样条函数法工具

图 7.11　样条函数法参数设置

图 7.12　样条函数法插值结果示例

（5）由 TIN 数据转换得到栅格表面数据。

如图 7.13 所示，选择【三维分析工具】→【TIN 数据集】→【转换】→【TIN 转栅格】，打开对话框。

进行参数设置（如图 7.14）：①设置输入 TIN，设置栅格创建结果的输出路径及名称。

②设置输出数据类型，分为浮点型和整型。默认情况下，输出栅格是浮点型的。③设置方法，默认情况下使用线性方法计算像元值。如果为线性，通过使用 TIN 三角形的线性插值法计算像元值；如果为自然邻域法，则通过使用 TIN 三角形的自然邻域法计算像元值。④采样距离及采样值。观测输出栅格的最长尺寸上的像元数，将对像元大小产生影响；像元大小为输出栅格的像元数，将对观测值数量产生影响。⑤设置 Z 因子。Z 因子是输入 TIN 的高度转换为输出栅格的高度时需要乘以的系数。⑥点击【运行】，获得结果如图 7.15 所示。

图 7.13　TIN 转栅格工具

图 7.14　TIN 转栅格参数设置

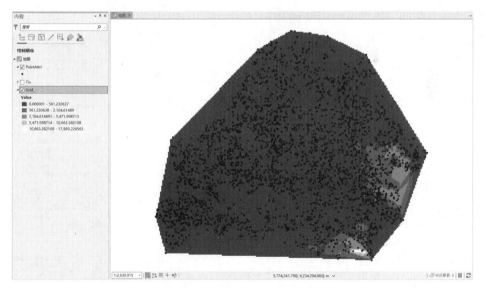

图 7.15　栅格转换结果示例

7.1.2　TIN 数据的创建

1. 概述

　　TIN 通常是由点、线、面等多种矢量数据源创建得到的，且要求部分数据具有 Z 值。在 GeoScene Pro 中，可以使用一种或多种数据创建 TIN 数据，并且可以通过添加要素的方式实现对已有 TIN 数据的修改。TIN 数据创建的常用数据源有点集、隔断线和多边形。

（1）点集：是 TIN 数据的基本输入要素。点集数据的大小受需创建 TIN 数据的表面情况影响，对于较平坦的表面，需要使用较少的点，对于变化较大的表面，则需要使用较多的点。

（2）隔断线：是线状要素，通常表示山脊线等自然要素或充当边界的道路等。隔断线有"硬"隔断线和"软"隔断线两种。"硬"隔断线表示表面突变的特征线，如山脊线、河道等，其限制了 TIN 数据创建时的插值计算只发生在隔断线的两侧，从而改变 TIN 表面形状。与之相反，"软"隔断线不改变 TIN 表面形状，只表示存在线性要素，如边界线等。

（3）多边形：用于表示湖泊等具有一定面积的表面要素或分离区域的边界。多边形要素有裁剪多边形、删除多边形、替换多边形和填充多边形四种类型。此外，与隔断线类似，多边形也有"硬"多边形和"软"多边形之分。"硬"多边形表示表面突变，"软"多边形表示表面平坦。

2. 创建 TIN 实例

如图 7.16 所示，选择【三维分析工具】→【TIN 数据集】→【创建 TIN】，打开对话框。

进行参数设置（如图 7.17）：先设置 TIN 创建结果的输出路径及名称，再选择 TIN 创建结果的坐标系，最后选择创建 TIN 要使用的要素类。对每个要素类，都需要设置相应的属性

图 7.16　创建 TIN 工具

图 7.17　创建 TIN 参数设置

298

以定义表面：①输入要素：用于构造 TIN 的输入要素名称。②高度字段：选择具有高程值的字段。③类型：定义要素以何种类型参加构建 TIN，包括离散多点、隔断线或多边形。④标签字段：若使用该字段，则面的边界将被强化为隔断线，且这些面内部的三角形会将标签值作为属性。如果不使用标签值，则指定〈None〉。⑤约束型 Delaunay（可选）：如果不选中该项，三角测量将完全遵循 Delaunay 规则，即隔断线将由软件进行增密，导致一条输入隔断线线段将形成多条三角形边。如果选中该项，Delaunay 三角测量将被约束，不会对隔断线进行增密，并且每条隔断线线段都作为一条单边添加。

点击【运行】，获得结果如图 7.18 所示。

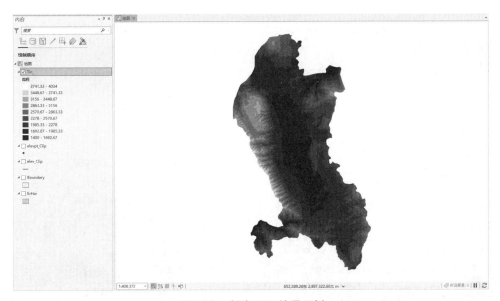

图 7.18　创建 TIN 结果示例

7.1.3　Terrain 数据的创建

1. 概述

Terrain 数据集基于激光雷达、声呐和摄影测量获取的要素数据进行创建，其常用数据源包括：

（1）多点要素类：基于激光雷达或声呐获取的 3D 离散多点。

（2）点、线要素类：在摄影测量中使用立体影像获取的。

（3）多边形要素类：用于定义 Terrain 数据集的边界范围。

此外，Terrain 数据集还具有规则，用于控制如何在一系列比例尺下使用要素来创建表面。

2. 创建 Terrain 数据集实例

（1）创建 Terrain。

如图 7.19 所示，选择【三维分析工具】→【Ter-

图 7.19　创建 Terrain 工具

rain 数据集】→【创建 Terrain】，打开对话框。

接着，进行参数设置（如图 7.20）：①输入用于创建 Terrain 数据集的要素数据集，设置创建结果的输出路径及名称。②设置平均点间距，需要根据构建地形数据集的点集数据来确定平均点间距参数。③根据需要，设置可选参数，包括最大概貌大小、金字塔类型、窗口大小方法、二次细化方法和二次细化阈值，其中概貌大小是地形数据集的最粗略表示。

最后，点击【运行】，获得结果。

（2）添加 Terrain 金字塔等级。

如图 7.21 所示，选择【三维分析工具】→【Terrain 数据集】→【添加 Terrain 金字塔等级】，打开对话框。

接着，进行参数设置（如图 7.22）：①设置输入 Terrain；②在金字塔等级定义窗口输入待定义的金字塔等级。

最后，点击【运行】，获得结果。

图 7.20　创建 Terrain 参数设置

图 7.21　添加 Terrain 金字塔等级工具

图 7.22　添加 Terrain 金字塔等级参数设置

（3）向 Terrain 添加要素类。

如图 7.23 所示，选择【三维分析工具】→【Terrain 数据集】→【向 Terrain 添加要素类】，打开对话框。

接着，进行参数设置（如图 7.24）：先设置输入 Terrain，再输入待添加的要素类。这些要素类必须与 Terrain 数据集位于同一个要素数据集中，并且对每个要素类，都需要设置相应属性：①高度字段：高程值所在的字段。②类型：定义表面要素类型。③分组：对主题相似的数据进行分组，表示相同的地理要素，但细节层次程度不同。④最小分辨率和最大分辨率：适用于以折线或多边形等形式添加的要素类，用于界定在表面中实施各要素时所处的金字塔等级的范围。⑤概视图：是缩放到能够显示 Terrain 数据集整个范围时所绘制的内容，适用于线和面类型的数据，一般情况下仅将那些必须在概貌中呈现的要素设置为 TRUE。⑥嵌入：只能嵌入多点要素类，它们包含在 Terrain 数据集中。⑦锚点：为点要素指定了锚点后，这些要素在 Terrain 数据集的所有金字塔等级中不会被过滤或者细化掉，这些点将保持不变。

最后，点击【运行】，获得结果。

图 7.23　向 Terrain 添加要素类工具

图 7.24　向 Terrain 添加要素类参数设置

（4）构建 Terrain。

如图 7.25 所示，选择【三维分析工具】→【Terrain 数据集】→【构建 Terrain】，打开对话框。

接着，进行参数设置（如图 7.26）：①设置输入 Terrain。②设置更新范围，有保持范围和更新范围两个选项，前者表示采用原先的范围，后者表示需要重新计算 Terrain 数据集的空间范围。

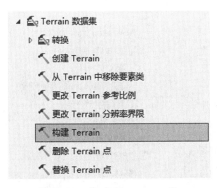

图 7.25　构建 Terrain 工具

图 7.26　构建 Terrain 参数设置

（5）Terrain 创建结果示例（如图 7.27）。

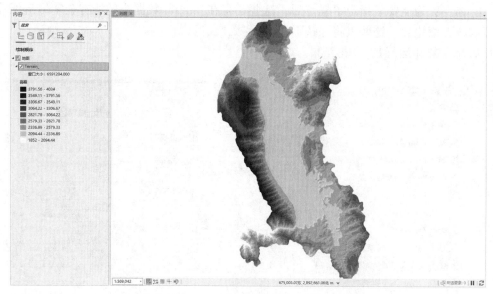

图 7.27　Terrain 创建结果示例

7.2　数据转换

7.2.1　二维数据三维化

与二维要素相比,三维数据不依赖于表面数据,能够独立、快速地进行三维显示。通常,有 3 种方法将现有的二维要素数据转换为三维数据:①依据属性实现二维矢量到三维矢量的转换;②由要素的某一属性值对表面进行高程插值;③对二维矢量进行拉伸 3D 显示并转换为三维多面数据。

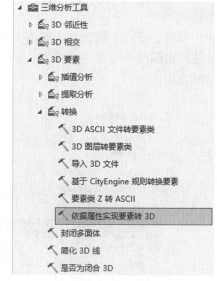

图 7.28　依据属性实现要素转 3D 工具

1. 依据属性实现二维矢量到三维矢量的转换

如图 7.28 所示,选择【三维分析工具】→【3D 要素】→【转换】→【依据属性实现要素转 3D】,打开对话框。

接着,进行参数设置(如图 7.29):①输入二维数据要素,设置三维数据转换结果的输出路径及名称;②设置高度字段,对于点和面类型要素只需要设置高度字段,对于折线类型要素则需要设置高度字段和终止高度字段。

最后,点击【运行】,获得结果(如图 7.30、图 7.31)。

图 7.29 依据属性实现要素转 3D 参数设置

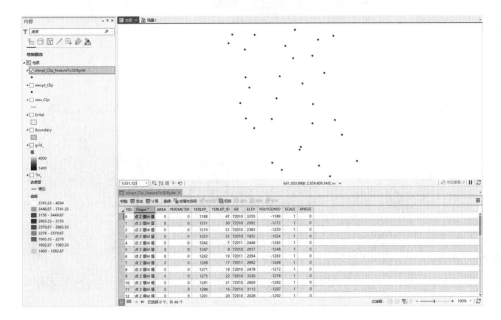

图 7.30 点数据转换结果示例

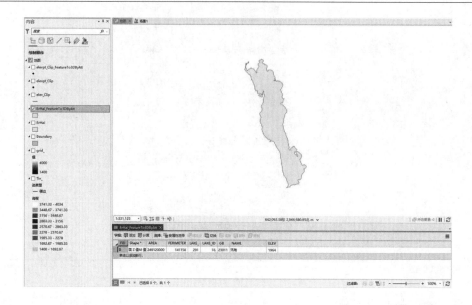

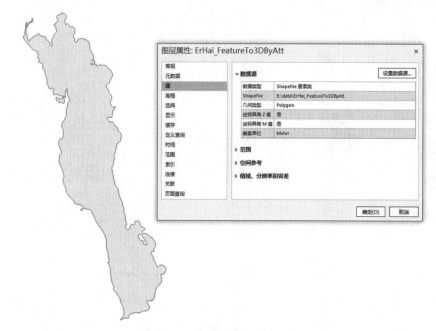

图 7.31　面数据转换结果示例

2. 由要素的某一属性值对表面进行高程插值

如图 7.32 所示，选择【三维分析工具】→【3D 要素】→【插值分析】→【插值 Shape】，打开对话框。

接着，进行参数设置（如图 7.33）：①输入表面 Terrain 和二维点线要素，设置三维插值结果的输出路径及名称；②设置采样距离，用于指定内插高程值的间距。默认情况是栅格表面数据的像元大小或 TIN 的自然增密。

之后，设置方法，包括以下 8 种：①双线性法，可

图 7.32　插值 Shape 工具

使用双线性插值法确定查询点的值。如果输入为栅格表面，则其为默认值。②最邻近法，可使用最邻近插值法来确定查询点的值。如果使用此方法，则将仅针对输入要素的折点对表面值进行插值。此选项仅适用于栅格表面。③线性，TIN、Terrain 和 LAS 数据集的默认插值方法。根据由三角形（包含查询点 X、Y 位置）定义的平面获取高程。④自然邻域法，通过将基于区域的权重应用于查询点的自然邻域获取高程。⑤合并最小 Z 值，根据在查询点自然邻域中找到的最小 Z 值获取高程。⑥合并最大 Z 值，根据在查询点自然邻域中找到的最大 Z 值获取高程。⑦合并最近的 Z 值，根据查询点自然邻域中的最近值获取高程。⑧合并最接近平均值的 Z 值，根据距离查询点所有自然邻域平均值最近的 Z 值获取高程。

最后，点击【运行】，获得结果（如图 7.34）。

图 7.33　插值 Shape 参数设置

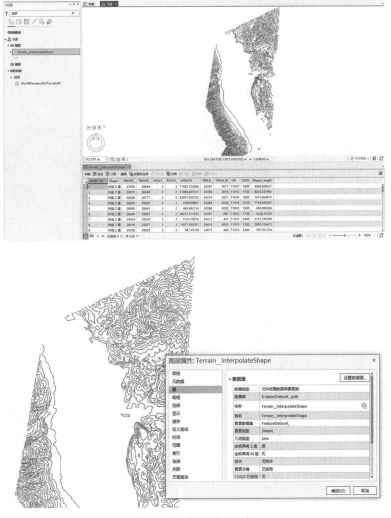

图 7.34　插值结果示例

3. 对二维矢量进行拉伸 3D 显示并转换为三维多面数据

如图 7.35 所示，选择【外观】→【类型】→【基本高度】，并输入表达式，根据二维矢量数据的高程字段数据对其进行拉伸。拉伸结果如图 7.36 所示。

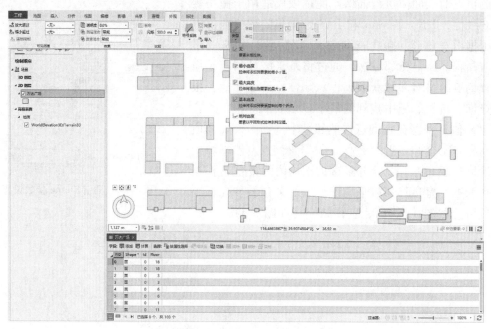

图 7.35　对二维矢量数据进行拉伸

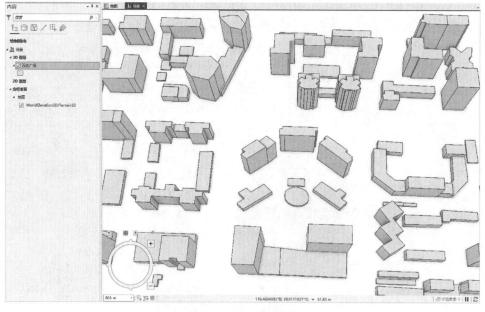

图 7.36　拉伸结果示例

如图 7.37 所示，选择【三维分析工具】→【3D 要素】→【转换】→【3D 图层转要素类】，打开对话框。

接着，进行参数设置（如图7.38），输入要素图层，设置三维数据转换结果的输出路径及名称。

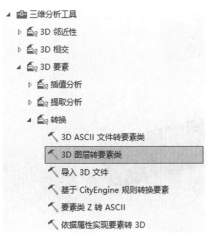

图7.37　3D 图层转要素类工具

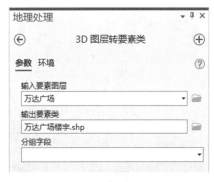

图7.38　3D 图层转要素类参数设置

最后，点击【运行】，获得结果（如图7.39）。

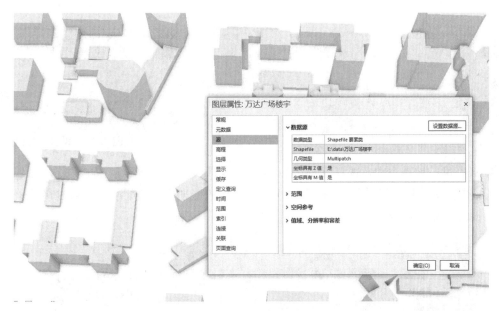

图7.39　转换结果示例

7.2.2　三维数据间的转换

除了三维矢量数据，GeoScene Pro 还支持多面体、3D 对象、BIM 数据、LiDAR 数据和体元栅格数据等三维数据的读取、存储和处理；并且支持三维数据间的相互转换，如多面体转换为 3D 对象、BIM 数据转换为多面体格式等。

1. BIM 数据转换为多面体格式

在 GeoScene Pro 中，BIM 数据等三维数据仅能加载至场景视图（如图7.40）。

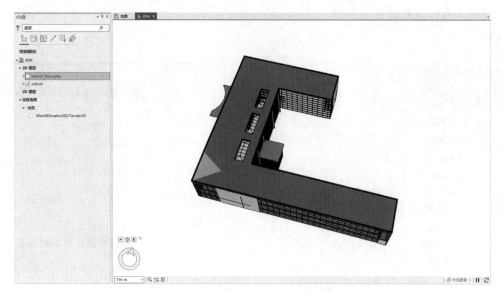

图 7.40　加载 BIM 数据至场景视图

接着，定义投影（如图 7.41），选中指定数据，选择【管理】→【定义投影】，设置投影坐标系（如图 7.42）。

图 7.41　定义投影

图 7.42　设置投影坐标系

随后，进行地理配准：选择【地图】→【书签】→【BIM 书签】（如图 7.43），并点击【地理配准】→【移至显示】（如图 7.44），对 BIM 数据进行地理配准，还通过移动、缩放、旋转等操作对数据位置进行微调（如图 7.45）。

图 7.43　选择目标书签位置

图 7.44 地理配准工具

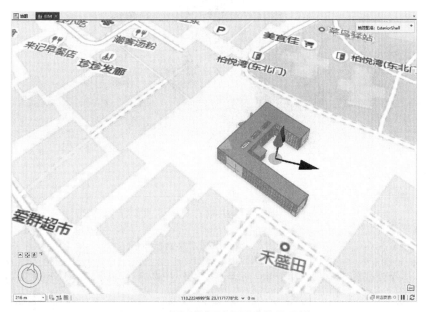

图 7.45 BIM 数据地理配准结果示例

再进行 3D 剖析：选择【分析】→【探索性 3D 分析】→【剖析】，通过绘制垂直/水平剖面进行分析（如图 7.46、图 7.47）。

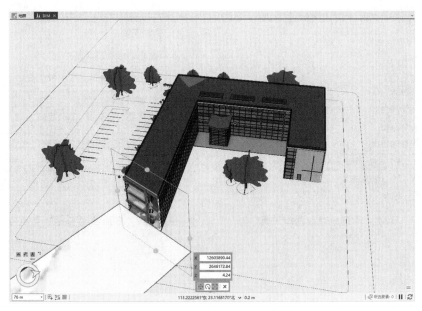

图 7.46 BIM 数据垂直剖析示例

图 7.47　BIM 数据水平剖析示例

之后，进行数据转换，如图 7.48 所示，选择【转换工具】→【至地理数据库】→
【BIM 文件至地理数据库】，打开对话框，并进行参数设置（如图 7.49）：①输入 BIM 文件
工作空间，设置转换地理数据库的输出路径及名称；②设置数据集名称及空间参考坐标系。

最后，点击【运行】，获得结果（如图 7.50）。

图 7.48　BIM 文件至地理数据库工具

图 7.49　BIM 文件至地理数据库参数设置

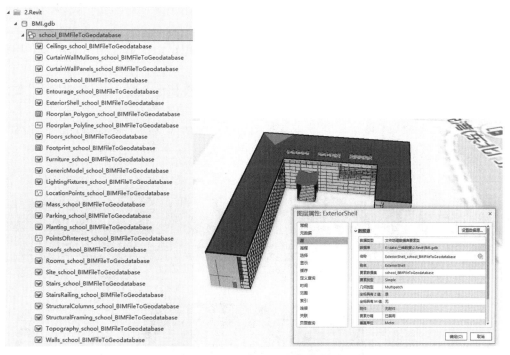

图 7.50　转换结果示例

7.3　表面分析

7.3.1　坡度与坡向分析

坡度和坡向是地形分析中的两个重要特征因子，并在地表地形研究中扮演着关键角色。坡度是指地表某一点与水平面的夹角。坡度数值越大，地势越陡峭；反之，其数值越小，则地势越平缓。坡向表示地表某一位置斜坡的方向变化程度，指的是每个像元到其相邻像元中坡度变化最大的下坡方向。

三维坡度和坡向分析用于计算栅格数据集中各像元的坡度值以及像元坡度面的朝向。坡度通常以度数表示，其范围为 $0°\sim90°$；坡向的计算范围则为 $0°\sim360°$，以正北方 $0°$ 为起点，按顺时针方向递增，最终回到正北方以 $360°$ 结束。

1. 表面坡度

【表面坡度】工具将输入 TIN 或 Terrain 数据集中的坡度信息提取到输出要素类中，其各个面由输入 TIN 或 Terrain 数据集的三角形坡度值决定，并且将坡度信息作为属性字段添加到输出要素类中。

使用方法：每个三角形的表面法线（由两条三角形边的矢量叉积计算得出）用于以百分比或度为单位确定坡度。坡度百分比描述了表面法线的高度变化与水平距离变化之间的比率，而以度为单位的坡度是表面法线和水平面之间的倾角。产生的每个面都表示一个坡度值范围，这些坡度值均基于执行工具时所使用的分类间隔。

本例以 TIN 作为表面数据，具体操作步骤如下：

（1）启动 GeoScene Pro，加载数据。

（2）在工具箱中双击【三维分析工具】→【表面三角化】→【表面坡度】，打开【表面坡度】对话框。

（3）在【表面坡度】对话框中，输入【输入表面】数据，指定【输出要素类】的保存路径和名称。

（4）在【坡度单位】（可选）下拉框中可以选择坡度值的测量单位，当使用【类别明细】（可选）时会应用坡度单位，此处按默认设置。

（5）在【坡度字段】（可选）文本框中输入坡度字段的名称，此处采用默认设置【SlopeCode】，其他参数保持默认，如图 7.51 所示。

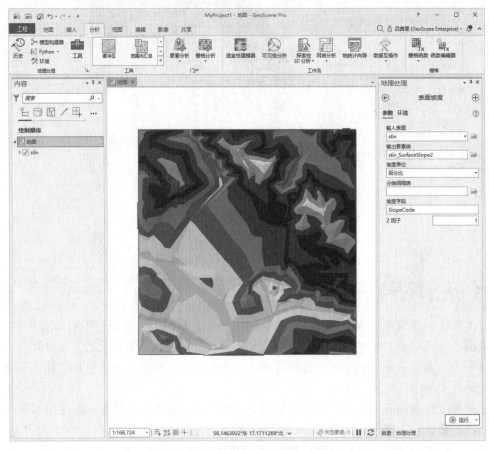

图 7.51　创建表面坡度参数设置

（6）单击【运行】按钮，完成操作。取消对 stin 的显示，结果如图 7.52 所示。

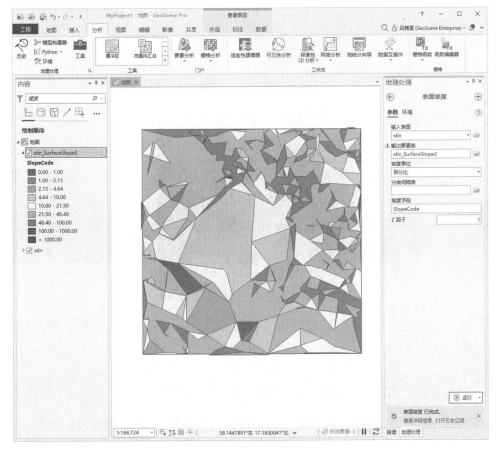

图 7.52 表面坡度创建结果

2. 表面坡向

【表面坡向】工具可将输入 TIN 或 Terrain 数据集中的坡向信息提取到输出面要素类中，该要素类的各个面按输入表面三角形坡向值进行分类，并且将坡向信息作为属性字段添加到输出要素类中。

坡向表示表面的水平方向，以角度单位确定。表面的每个面都会分配到表示其坡度的主方向或序数方向的编码值，编码相同的相邻区域将合并为一个要素。

本例以 TIN 作为表面数据，具体操作步骤如下：

（1）启动 GeoScene Pro，加载数据 stin（位于"chp13\TerrainandTINV 表面坡向\data"）。

（2）在工具箱中双击【三维分析工具】→【表面三角化】→【表面坡向】，打开【表面坡向】对话框，如图 7.53 所示。

（3）在【表面坡向】对话框中，输入【输入表面】数据，指定【输出要素类】的保存路径和名称。

（4）在【类别明细表】（可选）中输入类别明细表来自定义坡向。类别明细表中的每条记录包含两个值，用于表示类的坡向范围及其对应的类编码，此处不设置。

（5）在【坡向字段】（可选）中输入坡向字段的名称，此处采用默认设置【Aspect-Code】。

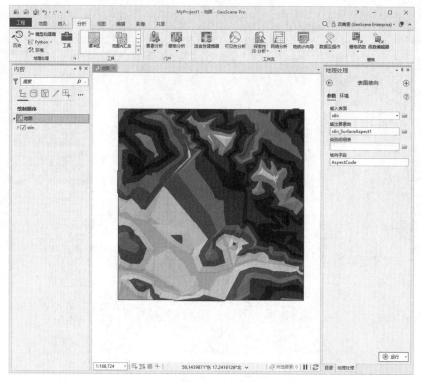

图 7.53 创建表面坡向参数设置

（6）单击【运行】按钮，完成操作。取消对 stin 的显示，结果如图 7.54 所示。

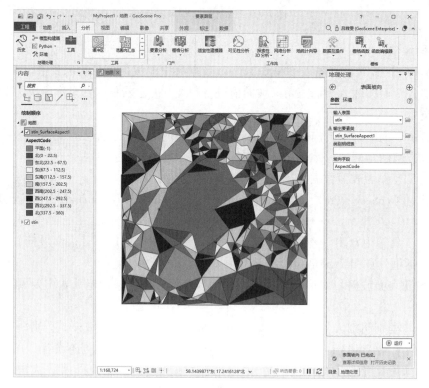

图 7.54 表面坡向创建结果

7.3.2 视域分析

三维可视域分析是一种地形或模型数据表面上的分析方法，它相对于特定的观察点，结合了一定的水平视角、垂直视角以及指定的范围半径，旨在确定该区域内所有通视点的集合。

操作目的：视域可识别输入栅格中能够从一个或多个观测位置看到的像元。输出栅格中的每个像元都会获得一个用于指示可从每个位置看到的视点数的值。

涉及工具：【三维分析工具】→【可见性】→【视域】。

使用方法：确定观察点是信息密集型处理，处理时间取决于分辨率。对于初级研究，可能需要使用粗糙像元大小来减少输入中的像元数。已准备好生成最终结果时，将使用全分辨率栅格。

如果输入栅格含有因采样错误导致的不希望出现的噪点，并且 GeoScene 空间分析扩展名可用，则在运行此工具之前，可使用低通滤波器（如焦点统计的"平均值"选项）对栅格进行平滑处理。

每个像元中心的可见性可通过比较与像元中心所成的高度角和与本地地平线所成的高度角来确定。计算本地地平线时要考虑观测点和当前像元中心之间的中间地形。如果该点位于本地地平线之上，则视其为可见。

该工具提供了一个可选的地平面以上（AGL）输出栅格。AGL 输出栅格上的每一个像元都记录了为保证像元至少对一个观察点可见而需要向该像元添加的最小高度。如果输入观察点要素包含多个观察点时，则输出值是所有单个观察点中 AGL 值的最小值。

若要对输入栅格进行重采样，需使用双线性技术。例如，当输出栅格与输入栅格的坐标系、范围或像元大小不同时，可对输入栅格进行重采样。

具体操作步骤如下：

（1）在场景中添加需要进行可视域分析的数据。

（2）在"三维分析"选项卡上的"空间分析"组，单击【可视域分析】按钮，弹出"三维空间分析"面板。

（3）点击【三维分析工具】→【可见性】→【视域】。

（4）选择输入地形表面栅格、观察点和输出视域栅格，其他保持默认设置，如图 7.55 所示。

（5）点击【运行】，视域分析结果如图 7.56 所示。

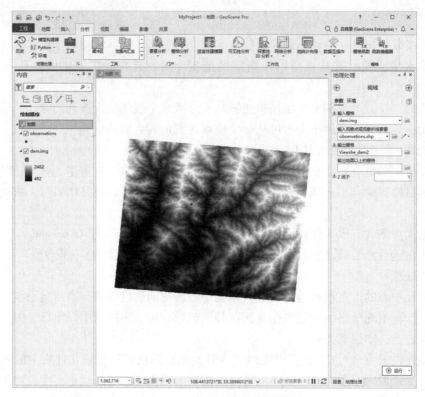

图 7.55　视域分析参数设置

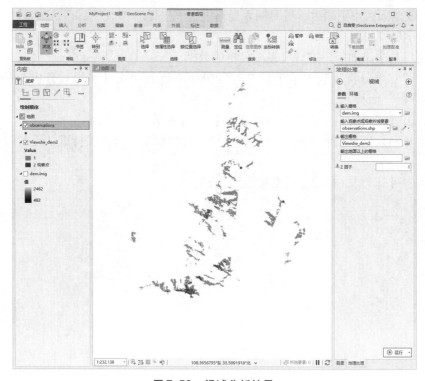

图 7.56　视域分析结果

7.3.3 视点分析

操作目的：识别从各栅格表面位置进行观察时可见的观察点。

涉及工具：【三维分析工具】→【可见性】→【视点分析】。

使用方法：确定观察点是信息密集型处理，处理时间取决于分辨率。对于初级研究，可能需要使用粗糙像元大小来减少输入中的像元数。已准备好生成最终结果时，将使用全分辨率栅格。

如果输入栅格含有因采样错误导致的不希望出现的噪点，并且 GeoScene 空间分析扩展名可用，则在运行此工具之前，可使用低通滤波器（如焦点统计的"平均值"选项）对栅格进行平滑处理。

每个像元中心的可见性可通过比较与像元中心所成的高度角和与本地地平线所成的高度角来确定。计算本地地平线时要考虑观测点和当前像元中心之间的中间地形。如果该点位于本地地平线之上，则视其为可见。

该工具提供了一个可选的地平面以上（AGL）输出栅格。AGL 输出栅格上的每一个像元都记录了为保证像元至少对一个观察点可见而需要向该像元添加的最小高度。如果输入观察点要素包含多个观察点时，则输出值是所有单个观察点中 AGL 值的最小值。

若要对输入栅格进行重采样，需使用双线性技术。例如，当输出栅格与输入栅格的坐标系统、范围或像元大小不同时，可对输入栅格进行重采样。

具体操作步骤如下：

（1）在场景中添加需要进行视点分析的数据。

（2）在"三维分析"选项卡上的"空间分析"组，单击【可视域分析】按钮，弹出"三维空间分析"面板。

（3）点击【三维分析工具】→【可见性】→【视点分析】。

（4）选择输入地形表面栅格、观察点和输出视点栅格，其他保持默认设置，如图 7.57 所示。

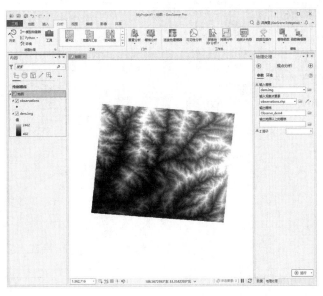

图 7.57　视点分析参数设置

（5）点击【运行】，视点分析结果如图 7.58 所示，视域分析结果属性表如图 7.59 所示。

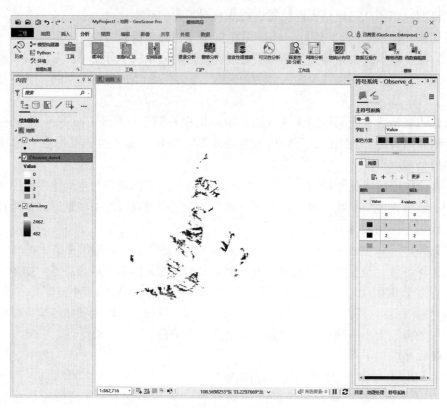

图 7.58　视点分析结果

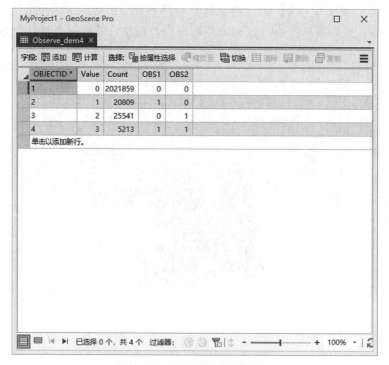

图 7.59　视域分析结果属性表

打开 Observe 属性表（如图 7.59），高亮显示的 1、2、3 为可观测到的区域，0 为不可观测到的区域，Count 为区域栅格数。

7.3.4　山体阴影

操作目的：通过考虑光照源的角度和阴影，根据表面栅格创建地面晕渲。

涉及工具：【三维分析工具】→【栅格】→【山体阴影】。

使用方法：山体阴影工具可根据某栅格创建地貌晕渲栅格，将光源视为位于无穷远处。

山体阴影栅格的整数值范围为 0～255，可以输出两种地貌晕渲栅格。如果不启用模拟阴影选项（未选中），则输出栅格仅会考虑本地光照入射角度。如果启用该选项（选中），则输出栅格会同时考虑本地光照入射角度和阴影的影响，通过计入本地地平线对各像元的影响完成阴影分析。将处于阴影之中的栅格像元的值指定为零。若只想创建阴影区域的栅格，需使用重分类工具将为零的山体阴影值与其他山体阴影值分离，必须启用模拟阴影选项（已选中）创建该结果。如果输入栅格位于球面坐标系中（如十进制度球面坐标系），则生成的山体阴影可能看起来很独特。这是因为水平地面单位与高程 Z 单位之间的测量值存在差异。由于经度的长度随着纬度而变化，因此需要为该纬度指定一个适当的 Z 因子。若要对输入栅格进行重采样，需使用双线性技术。例如，当输出栅格与输入栅格的坐标系统、范围或像元大小不同时，可对输入栅格进行重采样。

具体操作步骤如下：

（1）在场景中添加需要进行山体阴影分析的数据。

（2）点击【三维分析工具】→【栅格】→【山体阴影】。

（3）选择输入栅格和输出栅格。

（4）设置方位角、高度角、模拟阴影、Z 因子等参数，如图 7.60 所示。

图 7.60　创建山体阴影参数设置

（5）点击【运行】，山体阴影创建结果如图 7.61 所示。

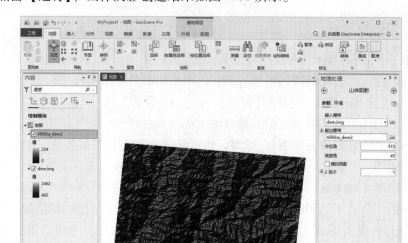

图 7.61　山体阴影创建结果

7.3.5　可见性分析

操作目的：确定对一组观察点要素可见的栅格表面位置，或识别从各栅格表面位置进行观察时可见的观察点。

涉及工具：【三维分析工具】→【可见性】→【视点分析】。

使用方法：此工具支持两种可见的分析类型（频率和观察点），由分析类型工具参数控制。针对第一种类型，该工具可确定对一组观察点可见的栅格表面位置。针对另一种类型，该工具可识别从各栅格表面位置进行观察时可见的观察点。如果输入栅格含有因采样错误导致的不希望出现的噪点，并且 GeoScene 空间分析扩展名可用，则在运行此工具之前，可使用低通滤波器（如焦点统计的"平均值"选项）对栅格进行平滑处理。每个像元中心的可见性可通过比较与像元中心所成的高度角和与本地地平线所成的高度角来确定。计算本地地平线时要考虑观测点和当前像元中心之间的中间地形。如果该点位于本地地平线之上，则视其为可见。

该工具提供了一个可选的地平面以上（AGL）输出栅格。AGL 输出栅格上的每一个像元都记录了为保证像元至少对一个观察点可见而需要向该像元添加的最小高度。如果输入观察点要素包含多个观察点时，则输出值是所有单个观察点中 AGL 值的最小值。使用观察点参数以对可见性分析过程进行更多的控制。例如，可通过观察点偏移参数指定可见性分析中的观察点高程的偏移。若要对输入栅格进行重采样，需使用双线性技术。例如，当输出栅格与输入栅格的坐标系统、范围或像元大小不同时，可对输入栅格进行重采样。

具体操作步骤如下：

（1）在场景中添加需要进行可见性分析的数据。

（2）点击【三维分析工具】→【可见性】→【视点分析】。

（3）选择输入地形表面栅格、观察点和输出视点栅格。

（4）设置观察点或观察点折线要素，如图 7.62 所示。

（5）点击【运行】，可见性分析结果如图 7.63 所示，观察点分析结果如图 7.64 所示。

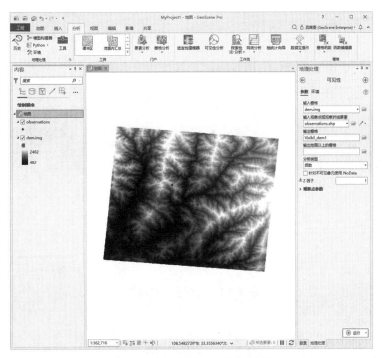

图 7.62 可见性分析参数设置

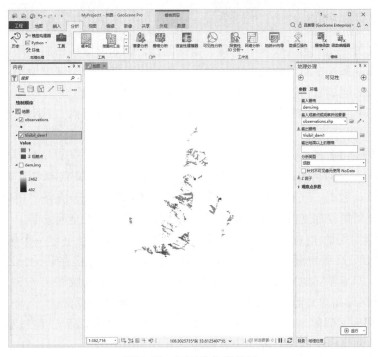

图 7.63 可见性分析结果

图 7.64　观察点分析结果

7.4　三维可视化

7.4.1　三维专题制图

三维专题制图中地形起伏效果基于高程数据创建，例如影像数据加上高程数据，可以显示高山、峡谷等效果。在制作传统的数据时加入地形元素就可制作三维地图。在分析大峡谷地形分布，以及对地形数据进行反算后可以看到大峡谷内部的地形分布状况。

GeoScene Pro 高程源支持的数据格式有：包含高程信息的栅格、TIN 数据集、高程影像服务、门户 web 高程图层。

具体操作步骤如下：

（1）创建的工程命名为：三维地形起伏。用到的数据有：研究区域范围，研究区域数据，研究区域 dem 数据。在 GeoScene Pro 中，三维地形起伏效果是在场景中展现的，无论是局部场景还是全局场景都支持，其中在显示分析大范围场景时用全局场景。

（2）新建全局场景：【插入】→【新建全局场景】，系统默认创建一个场景，分别为 3D 图层、2D 图层以及高程表面。在高程表面下有一个地面，计算机在联网情况下会自动添加全球高程服务，即可看到地面高程起伏效果，例如加入研究区域即可看到。数据规则为：3D、2D 图层默认读高程表面，地表数据不可删除，可以更换数据源。

（3）在高程表面创建多个自定义高程表面，右键添加高程表面，可以添加本地 dem 作为高程源或加载网络中的高程服务作为高程源。

（4）影像服务拖拽到高程服务表面即可。为了方便显示，加入影像数据，默认地面 dem

作为高程源，在高程选项可以选择，自定义高程表面。

（5）点击【运行】，三维地形起伏效果图如图 7.65 所示。

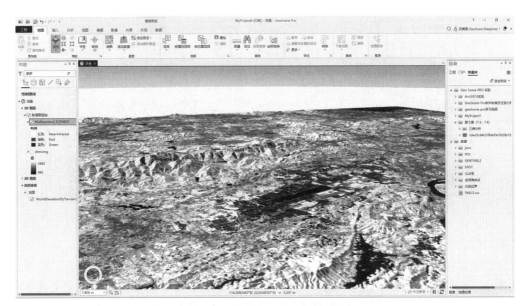

图 7.65　三维地形起伏效果图

7.4.2　三维场景显示

在三维场景中浏览数据更加直观和真实，对于同样的数据，三维可视化将使数据能够提供一些平面图上无法直接获得的信息。而且，三维场景可以很直观地对区域地形起伏的形态以及沟、谷、鞍部等基本地形的形态进行判读，比二维图形如等高线图更容易被大部分读图者所接受。GeoScenen Pro 包含三维分析模块，它具有管理 3D GIS 数据、进行 3D 分析、编辑 3D 要素、创建 3D 图层，以及把二维数据生成 3D 要素等功能。

在三维场景中，我们有时需要以透视图的方式来显示要素数据，以便进行观察和分析。与表面数据不同，要素数据描述的是离散的对象，如点对象、线对象和面对象（多边形等）。这些要素通常具有特定的几何形状和属性。点要素的常见示例包括通信塔和泉眼，在地图上通常用点状符号来表示；线要素更为常见，包括道路、水系和管线等；多边形要素则包括湖泊、行政区域以及大比例尺地形图上的居民地等。

在三维场景中，显示要素的前提条件是这些要素必须已经被赋予高程信息，或者它们本身已经包含高程信息。因此，要素的三维显示通常可以通过以下两种方式实现：①对于已经具备三维几何信息的要素，在其属性中存储了高程值，可以直接使用这些要素几何中或属性中的高程信息，实现三维显示。②对于那些缺少高程值的要素，可以通过叠加或突出的方式在三维场景中显示。

叠加是指将要素所在区域的表面模型的值用作要素的高程值。例如，可以将栅格表面的值作为一幅遥感影像的高程值，以实现立体显示效果。而突出则是一种通过利用要素的某个属性或任意值来强调要素的显示方式。例如，在三维场景中显示建筑物要素时，可以使用属性如高度或楼层数将其突出显示（如图 7.66）。

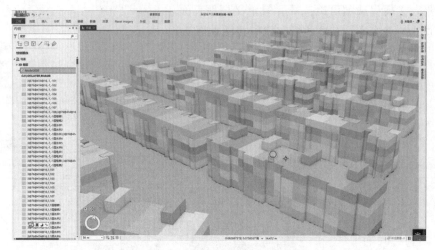

图 7.66　建筑物高度分层分户显示

正如前文所述，将数据添加到三维场景中并不一定会自动以三维方式呈现。具有三维几何信息的要素和 TIN（三角不规则网格）表面通常会被自动渲染为三维对象，但它们可能会被放置在一个平坦的三维平面上。若要以真正的三维方式查看，通常需要首先定义其 Z 值。

GeoScene Pro 的三维分析功能在要素属性对话框中提供了要素图层在三维场景中的 3 种显示方式：①使用属性设置图层的基准高程；②在表面上叠加要素图层来设置基准高程；③突出要素。还可以结合多种显示方式，如先使用表面设置基准高程，然后再在表面上突出显示要素。在城市景观的三维显示中，先以表面设置基准高程，然后在表面上突出显示要素建筑物，可以更加自然真实地显示城市景观。

1. 使用属性设置基准高程来显示要素图层

在要素属性对话框（Properties）中，选择基准高程选项卡（Base Heights），设置以常量或表达式作为基准高程，填写或点击【Calculate】按钮生成提供 Z 值的字段或表达式即可。

之后，二维要素将以所设定属性或表达式的值为 Z 值在三维场景中显示，如图 7.67 所示以等高线的高程属性作为基准高程显示的等高线三维透视图。

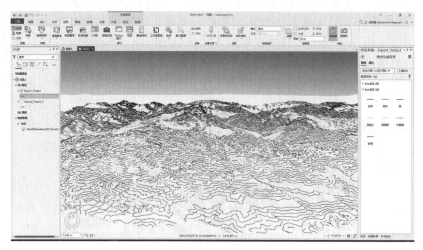

图 7.67　等高线要素的三维显示

2. 使用表面设置基准高程来显示要素图层

在设置基准高程时选择由表面获取要素图层的高程，点击【Obtain heights for layers from surface】选择所需表面即可（如图 7.68）。要素将会以表面所提供的高程在场景中显示。

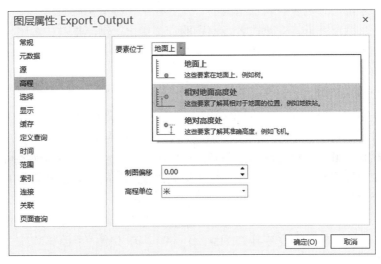

图 7.68　使用表面设置要素的基准高程

3. 要素的突出显示

在图层属性对话框的显示标签中，选中对图层中的要素进行突出显示复选框（如图 7.69）。

在文本框中填写或点击 [X] 按钮打开突出表达式生成器，建立突出表达式（如图 7.70）。

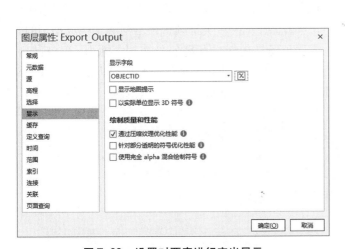

图 7.69　设置对要素进行突出显示

图 7.70　突出表达式生成器

7.4.3　飞行动画

当使用动画时，可以令场景栩栩如生，同时允许通过变化视角、场景属性、地理位置和时间来观察不同对象。例如，可以创建动画来研究卫星的运动轨迹，或者模拟地球的自转以及由此带来的光照变化。

1. 创建动画

在 GeoScene Pro 的视图窗格中提供了制作动画的工具，能够制作数据动画、视角动画和场景动画。动画是由一条或多条轨迹组成的，轨迹控制着对象属性的动态改变，例如，场景背景颜色的变化、图层视觉的变化或者观察点的位置变化。轨迹是由一系列帧组成的，而每一帧是某一特定时间的对象属性的快照，是动画中最基本的元素。在 GeoScene Pro 中可以通过以下几种方法生成三维动画。

（1）手动创建关键帧。

在动画工具条中，提供了一组创建帧的工具，可以通过改变场景属性（如背景颜色、光照角度等）、图层属性（如透明度、比例尺等），以及观察点的位置来生成不同的动画帧。接着，将这些帧有序组合成轨迹以制作动画。动画功能会自动实现帧与帧之间的平滑过渡效果。例如，可以通过改变场景的背景颜色从白天到黑夜，并同时调整光照角度，制作出一个生动展示日夜变化的动画。

通过逐一创建关键帧来手动构建动画。开始时，单击动画时间轴窗格中的起点创建第一个关键帧，第一个关键帧始终在零秒处（00:00.000）。有了第一个关键帧后，动画时间轴中的关键帧库将显示该范围的缩略图。

地图或场景中的视图范围将更新以显示经过裁剪的边，这些灰色区域显示在视图的侧面或顶部和底部，用于表示动画导出分辨率设置的纵横比。灰色区域将提供有关所导出视频中对包含和不包含内容的反馈。

通过单击追加 ➕ 按钮可在浏览或更新地图以及场景后继续追加更多的关键帧，也可以从动画选项卡的创建组中使用追加 🔑。两种追加方法均可用于随时指定过渡类型。在自定义关键帧之间的过渡路径的曲率类型时，可以创建不同样式的动画体验，例如飞行、浏览、绕飞或步进动画。

实现过程如下：①设置动画第一帧的场景属性；②点击【视图】窗格，选择【动画】窗格下的【添加】命令（如图7.71）；③点击创建第一个关键帧，由不同场景构成动画的帧（如图7.72）；④移动场景视图的角度或改变场景属性，点击加号按钮，抓取一个新的帧（如图7.73）；⑤再次改变场景属性，之后点击【Create】，抓取第二帧，根据需要抓取全部所需的帧（如图7.74）；⑥抓取完全部的帧之后，点击播放按钮，预览动画（如图7.75）。

图 7.71　添加动画

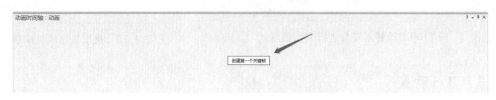

图 7.72　创建第一个关键帧

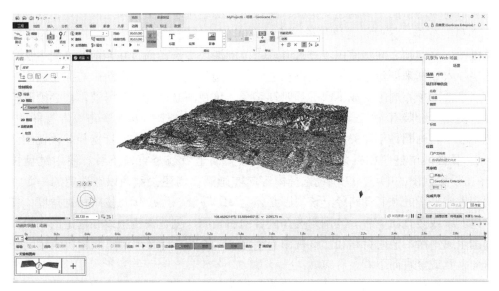

图 7.73　抓取第一个关键帧

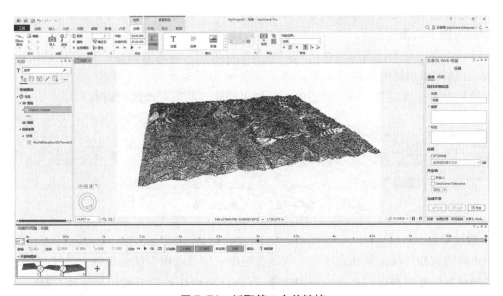

图 7.74　抓取第二个关键帧

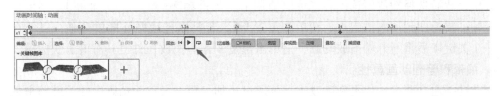

图 7.75　预览动画

（2）自动创建关键帧。

这种创建动画的方法是使用预配置回放样式自动生成多个关键帧。单击创建组中的【导入】下拉列表，然后选择一个选项。可以通过以下方式自动创建关键帧：①飞行书签，根据当前地图中的书签创建关键帧，将使用固定的过渡路径在关键帧之间移动。②浏览书签，根据当前地图中的书签创建关键帧，跳跃过渡路径用于在关键帧之间移动，并在每个位置包含 2 秒的冻结。③时间滑块步长，通过在当前的地图中从启用时间的图层导入数据来创建关键帧，关键帧之间将使用步进过渡。④范围滑块步长，通过在当前的地图中从启用范围的图层导入数据来创建关键帧，关键帧之间将使用步进过渡。⑤围绕中心向左画圈，创建关键帧以在视图中心周围生成平滑的顺时针路径。该视图必须为 3D 场景，且必须调整照相机角度，使其不会竖直向上看或竖直向下看。使用键盘快捷键 Ctrl + 单击设置视图的中心。⑥围绕中心向右画圈，创建关键帧以在视图中心周围生成平滑的逆时针路径。该视图必须为 3D 场景，且必须调整照相机角度，使其不会竖直向上看或竖直向下看。使用键盘快捷键 Ctrl + 单击设置视图的中心。⑦围绕选择内容向左画圈，创建关键帧以在选定的一个或多个要素周围生成平滑的顺时针路径。该视图必须为 3D 场景，且必须调整照相机角度，使其不会竖直向上看或竖直向下看。⑧围绕选择内容向右画圈，创建关键帧以在选定的一个或多个要素周围生成平滑的逆时针路径。该视图必须为 3D 场景，且必须调整照相机角度，使其不会竖直向上看或竖直向下看。

　　与单独编辑相比，使用画圈选项创建的参与循环的关键帧更容易作为所选的一组关键帧进行编辑。例如，要调整循环路径的高度，请选择所有关键帧并在动画属性窗格中调整 Z 值。凭借画圈选项，还可以通过删除不需要的路径部分来创建局部绕飞体验。

　　2. 插入附加动画

　　通过创建空白动画将附加动画插入到地图或场景中。单击管理组中的创建动画 ✚（如图 7.76），随即添加新的空白动画并且该动画将成为活动动画。（可选）可以从【当前动画】下拉列表中选择现有动画，然后单击复制以创建当前所选动画的副本。

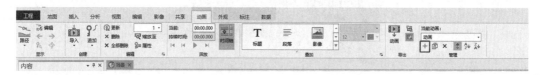

图 7.76　插入附加动画

　　3. 播放动画

　　动画的回放控件位于动画选项卡上的回放组中，以及动画时间轴窗格中。这些按钮类似于标准的视频播放器控件。单击播放按钮 ▶ 以自动播放从当前关键帧开始并在最后一个关键帧处停止的动画。要仅播放一组选定的关键帧，请在动画时间轴窗格中使用所选关键帧的快捷菜单，然后选择播放所选内容。可以使用下一关键帧 ▶| 和 上一关键帧 |◀ 逐步浏览各个关键帧。要返回到动画的起点，请单击重置 ||◀。若要以连续循环播放动画，以便在到达最后一个关键帧后重新开始播放动画，请单击重复 ⟳。回放控件也具有键盘快捷键。

　　4. 编辑和管理动画属性

　　创建动画通常要求迭代更新和改进，可通过添加、更新或移除动画中的关键帧来编辑动画。常见的编辑命令位于动画选项卡上。使用动画时间轴窗格 ▤| 可选择一个或多个关键帧以删除、更新、过滤属性，或调整两个关键帧之间的过渡类型。可在动画属性窗格 🔑 上对关键帧和叠加层元素的各个属性进行完全访问。

　　动画编辑操作包括更新现有关键帧、删除关键帧、对关键帧进行重新排序、更改关键帧的时序、更改动画的总持续时间、在两个关键帧之间插入关键帧、更改关键帧过渡类型、交互式编辑关键帧和路径、设置照相机以保持观察目标点、添加叠加元素、编辑叠加元素、对关键帧属性进行高级编辑等。

5．导出动画

导出动画步骤如下：

（1）在动画选项卡的导出组中，单击 按钮导出动画，随即显示导出动画窗格。

（2）通过单击缩略图从媒体导出预设组中选择预设选项。

（3）设置媒体产品的位置和文件名，通过展开文件导出设置可以修改输出格式，通过展开高级媒体导出设置可以修改输出分辨率和质量。工程的显示选项（如抗锯齿和渲染质量）将控制地图要素绘制和导出的质量。

（4）单击【导出】后，可至输出位置查看动画视频。

参 考 文 献

傅伯杰，陈利顶，1996. 景观多样性的类型及其生态意义［J］. 地理学报，51（5）：454 – 462.

黄杏元，马劲松，2008. 地理信息系统概论［M］. 3 版. 北京：高等教育出版社.

刘湘南，王平，关丽，等，2017. GIS 空间分析［M］. 3 版. 北京：科学出版社.

牟乃夏，刘文宝，王海银，等，2012. ArcGIS10 地理信息系统教程：从初学到精通［M］. 北京：测绘出版社.

秦艺帆，石飞，2019. 地图时空大数据爬取与规划分析教程［M］. 南京：东南大学出版社.

汤国安，刘学军，闾国年，等，2007. 地理信息系统教程［M］. 北京：高等教育出版社.

王劲峰，徐成东，2017. 地理探测器：原理与展望［J］. 地理学报，72（1）：116 – 134.

张康聪，2019. 地理信息系统导论［M］. 3 版. 北京：科学出版社.

周志华，2016. 机器学习［M］. 北京：清华大学出版社.

ANSELIN L, 1995. Local indicators of spatial association：LISA［J］. Geographical Analysis, 27（2）：93 – 115.

ANSELIN L, 2009. Spatial regression［J］. The SAGE Handbook of Spatial Analysis, 1：255 – 276.

ANSELIN L, SYABRI I, KHO Y, 2016. GeoDa：An introduction to spatial data analysis［J］. Geographical Analysis, 38（1）：5 – 22.

ASSUNÇÃO R M, NEVES M C, CAMARA G, et al, 2006. Efficient regionalization techniques for socio-economic geographical units using minimum spanning trees［J］. International Journal of Geographical Information Science, 20（7）：797 – 811.

BRUNSDON C, FOTHERINGHAM S, CHARLTON M, 1998. Geographically weighted regression［J］. Journal of the Royal Statistical Society：Series D（the Statistician）, 47（3）：431 – 443.

CHEN Y, CHEN X, LIU Z, et al, 2020. Understanding the spatial organization of urban functions based on co-location patterns mining：A comparative analysis for 25 Chinese cities［J］. Cities, 97：102563.

CLARK P J, EVANS F C, 1954. Distance to nearest neighbor as a measure of spatial relationships in populations［J］. Ecology, 35（4）：445 – 453.

CRESSIE N, 1991. Modeling growth with random sets［J］. Spatial Statistics and Imaging, 20：31 – 45.

DAVIES D L, BOULDIN D W, 1979. A cluster separation measure［J］. IEEE Transactions on Pattern Analysis and Machine Intelligence, 1（2）：224 – 227.

ESTER M, KRIEGEL H, SANDER J, et al, 1996. A density-based algorithm for discovering clusters in large spatial databases with noise［C］//Proceedings of the Second International Confevence on Knowledge Discovery and Data Mining. Menlo Park：AAI Press：226 – 231.

GORDON A D, 1996. A survey of constrained classification [J]. Computational Statistics & Data Analysis, 21 (1): 17 – 29.

GUO D, 2008. Regionalization with dynamically constrained agglomerative clustering and partitioning (REDCAP) [J]. International Journal of Geographical Information Science, 22 (6/7): 801 – 823.

HANSEN W G, 1959. How accessibility shapes land use [J]. Journal of the American Institute of Planners, 25 (2): 73 – 76.

HUANG B, WU B, BARRY M, 2010. Geographically and temporally weighted regression for modeling spatio-temporal variation in house prices [J]. International Journal of Geographical Information Science, 24 (3): 383 – 401.

KAUFMAN L, ROUSSEEUW P J, 2009. Finding Groups in Data: An Introduction to Cluster Analysis [M]. New York: John Wiley & Sons, Inc.

LANKFORD P M, 1969. Regionalization: theory and alternative algorithms [J]. Geographical Analysis, 1 (2): 196 – 212.

LESLIE T F, KRONENFELD B J, 2011. The colocation quotient: A new measure of spatial association between categorical subsets of points [J]. Geographical Analysis, 43 (3): 306 – 326.

LIU Z, CHEN X, XU W, et al, 2021. Detecting industry clusters from the bottom up based on co-location patterns mining: A case study in Dongguan, China [J]. Environment and Planning B: Urban Analytics and City Science, 48 (9): 2827 – 2841.

LUO W, WANG F, 2003. Measures of spatial accessibility to health care in a GIS environment: synthesis and a case study in the Chicago region [J]. Environment and Planning B: Planning and Design, 30 (6): 865 – 884.

LUO W, WANG F, 2003. Spatial accessibility to primary care and physician shortage area designation: A case study in Illinois with GIS approaches [M]//Geographic Information Systems and Health Applications. Hershey, PA: IGI Global: 261 – 279.

MACQUEEN J B, 1966. Some methods for classification and analysis of multivariate observations [C]//Proc eedings of the Fifth Berkeley Symposium Mathematical Statistics and Probability. Berkeley: University California Press: 281 – 297.

MORAN P A, 1950. Notes on continuous stochastic phenomena [J]. Biometrika, 37 (1/2): 17 – 23.

MURTAGH F, 1985. A survey of algorithms for contiguity-constrained clustering and related problems [J]. Computer Journal, 28 (1): 82 – 88.

NEWCOMB S, 1886. A generalized theory of the combination of observations so as to obtain the best result [J]. American Journal of Mathematics, 8 (4): 343 – 366.

PEARSON K, 1900. X. On the criterion that a given system of deviations from the probable in the case of a correlated system of variables is such that it can be reasonably supposed to have arisen from random sampling [J]. Philosophical Magazine, 50 (302): 157 – 175.

PETER R J, 1987. Silhouettes: A graphical aid to the interpretation and validation of cluster analysis [J]. Journal of Computational & Applied Mathematics, 20 (1): 53 – 65.

PHILLIPS S J, ANDERSON R P, SCHAPIRE R E, 2006. Maximum entropy modeling of species geographic distributions [J]. Ecological Modelling, 190 (3/4): 231 – 259.

PHILLIPS S J, DUDÍK M, SCHAPIRE R E, 2004. A maximum entropy approach to species distribution modeling [C] //Proceedings of the Twenty-First International Conference on Machine learning. New York: Association for Computing Machinery: 566 – 662.

RIPLEY B D, 1977. Modeling spatial patterns [J]. Journal of the Royal Statistical Society: Series B (Methodological), 39 (2): 172 – 212.

RUIZ M, LÓPEZ F, PÁEZ A, 2010. Testing for spatial association of qualitative data using symbolic dynamics [J]. Journal of Geographical Systems, 12 (3): 281 – 309.

SCHWARZ G, 1978. Estimating the dimension of a model [J]. Annals of Statistics, 6 (2)': 461 – 464.

SONG C, SHI X, BO Y, et al, 2019. Exploring spatiotemporal nonstationary effects of climate factors on hand, foot, and mouth disease using bayesian spatiotemporally varying coefficients (STVC) model in Sichuan, China [J]. Science of the Total Environment, 648 (1): 550 – 560.

STEVEN J, PHILLIPS S J, 2009. Abrief tutorial on Maxent. Network of conservation educators and practitioners [J]. Center for Biodiversity and Conservation, American Museum of Natural History. Lessons in Conservation, 3: 108 – 135.

TOBLER W R, 1970. A computer movie simulating urban growth in the Detroit region [J]. Economic Geography, 46 (sup1): 234 – 240.

WANG F, 2021. From 2SFCA to i2SFCA: Integration, derivation and validation [J]. International Journal of Geographical Information Science, 35 (3): 628 – 638.